myBook+

Ein neues Leseerlebnis

Lesen Sie Ihr Buch online im Browser – geräteunabhängig und ohne Download!

Und so einfach geht's:

- Gehen Sie auf **https://mybookplus.de**, registrieren Sie sich und geben Sie Ihren Buchcode ein, um auf die Online-Version Ihres Buches zugreifen zu können
- **Ihren individuellen Buchcode finden Sie am Buchende**

Wir wünschen Ihnen viel Spaß mit myBook+!

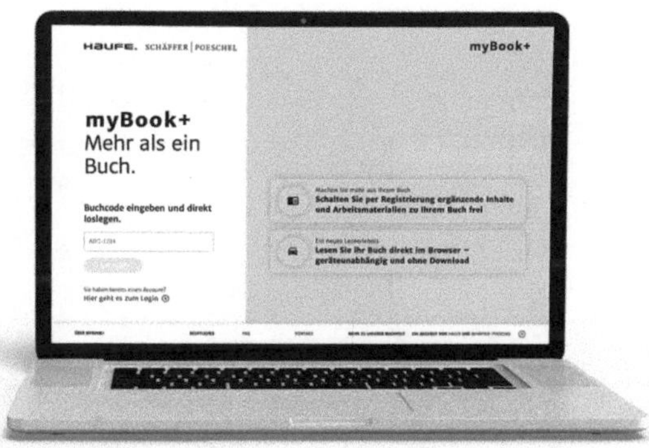

KI Exzellenz

Tawia Odoi

KI Exzellenz

Erfolgsfaktoren im Management jenseits des Hypes

1. Auflage 2024

Haufe Group
Freiburg · München · Stuttgart

Bibliografische Information der Deutschen Nationalbibliothek

Die Deutsche Nationalbibliothek verzeichnet diese Publikation in der Deutschen Nationalbibliografie; detaillierte bibliografische Daten sind im Internet über http://dnb.dnb.de/ abrufbar.

Print: ISBN 978-3-648-17675-7 Bestell-Nr. 12051-0001
ePub: ISBN 978-3-648-17676-4 Bestell-Nr. 12051-0100
ePDF: ISBN 978-3-648-17677-1 Bestell-Nr. 12051-0150

Tawia Odoi
KI Exzellenz
1. Auflage 2024, März 2024

www.haufe.de
info@haufe.de

Bildnachweis (Cover): © Cover: Silke Langanki

Produktmanagement: Mirjam Gabler
Lektorat: Maria Ronniger, Text+Design Jutta Cram, Augsburg

Inhaltsverzeichnis

»I believe AI is going to change the world more than anything in the history of humanity. More than electricity.«

Kai-Fu Lee, KI-Experte und ehemaliger Apple, Microsoft und Google Executive

Stimmen zum Buch

»›KI Exzellenz‹ ist ein unverzichtbarer Guide für Führungskräfte, die KI strategisch nutzen möchten. Tiefgründig und dennoch umsetzungsorientiert – eine Pflichtlektüre in der heutigen Geschäftswelt.«
Karel Dörner, Senior Partner McKinsey und Co-Founder Ebay Europe

»Seit vier Jahrzehnten beobachte ich die Entwicklungen der künstlichen Intelligenz und sehe den hohen Nutzwert auch in meiner aktuellen Rolle als CIO von OTTO. Mit ›KI Exzellenz‹ ist Dr. Odoi ein sehr guter Schnappschuss und praxisorientierter Leitfaden gelungen, der mit vielen anschaulichen Beispielen Orientierung in der Gestaltung von zukunftsfähigen KI-Anwendungen liefert.«
Dr. Michael Müller-Wünsch, CIO Otto

»KI ist der wichtigste Technologie-Trend unserer Zeit. Aber wie können Unternehmen konkret davon profitieren? In seinem Buch ›KI Exzellenz‹ bietet Dr. Odoi Managern eine fundierte, praxisnahe Anleitung, um KI effektiv zu pilotieren und unternehmensweit einzusetzen.«
Dr. Teo Pham, Gründer von teo.ai und Experte für AI Upskilling

»KI verändert unsere wirtschaftliche Wertschöpfung maßgeblich. Tawia Odoi gibt in seinem Buch einen interessanten Überblick, wie Entscheider die Veränderung nicht nur nutzen, sondern gewinnbringend mitgestalten. Die Veränderung erkennt man auch an richtungsweisenden Projekten wie dem Innovation Park Artificial Intelligence (IPAI). Ein lesenswerter Einblick.«
Rolf Schumann, Chief Digital Officer Schwarz-Gruppe

»Künstliche Intelligenz wird als nächste große Basistechnologie die Wirtschaft grundlegend verändern. Die Vorbereitung auf diese Zukunft sollte spätestens jetzt beginnen. Tawia Odoi gibt mit seinem Buch praktische Hilfen für die große Mehrheit der Unternehmen, die nach dem richtigen Einstieg, sinnvollen Einsatzfeldern und Tipps für die Skalierung suchen.«
Dr. Holger Schmidt, F.A.Z.-Redaktionsleiter Newsletter und Verticals, Head of D:ECONOMY

»Dieses Buch bietet nicht nur einen Überblick über die grenzenlosen Möglichkeiten, die die KI zu bieten hat, sondern auch einen einzigartigen Blick hinter die Kulissen. Erfahren Sie, wie die Praxiserfahrungen des Autors bei einem Technologieführer wie Amazon die Perspektive auf die zukünftigen Potenziale von KI geprägt haben. Ein Leitfaden, der nicht nur das Technische beleuchtet, sondern vor allem die geschäftliche Seite dieser revolutionären Entwicklung.«
Dr. Dirk Linzmeier, CEO TTTech Auto (Ex-CEO Osram-Continental)

Zur besseren Lesbarkeit wird in diesem Werk das generische Maskulinum verwendet. Die verwendeten Personenbezeichnungen beziehen sich – sofern nicht anders kenntlich gemacht – auf alle Geschlechter.

Vorwort

Deutschland genießt weltweit einen exzellenten Ruf für seine innovationsstarken Unternehmen, die seit Generationen in ihren jeweiligen Branchen führend sind und Produkte von höchster Qualität anbieten. Diese Unternehmen sind das Rückgrat unserer Wirtschaft und ein Symbol für Beständigkeit und Innovationskraft. Gleichzeitig muss sich Deutschland jedoch der Tatsache stellen, dass es in der Vergangenheit beim Aufkommen des Internets als einem wesentlichen technologischen und wirtschaftlichen Trend die Entwicklung verschlafen hat.

Heute stehen wir an der Schwelle zu einer neuen Ära, in der künstliche Intelligenz nicht mehr nur ein futuristisches Konzept ist, sondern eine real greifbare und transformative Kraft darstellt. KI hat das Potenzial, die Art und Weise, wie wir arbeiten, produzieren und Innovationen vorantreiben, grundlegend zu verändern. Es geht dabei nicht nur um die Automatisierung von Routineaufgaben, sondern vielmehr um die Schaffung neuer Geschäftsmodelle, die Verbesserung von Produkt- und Servicequalität und die Erschließung bisher ungenutzter Datenquellen. Deutschland steht somit erneut an einem Wendepunkt, an dem es entscheidend ist, die Chancen, die KI bietet, aktiv zu ergreifen, um die Wirtschaftslandschaft nachhaltig zu transformieren und die Wettbewerbsfähigkeit unserer Unternehmen auf globaler Ebene zu sichern.

In diesem Kontext ist es wichtig, das außerordentliche Potenzial hervorzuheben, das Deutschland in der Welt der künstlichen Intelligenz zu bieten hat. Unser Land verfügt über eine hoch entwickelte Infrastruktur, die eine solide Grundlage für technologische Innovationen bietet. Dazu gehören erstklassige Forschungseinrichtungen, ein tiefgreifendes Know-how in der Fertigung und eine lange Tradition in der Ingenieurskunst. Diese Kombination aus praktischem Wissen und technischer Expertise ist eine ideale Basis für die Integration und Optimierung von KI-basierten Prozessen in sämtliche Geschäftsprozesse.

Die Relevanz, die KI für Deutschland und Europa hat, ist der Grund, warum ich 2016 die Investment-Plattform Merantix gegründet habe. Seitdem arbeite ich daran, den Transfer zwischen Forschung und Wirtschaft herzustellen, und habe zu diesem Zweck die größte KI-Community Europas mitten in Berlin aufgebaut. Durch das Investieren in verschiedene Industrien und die enge Zusammenarbeit mit Vertretern der Deutschen Wirtschaft und Politik bekomme ich täglich zu sehen, wie groß das Potenzial ist und wie wir es realisieren können.

Die erfolgreiche Hebung dieses KI-Potenzials in der deutschen Wirtschaft ist nämlich keineswegs eine Selbstverständlichkeit. Es stellt vielmehr eine anspruchsvolle Aufgabe dar, die von Führungskräften und Managern ein hohes Maß an Engagement, Verständnis und visionärem Denken erfordert. Um das einzigartige Entwicklungspotenzial, das künstliche Intelligenz bietet, vollständig ausschöpfen zu können, ist es entscheidend, dass die Führungskräfte nicht nur die technologischen Entwicklungen im Bereich der KI verstehen, sondern auch deren Anwendbarkeit und Bedeutung für ihre spezifischen Branchen und Geschäftsbereiche erfassen.

Dies erfordert ein Umdenken in Bezug darauf, wie KI in der Unternehmensstrategie verankert wird. KI darf nicht als ein isoliertes Werkzeug betrachtet werden. Vielmehr muss sie als integraler Bestandteil der gesamten Geschäftsstrategie verstanden werden – ein Element, das in der Lage ist, sämtliche Unternehmensprozesse von der Produktentwicklung über die Produktion bis hin zum Kundenservice zu transformieren.

Mit »KI Exzellenz« legt Tawia Odoi ein Buch vor, das einen eleganten und zugänglichen Überblick über das Thema »Künstliche Intelligenz« bietet. Es vermittelt nicht nur ein grundlegendes Verständnis für die Technologie, sondern gibt auch Einblicke in die praktische Anwendung und Integration von KI in verschiedenen Geschäftsbereichen. Auf diese Weise eröffnet Ihnen dieses Buch die Möglichkeit, bloßen Hype von echten Chancen zu unterscheiden. Mit praxisnahen Beispielen und fundierten Analysen ist dieses Werk darauf ausgelegt, Ihnen einen umfassenden Einblick in die Welt der KI zu bieten.

Ich empfehle dieses Buch als ein »Must-read« für alle, die den Wirtschaftsstandort Deutschland in den nächsten Jahren aktiv mitgestalten wollen. Es ist eine reichhaltige Ressource für alle, die die Chancen der künstlichen Intelligenz ergreifen und den Erfolg ihres Unternehmens in der digitalen Zukunft sichern möchten.

In diesem Sinne lade ich Sie ein, sich durch die Lektüre dieses Buches inspirieren zu lassen und die Weichen für eine erfolgreiche Integration von KI in Ihr Unternehmen zu stellen.

Dr. Rasmus Rothe, Gründungs- und Vorstandsmitglied des KI Bundesverband e. V. & Co-Founder und CTO von Merantix

Die transformative Macht der KI

Sie haben in letzter Zeit sicher auch an Meetings teilgenommen, in deren Verlauf ein Geschäftspartner oder Kollege ganz lässig vorschlug, ein drängendes Problem, eine besondere geschäftliche Herausforderung doch einfach mit KI zu lösen. Die meisten im Raum werden wissend genickt, vielleicht sogar mit einer Floskel wie »mein Reden« oder »völlig richtig« geantwortet haben – aber ein ernsthafter Austausch dürfte wohl ausgeblieben sein. Der Einwurf tauchte dann höchstens noch im Protokoll auf, mit dem Vermerk »Prüfung des Einsatzes von KI durch die IT«. Tatsächlich wird in den meisten Fällen einfach zum nächsten Tagesordnungspunkt übergegangen. Themen, die dann wieder in den Mittelpunkt rücken, sind unmittelbare Maßnahmenpakete, um dem schwächelnden Geschäftsklima zu begegnen, bedingt durch die Nachwehen der Corona-Krise und den Krieg in der Ukraine.

Und doch bleibt das Thema KI auf eine unaufdringliche Weise prominent. Es lässt sich nicht mehr mit einem Schulterzucken, mit Floskeln, mit einem Verschieben aufs nächste oder übernächste Meeting erledigen. KI ist, so möchte ich sagen, in aller Munde, steht auf jeder Agenda.

Die beiden Buchstaben fallen nicht nur in Meetings, sondern auch in Kamin-, Mitarbeiter- und Pressegesprächen. Sie sind ein gern genutztes Schlagwort und haben eine zukunftsweisende Bedeutung. Aber noch immer werden sie nicht mit Wissen und Argumenten unterfüttert, mit einem Text, der zitierfähig oder praxistauglich ist. KI bleibt ein Phänomen, das sowohl Respekt als auch Ansporn hervorruft. Wir empfinden Respekt, weil wir alle wissen: Sie wird uns in Zukunft zunehmend beeinflussen. Gleichzeitig spornt sie uns an, da wir uns diesem Einfluss stellen müssen; es gibt kaum eine Alternative zum Verstehen und Anwenden.

KI fasziniert uns etwa genauso wie die Fähigkeiten des menschlichen Gehirns, wie Gentechnik oder wie eine gewaltige Naturerscheinung. Und gewaltig wird sie tatsächlich in unser Leben treten, denn KI ist dabei, groß, ja, sehr groß zu werden. Sie hat längst damit begonnen, Privates, Berufliches und Moralisches zu durchdringen, sie wird bald die vierte Macht einer jeden Gesellschaft sein und soll bis 2030 zusätzliche 16 Prozent zum weltweiten Wirtschaftswachstum beitragen. Das sind sage und schreibe 13 Billionen US-Dollar.[1] Das entspricht der kombinierten Wirtschaftskraft von Deutschland, Frankreich, Großbritannien und Indien oder der halben Wirtschaftskraft der USA. Lassen Sie diese Dimension bitte einen Moment auf sich wirken: Es wird höchste Zeit, die Macht der KI zu erkennen – und zu handeln.

Ich war einer der Pioniere der ersten Stunden, die dabei sein durften, als in den unterschiedlichsten Geschäftsbereichen bei Amazon erstmals KI eingesetzt wurde, um

Managementprobleme zuverlässiger und schneller zu lösen, als Menschen es können. Heute kann ich sagen: Die KI hat mich rational und emotional gepackt, hat mir gezeigt, welche enorme Lernfähigkeit KI-Modelle besitzen und was aus dem Wissen, dem Verhalten, aus den Emotionen aller Menschen dieser Welt entstehen kann: nicht mehr und nicht weniger als ein schier endloses Potenzial, um Abläufe im Betrieb, aber auch im persönlichen Alltag effizient zu steuern, um sie reibungsloser und bequemer zu gestalten. Sie bietet Ihnen als Manager in Ihrem Unternehmen die Möglichkeit, die Kundeninteraktion zu personalisieren, um das Kundenerlebnis zu verbessern und den Umsatz zu steigern, Prozesskosten zu reduzieren, zahlreiche Entscheidungen um ein Vielfaches schneller zu treffen, neue Geschäftsmodelle zu denken und damit Ihr Unternehmen zukunftssicher zu machen. Sie merken: Ich gerate ins Schwärmen – mehr noch: Es ist mir ein tiefes Anliegen, Sie zu überzeugen und Ihre Motivation zu wecken. Ich möchte, dass Sie den Wert der KI entdecken, ähnlich wie ich es einst tat.

Sie werden in meinem Buch eine aktuelle und zugleich perspektivische Betrachtung lesen. Ich werde den allgemeinen Hype mit Argumenten relativieren. Ich werde Ihnen Wissen vermitteln, mit dem Sie nicht nur im Small Talk elegant punkten und in Meetings Ihren wertvollen Beitrag leisten, sondern auch Ihr Unternehmen für eine Transformation vorbereiten können, die wir – ich übertreibe nicht – bislang nicht erlebt haben.

Keine Sache der Nerds

Längst ist die KI aus ihren Anfängen herausgewachsen und aus den Laboren der Nerds entschwunden. Sie ist in unserer Mitte angekommen. Fast jedem von uns begegnet sie tagein, tagaus: beim Öffnen des Smartphones über die biometrische Gesichtserkennung – oder bei Netflix, wenn uns wie von Geisterhand aufgrund unseres bisherigen Nutzerverhaltens Serien empfohlen werden, die uns mit größter Wahrscheinlichkeit gefallen werden. Daher wundert es mich, dass noch immer zu wenige Manager erfolgreicher, zukunftsgewandter Unternehmen die Ärmel hochkrempeln, durchatmen, sich ihrer Macherqualitäten entsinnen und sagen: »Packen wir's an, bevor andere es tun!«

Viele Unternehmen in den USA und China sind bereits losgelaufen, während einige hiesige Firmen noch in den Startlöchern verharren und sich Gedanken darüber machen, wie sie es anstellen, nicht ins Straucheln zu geraten.[2] Ich begleite Sie, ich zeige Ihnen, wie es funktioniert, wie Sie diese Transformation erfolgreich in Angriff nehmen oder fortführen, wie Sie zu einem Virtuosen in Sachen KI-Implementierung im Unternehmen werden und sich den langen Atem bewahren. Es sind nicht mehr und nicht weniger als sechs Erfolgsfaktoren nötig, um diesen Quantensprung zu wagen. Sie bilden das Kernstück dieses Buchs.

Pioniergeist und das fortlaufende Faszinosum

Als ich damals Teil des Managementteams sein durfte, das um 2015 künstliche Intelligenz bei Amazon nach vorn bringen sollte, und mich fühlte wie einer, der mithalf, eine ganze Branche zu revolutionieren, da spürte ich tatsächlich diesen Pioniergeist, den ich Ihnen heute wünsche. Anfangs hatten wir überzogene Erwartungen an die Fähigkeiten der neuen Technologie. Der Amazon-Gründer Jeff Bezos und das Topmanagement in Seattle nannten sie in Anspielung auf Star Wars scherzhaft »die Macht«. Allerdings folgte recht schnell die Erkenntnis, dass es beim Automatisieren von Kernprozessen und beim erfolgreichen Etablieren von künstlicher Intelligenz im Unternehmen um mehr ging als nur um Technologie. Wir erkannten: Es ging um die Anpassung von Organisationsstrukturen, Prozessen, Anreizsystemen sowie um intensives Change-Management. Nur so ließen sich die Voraussetzungen schaffen, unter denen KI ihr Potenzial überhaupt erst entfalten kann. Das sind zentrale Managementaufgaben!

Komplett verstanden habe ich diese Zusammenhänge und Wechselwirkungen erst einige Jahre später. Da wechselte ich von der Geschäftsverantwortung als Business Unit Lead für Amazon in Deutschland und Großbritannien in die Rolle des Head of Sales bei Amazon Web Services (AWS), der Cloud-Technologie-Tochter von Amazon, und verknüpfte die Businessperspektive mit der technischen Sichtweise. Hier habe ich erst verstanden, was *genau* die Erfolgsfaktoren von Amazon im Rahmen des sogenannten »Hands off the Wheel«-Programms zur KI-Einführung waren. In dieser Zeit bei AWS konnte ich viele meiner Geschäftskunden dabei unterstützen, KI erfolgreich einzusetzen, sei es bei der Personalisierung der Kundenansprache oder bei der Prognose von Absätzen. Es waren spannende Pilotprojekte, die sich häufig zu Programmen in den Unternehmen entwickelten.

Seither teile ich meine Erfahrungen im Rahmen von Management-Retreats, Impulsvorträgen auf Events oder bei Kamingesprächen mit Vorständen. Und ich darf feststellen: Zum Glück kommt die positive Sicht auf die KI in den DAX-Unternehmen Deutschlands langsam an. Deren Entscheider sehen in den neuen KI-Anwendungen keinen Hype und sie haben kaum Berührungsängste. Sie sehen in der KI einen wesentlichen Faktor für ihren zukünftigen Erfolg, wollen neue Erkenntnisse gewinnen, Prozesse effizienter gestalten und Umsätze steigern, indem sie ihre Kunden personalisiert ansprechen und neue Geschäftsfelder erschließen. Laut einer Umfrage des Handelsblatts gehen 70 Prozent dieser Topmanager sogar davon aus, dass sich ihr Geschäftsmodell unter Einsatz der KI in den nächsten Jahren verändern wird.[3] Und es stimmt mich zuversichtlich, wenn nach einer McKinsey-Studie[4] klar wird: Unternehmen mit einer umfangreichen Expertise und überdurchschnittlichem Investment im Bereich der KI-Implementierung schaffen es, ihre Zielgrößen nachhaltig und messbar zu steigern. Und sollten Sie nun das Argument auf den Tisch legen, die Kosten für die Implementierung seien zu hoch, dann darf ich Ihnen widersprechen: Durch den

Einsatz der KI reduzierten sich nach Studienlage die Unternehmenskosten bei vielen dieser Vorreiter in den entsprechenden Bereichen um mindestens zehn Prozent: in der Verwaltung, in der Produktion und im Supply-Chain-Management. Auf den folgenden Seiten finden Sie die Beweisführung, aber lassen Sie mich zunächst noch ein wenig schwärmen, um Sie auf die Kapitel im Buch einzustimmen.

Von blinden Flecken und veralteten Managementmethoden

Auch wenn immer mehr Topmanager erkennen, welches Potenzial in der KI liegt, stoßen sie oft auf erhebliche kulturelle und strukturelle Hindernisse. Meistens fehlt Ihnen die Erkenntnis, dass sich Prozesse ändern müssen, um die KI nutzbar zu machen, und dass für den erfolgreichen Einsatz komplett neue Zusammenarbeitsmodelle gefragt sind. Bei vielen Managern scheint das geradezu ein blinder Fleck zu sein. Sie wollen probate Managementmethoden wie hierarchische, funktionale Unternehmensstrukturen und Top-down-Entscheidungen oder unflexible Projektmanagementansätze, die sie einst lernten, weiterhin anwenden. Sie lassen die KI-Verantwortung in der IT-Abteilung. Dort wird sie gehütet wie der Heilige Gral. Gleichzeitig erwarten die Manager aus den Fachbereichen, dass die IT mit künstlicher Intelligenz – gleich einem Zauberstab – ihre Probleme in Isolation löst. Das ist unmöglich! Unternehmen, die es schließlich schaffen, die ersten KI-Pilotprojekte erfolgreich in den produktiven Betrieb zu überführen, und anfänglich Fortschritte erzielen, benötigen oft Monate oder Jahre, bis durchgängige unternehmensweite Erfolge erzielt werden. Häufig stehen sie vor Herausforderungen beim Übergang von Pilotprojekten zu umfassenderen Programmen.[5]

Wenn wir einen Blick in die Geschichtsbücher werfen, fällt uns die Anwendung der Elektrizität und der Übergang von der Dampfmaschine im frühen 20. Jahrhundert ins Auge. Ähnlich wie heute mussten Unternehmer auch damals begreifen, wie sie die Möglichkeiten der Elektrizität für ihr Kerngeschäft nutzen können. Komplette Produktionslinien konnten plötzlich flexibler und platzsparender gestaltet werden. Ingenieure waren gefordert, neue Geräte zu entwickeln, die von Elektrizität angetrieben werden, beispielsweise Kühlschränke. Die Entwicklung neuer Prozesse, die Identifikation neuer Geschäftsfelder wie Telekommunikation und die Investition in die Weiterbildung der Mitarbeiter forderte jeden Unternehmer und brachte damit Herausforderungen mit sich, die nicht allein von Elektrotechnikern und Physikern gemeistert werden konnten. Dasselbe gilt heute auch für künstliche Intelligenz.

Schließlich wird der Einsatz von KI belastet durch Bedenkenträger. Das bremst den Prozess in Unternehmen und gibt einem Mutmangel Vorschub. Auch wenn sich Risiken nicht wegdiskutieren lassen, ist es sicher keine Option abzuwarten. Denn letztendlich werden Unternehmen, die das volle Potenzial von KI nicht ausschöpfen können, von ihren Wettbewerbern auf den Weltmärkten immer stärker an den Rand gedrängt werden. Ein drohendes Beispiel sind sicherlich die führenden Tech-Unternehmen: Facebook (Meta), Apple, Microsoft, Amazon, Netflix und Google (FAMANG), die ihre Marktsegmente in großen Teilen der Welt dominieren – nicht zuletzt durch den überlegenen Einsatz von künstlicher Intelligenz.

Lassen Sie uns deshalb die KI nicht länger abstrakter und technischer darstellen, als sie wirklich ist, und sie zu einem Fremdkörper im Unternehmen machen. Lassen Sie uns die KI endlich aus den Forschungslaboren befreien, damit sie die Kraft entfalten kann, die ihr heutzutage so oft zugesprochen wird. Leider hinkt der Standort Deutschland und die gesamte EU noch immer hinterher und Unternehmen in der EU investierten gemäß dem Stanford-KI-Report im Jahr 2022 nur etwa fünf Prozent des Investitionsvolumens der USA und immerhin noch 50 Prozent des Investitionsvolumens von Großbritannien. Hinzu kommen nur 41 KI-Start-ups im Jahr 2022 auf über 500 Neugründungen in den USA.[6] Privat finanzierte Ökosysteme wie der KI-Innovationspark in der Nähe von Stuttgart (von Dieter Schwarz, dem Eigentümer von Lidl und Kaufland) sind immens wichtig, aber reichen nicht aus, um den Standort Deutschland nachhaltig zu stärken.

In den USA weht nicht nur bei der Förderung und Nutzung von KI ein anderer Wind. Während meiner Promotion und der intensiven Recherche ist mir aufgefallen, dass es dort unterhaltsame Sachbücher gibt, die dem Einsatz dieser Technologie in Unternehmen einen Zauber verleihen, die Geschichten erzählen von Aufbruch und Fehlern und letztendlich einem Happy End. Die Quintessenz dieser Bücher, die Arbeitsbuch und Entertainment zugleich sind, lautet: Call to action! Es sind Geschichten, die sich wie Romane lesen – narrativ, spannend, berührend. Diese Bücher liegen auf Nachttischen, auf Schreibtischen, sie werden in den Pausen in Coffeeshops aufgeschlagen und Screenshots werden an Mitarbeiter und Kollegen per E-Mail oder WhatsApp versendet oder abgespeichert für das nächste Meeting.

In Deutschland hingegen sind die meisten Bücher über KI von langweiligem Layout, kaum bebildert, die Punktgröße der Buchstaben bleibt klein und der Zeilenabstand gering. Und die Texte bestehen aus aneinandergereihten Fachausdrücken. Das ist nicht besonders ansprechend. Ich verstehe es, wenn Sie nach einem Zwölfstundentag im Büro eher zu Dan-Brown- oder Stieg-Larsson-Thrillern greifen als zu einem KI-Buch, für das Sie ein Lexikon benötigen, um die Sätze zu verstehen. Noch wichtiger für Praktiker ist: Viele dieser Bücher bleiben einem die Antwort auf die wichtigste Frage schuldig: Mit welchen Schritten starte ich in der nächsten Woche, um erfolgreich auf mein Ziel hinzuarbeiten – was die Essenz jeder Vorstandspräsentation ist. Deshalb habe ich beschlossen: Ich nehme Ihnen mit meinem Buch nicht nur Ihre Berührungsängste, ich kläre nicht nur auf, sondern ich unterhalte Sie auch verständnisvoll, augenzwinkernd und mit allen Mitteln der Spannung auf das, was Seite auf Seite folgt.

Bevor wir umblättern, möchte ich Ihnen meine Definition von KI vorstellen. Diese wird wie eine Blaupause über den Denkanstößen und Anekdoten liegen, sie ist sozusagen der rote Faden in meinem Buch. Meine Definition lautet:

Was ist KI?

Künstliche Intelligenz (KI) ist eine Technologie, die menschenähnliche Fähigkeiten in Bezug auf Wahrnehmung, Sprache und Problemlösung hat. Dazu analysiert die KI vielfältige Datentypen wie Sprache, Texte, Bilder oder Zahlen. Sie erkennt Muster, zieht Schlussfolgerungen und präsentiert Ergebnisse oder Antworten.

Der Kipppunkt ist erreicht

Sie werden auf den nächsten 200 Seiten erfahren,

- woran Sie festmachen können, wo sich KI in Ihrem Unternehmen gewinnbringend einsetzen lässt,
- wie Sie Ihr Unternehmen in Abhängigkeit von seinem Reifegrad in Bezug auf KI erfolgreich aufstellen und
- welche Strukturen, Prozesse und Fähigkeiten Sie benötigen, damit die Transformation gelingt.

Und Sie werden am Ende ein Gefühl von Überlegenheit empfinden. Überlegen, weil Sie mit Ihrem angelesenen und erfahrenen Wissen weiterdenken, weiterplanen werden. Sie haben, das hoffe ich, im Sinne einer Netflix-Serie »Blut geleckt«. Was ich damit sagen will? Nun, Sie kennen sicherlich diese Art von Serien, die einen Sog erzeugen, die Sie reinziehen in die Handlung. Sie können gar nicht aufhören, mehr und mehr Folgen zu schauen – bis zum nächsten Cliffhanger. Sie wollen die Lösung des Falls, den Sieg des Protagonisten. Um bei unserem Thema zu bleiben: Sie wollen endlich KI verstehen und anwenden und im besten Fall Ihre Geschäftsführung, Kollegen und Mitarbeiter begeistern.

So ähnlich sollten Sie Ihre Lesehaltung einnehmen, wenn wir gleich mit dem ersten Kapitel beginnen und damit unsere Reise in eine Welt starten, in der künstliche Intelligenz Wirtschaft, Kultur, Literatur, Politik, Sport, Beziehungen und bald jede einzelne persönliche Entscheidung beeinflussen wird. Wer, so frage ich Sie, könnte da den Kopf schütteln und denken: »Geht mich nichts an«? Als Manager und erfolgsgewohnter Mensch werden Sie das nicht tun. Sie werden vielmehr ungeduldig sagen: Legen wir endlich los. Lüften wir den Nebel um die KI und lassen diese Technologie einmal glänzen! Und sollten Sie sich fragen, woher diese Strahlkraft kommt, dann antworte ich Ihnen: von den führenden Tech-Unternehmen Facebook, Apple, Microsoft, Amazon, Netflix und Google. Sie liefern bereits heute in vielen Fällen die Best Practices – entlang ihrer internen Prozesse und eingewoben in ihre vielfältigen Angebote. Denn hinter diesem vermeintlichen Hexenwerk KI verbirgt sich nichts weiter als das einmal gefundene Verständnis, dass es um mehr als bloß Technologie geht und eben jenen Ehrgeiz der Manager, dies anzuerkennen und für sich zu nutzen.

Sie kennen die fünf Komponenten, die die KI für Sie bereithält? Nun, es sind jene, die Ihnen nichts weniger ermöglichen, als dass Sie Ihr Geschäftsmodell neu denken können:

- **Predictive Analytics:** Vorausschauende Analytik ist vergleichbar mit dem induktiven Denken des Menschen und nutzt KI-Modelle, um auf der Basis von Mustern in der Vergangenheit zukünftige Ereignisse oder Trends vorherzusagen (Bsp.: Vorhersage von Abverkäufen).
- **Natural Language Understanding:** Die Komponente des Verstehens natürlicher Sprache bezieht sich auf KI-Modelle, die die Struktur und Bedeutung menschlicher Sprache verstehen. Sie erkennt Muster und welche Stimmungen und Bedeutungen ihnen zuzuschreiben sind (Bsp.: Deutung der Emotion eines Anrufers).
- **Natural Language Generation:** Das Generieren natürlicher Sprache konzentriert sich auf das Schreiben und Sprechen und ermöglicht zusammen mit Natural Language Understanding Konversationen. Die KI prognostiziert, welche Wörter den beabsichtigten Wörtern in einem Gespräch am nächsten kommen, und ermöglicht automatisierte Interaktionen (Bsp.: Chatbot im Kundenservice).
- **Computer Vision:** Computer Vision befasst sich damit, Objekte, Menschen, Orte und andere Elemente zu identifizieren. Sie umfasst Fähigkeiten wie Gesichtsvergleich, Gesichtserkennung, Merkmals- und visuelle Emotionserfassung von Menschen (Bsp.: Entsperren des Smartphones mit bloßem Gesicht).
- **Generative künstliche Intelligenz:** Erzeugung neuer Inhalte wie Texte, Bilder, Videos oder Musik. Im Gegensatz zu Predictive Analytics, die zukünftige Ereignisse auf der Grundlage historischer Daten vorhersagen, oder Natural Language Processing, das Konversationen ermöglicht, kreieren diese Modelle eigenständige Werke basierend auf Mustern und Daten, die sie im Laufe der Zeit gelernt haben. In Kombination mit Computer Vision können realistische visuelle Szenarien erschaffen werden. Diese Fähigkeiten machen sie zu einem mächtigen Werkzeug für kreative und gestalterische Prozesse (Bsp.: Design von Produkten).

Wie wäre es, wenn Sie diese Fähigkeiten flächendeckend in Ihrer Abteilung, Ihrem Geschäftsbereich, Ihrem Unternehmen einsetzen könnten? Welche mühsamen oder fehleranfälligen Aufgaben fallen Ihnen ein, die sich auf diese Weise besser lösen ließen? Welche Prozesse oder Dienstleistungen könnten Sie auf eine andere Weise ausführen, um Kosten, Geschwindigkeit oder Qualität zu optimieren? Wenn Sie noch ein wenig an den Fähigkeiten der KI zweifeln, dann verrate ich Ihnen Folgendes: Eine Passage dieser Einleitung habe ich von ChatGPT auf der Basis einer Liste von Schlagwörtern schreiben lassen. Welche Passage ist es? Fast wette ich eine Flasche Glenmorangie-Whisky, dass es Ihnen nicht auffällt, dass sich dieser Absatz in den Text einfügt, als wäre er von mir persönlich verfasst worden.

Das alte Spiel aus Frage und Antwort

Dass KI keine Raketenwissenschaft ist, sondern eine praxisnahe, sogar alltagstaugliche Anwendung, beweist ChatGPT. Das von OpenAI entwickelte Modell ist einfach in der Nutzung und formuliert und korrigiert Artikel, E-Mails und sogar Software-Code, fasst Texte zusammen und unterstützt sogar beim Verfassen von individuellen Gedichten oder einer Gutenachtgeschichte für den Nachwuchs.

Wenngleich diese Anwendung nur einen möglichen Einsatzbereich von KI abbildet, uns nur eine Ahnung davon gibt, was in Zukunft möglich sein wird, so ist der Start dieses Programms doch bemerkenswert und ein Beweis für den Einfluss von KI. Öffentlich nutzbar wurde ChatGPT im Oktober 2022. Seitdem hat es sich rasend schnell verbreitet und hat innerhalb von gerade einmal fünf Tagen so viele Nutzerinnen und Nutzer gewonnen wie Instagram in 2,5 Monaten oder Netflix in 3,5 Jahren.[7] Mehr als ein Viertel aller Angestellten in den USA nutzt bereits ChatGPT bei der täglichen Arbeit und profitiert auf diese Weise von der KI.[8] Warum? Weil durch dieses Programm aus allen jemals menschengeschriebenen Texten die für sie passende Antwort herausgefiltert wird, weil es ihnen Zeit und Denkarbeit erspart, weil es sich einen Überblick über die erfolgsversprechenden Formulierungen, Argumente und Fakten verschafft und ihnen diese quasi auf dem Silbertablett serviert. Und damit nicht genug: Der kleine Bruder von ChatGPT heißt Midjourney und besitzt vergleichbare Fähigkeiten für die Generierung von Bildern und Videos. Ich weiß, Werbetexter, PR-Manager, Grafiker und viele andere Content Creator zucken bei der Vorstellung zusammen, dass bald schon die meisten Texte, Logos und Produktdesigns auf diese Weise entstehen werden.

Auch wenn der Hype um ChatGPT etwas überzogen ist, liegt der wahre Segen dieser relativ einfach zu bedienenden Anwendung doch darin, dass sie vielen Managern das transformative Potenzial dieser Technologie vor Augen geführt hat. Alex Karp, CEO von Palantir, einer US-Firma, die Unternehmen den Bau von maßgeschneiderten KI-Modellen ermöglicht, mit Kunden wie Airbus, der amerikanischen Großbank Morgan Stanley oder dem Pentagon, hat es pointiert auf den Punkt gebracht: »Jetzt ist es an der Zeit, mit KI Gewinne zu schreiben anstelle von Gedichten.«[9]

Derzeit sind in vielen deutschen Unternehmen die Entscheider noch nicht mutig genug, um KI in ihren Unternehmen zu implementieren und so von ihrem Einsatz zu profitieren und sich den Vorsprung zu sichern. Der oben genannte Dreiklang aus Organisationsstruktur, Prozessen und Fähigkeiten, eingebettet in die Unternehmenskultur, ist noch nicht ganz verstanden und oft mit Unsicherheit verbunden. Deshalb werde ich Sie auf den folgenden Seiten immer wieder daran erinnern, dass es nie einen perfekten Moment für den Start gibt. Vielmehr sind es Neugierde und Begeisterung auf der einen und eine klare Anleitung auf der anderen Seite, die solch einen günstigen Moment markieren. Beides werde ich Ihnen anbieten. Damit möchte ich Ihnen die Angst vor der KI-Implementierung nehmen, ohne Ihren Respekt davor zu schmälern. Erfolg mit KI im Unternehmen ist in erster Linie eine Managementaufgabe – nicht mehr und nicht weniger. Sie müssen Ihre Prozesse, Ihre Organisation und Ihre Kultur anpassen, um das zu sparen, was uns allen in diesem Leben am wichtigsten ist: Zeit.

Ach ja, noch eines: Künstliche Intelligenz ist eine transformative Macht. Ihre Verbreitung im Unternehmen hat zwar einen Anfang, kennt aber kein Ende. Mein Buch soll sozusagen Ihr Leitfaden zur erfolgreichen Implementierung von künstlicher Intelligenz in Ihrem Geschäftsbereich oder Ihrem Unternehmen sein. Es soll Sie auf der Basis eines klaren und businessorientierten Playbooks unterstützen und Ihnen helfen, Ihr Ziel und Ihren Weg dorthin zu formulieren. Somit verstehe ich mich als Begleiter, als eine Art Personal Coach oder Management Consultant, der aufgrund seiner jahrelangen Erfahrung als Anwender, als Berater und nicht zuletzt als Forscher zum Experten geworden ist.

Wie gesagt: Ich habe die Transformation mittels KI bei Amazon als Führungskraft hautnah miterlebt. Das hat mich geprägt. Im Rückblick erscheint es nur logisch, dass ich meine Dissertation zu diesem Thema verfasst habe, um die zahlreichen Anekdoten und Erfahrungen wissenschaftlich zu untermauern.[10] Mit meinem Buch möchte ich beide Seiten – die wissenschaftliche und die praktische – zu einer Lektüre verbinden. Es soll einen hohen Nutz- und Unterhaltungswert liefern. Dazu bereite ich erstmals die Erfolgsfaktoren auf, die sich im Rahmen meiner dreijährigen Forschung herauskristallisiert haben. Sie werden nicht mit Formeln, mit Theorie belastet – ganz im Gegenteil werde ich Ihnen beweisen: KI ist wie bestes Netflix-Unterhaltungsprogramm.

1 FAMANG: Die Wucht der Tech-Giganten

In Zeiten wie diesen empfinden Unternehmen vor allem eines: Druck. Das höre ich in meinem Netzwerk, und auch in Expertendiskussionen ist es ein leitendes Thema. Immer ganz oben auf der Agenda steht die Frage: Wie können wir unsere Position am Markt halten oder sogar verbessern? Dabei sitzt uns die Zeit im Nacken und die zumeist begrenzte Erfahrung in digitalen Welten macht uns bewegungsunfähig. Fest aber steht: Bleibt der Erfolg aus, gibt es einen, der Verantwortung übernehmen muss – und das sind Sie. Denn nach den Regeln des Managements sind es die Führungskräfte, die eine Niederlage, einen Abstieg rechtfertigen müssen. Das geht an die Substanz, das kostet schlaflose Nächte und kann wegen bislang fehlender Ansätze in die Verzweiflung führen. Was derzeit auf den Märkten geschieht, kann ich nur mit dem Wort »Revolution« beschreiben. Es wird niemanden geben, der es sich noch auf der Grundlage von Gewohnheiten gemütlich machen kann, im Gegenteil: Alles und jeder wird in Aufruhr geraten.

Es ist längst kein Geheimnis mehr, dass nicht nur die USA viele Branchen durch Technologie und innovative Geschäftsmodelle grundlegend verändern – auch China greift an, und zwar massiv. Längst ist die Volksrepublik nicht bloß die Werkbank der Welt, sondern hat auch digitale Riesen wie Alibaba, den weltweit größten Online-Händler, hervorgebracht. Die chinesischen Firmen profitieren im Besonderen von einem der größten Inlandsmärkte der Welt mit einer riesigen Nutzerzahl. Ständiges Experimentieren mit einer Vielzahl an »Testgruppen« führt fortwährend zu Innovationen und die enge Verflechtung von Kapital und Staat trägt ebenfalls zum Erfolg bei. Der Wind wird also hierzulande eisiger, und zwar aus allen Richtungen. Zwei Spieler kesseln uns ein: Der eine hat bereits viele Felder besetzt, der andere kommt stetig näher und macht uns zusehends auf unseren eigenen Märkten Konkurrenz. Was tun?

Nun – ich übertreibe einmal und setze ein Augenzwinkern hinzu: Sie könnten in die Falle tappen und einfach Strategien und Ansätze Ihrer Wettbewerber kopieren, ohne Ihre eigenen Stärken, Schwächen und Kundenbedürfnisse zu berücksichtigen. Sie könnten auch eine Strategieberatung beauftragen und darauf hoffen, dass Ihnen ein Rezept für die Transformation Ihres Geschäftsmodells auf dem Silbertablett serviert wird und Sie es nur noch umzusetzen brauchen. Beides geschieht in der heutigen Zeit tatsächlich allerorten – und meistens ist das Handeln von Aktionismus und Hoffnung geprägt. Das funktioniert aber, wie Sie sicher wissen, im Unternehmertum nicht, weshalb beide Ansätze in Sachen Transformation keine gute Idee sind.

Der erste Schritt, zu dem ich Ihnen unbedingt raten möchte, lautet: Meißeln Sie an Ihrer Unternehmenskultur! Erkennen Sie den Zeitgeist, der viele der digitalen Spieler heute erfolgreich macht. Schreiben Sie als Erstes Ihre Leitsätze neu und sorgen

Sie dafür, dass sie von Ihren Mitarbeitern »inhaliert« werden. Die Leitsätze sind das Glaubensbekenntnis für jeden Einzelnen im Unternehmen. Sie begleiten die Entstehung einer Innovationskultur und stellen auf diese Weise sicher, dass sich neue Arbeitsmethoden und Technologien wie KI nahtlos in Ihre Unternehmensstruktur einfügen. Und wenn Sie nun nicken und bemerken: Ja, ja, diese Sätze in goldenem Rahmen, die hängen im Foyer, und zwar sichtbar für jeden Besucher – dann antworte ich Ihnen: Reißen Sie sie runter von der Wand, denn da gehören sie nicht hin!

Eine zeitgemäße Unternehmenskultur ist eine der wichtigsten Säulen, auf denen der Erfolg bei der Transformation Ihres Unternehmens beruht, auch wenn das zunächst einmal überraschend klingen mag. Eine aktiv gestaltete Unternehmenskultur, die auf klaren Werten und Prinzipien basiert, ermöglicht es Start-ups und Tech-Giganten gleichermaßen, eine attraktive Arbeitsumgebung und Identifikationsmöglichkeit für die Mitarbeiter zu schaffen. Vor allem aber definiert sie über den allgemeinen Konsens zu Themen wie Kommunikation, Leistungsbereitschaft und Verantwortungsgefühl einen gemeinsamen Nenner, auf dessen Basis es gelingt, Innovationen voranzutreiben und sich flexibel an das dynamische Marktumfeld anzupassen. Das wiederum trägt zu Produktivität und Wachstum bei. Die Verwirklichung der Leitsätze ist übrigens nicht gottgegeben, sondern eine Sache des Engagements der Führungskräfte und der Akzeptanz eines jeden Mitarbeiters und einer jeden Mitarbeiterin. Je besser diese Kultur und ihre Prinzipien einen Wiederklang finden – täglich hörbar werden, sichtbar bleiben in jeder einzelnen Entscheidung nach innen und außen –, desto effektiver sind sie. Neue Mitarbeiter, krisenhafte Zustände, gar neue Topmanager – teuer eingekauft, mit eigenem Ideengepäck und eigenen Prioritäten – bilden dann keine Gefahr.

Das Beispiel von Microsoft zeigt anschaulich, was eine Kultur bewirken kann: Auch wenn sich Microsoft zu einem der führenden Softwareunternehmen entwickelt hatte, litt es lange Zeit unter dem Ruf, eine behäbige Organisation zu sein. Geprägt von Produkt- statt Kundenorientierung führten interne Grabenkämpfe und Silos dazu, dass das Unternehmen ab den 2000er-Jahren durch verschiedene Technologiewechsel am Markt zusehends seine führende Position verlor. Das Unternehmen zeigte, dass auch Tech-Unternehmen die Innovationsfähigkeit in keinem Fall gepachtet haben. Doch die Geschichte nahm eine überraschende Wendung. Der neue, indischstämmige CEO Satya Nadella führte die kulturelle Veränderung herbei, indem er einen starken Fokus auf Zusammenarbeit, Anpassungsfähigkeit, Innovation und das Hinterfragen bisheriger Erfolgskonzepte legte. Durch das von Nadella propagierte Growth Mindset hörte Microsoft auf, alte Besitzstände zu wahren. Es erschloss sich stattdessen vielversprechende Geschäftsfelder und wurde so zu einem Vorreiter neuer Technologien wie Cloud-IT und KI.[11] Plötzlich trat Microsoft auch seinen Partnern gegenüber wohlwollend auf und investierte in aufstrebende Technologieunternehmen wie OpenAI mit ChatGPT. Satya Nadella setzte auf mehr Unternehmertum und mehr Eigenverantwortung bei jedem Einzelnen und er erhöhte die Nahbarkeit von Führungskräften, indem er selbst mit gutem Beispiel voranging: Er traf sich mit jungen Programmierern zum Mittagessen oder übernahm bei internen Innovationswettbewerben den Vorsitz.[12]

Dieser Ansatz ist nicht auf die Technologiebranche beschränkt. Auch für Sie ist er anwendbar! Und wenn ich eines in meiner langjährigen Erfahrung gelernt habe, dann ist es genau jene Vision, die Facebook, Apple, Microsoft, Amazon, Netflix und Google kulturell verfolgen. Für diese Unternehmen steht das Akronym FAMANG. Zahlreiche Unternehmen haben das mittlerweile erkannt und ihre Manager sind mutig genug, über bisherige Führungsstandards hinauszugehen und durch die bewusste Gestaltung der Leitsätze in der Unternehmenskultur ihren Unternehmen ein neues Fundament zu geben.

The FAMANG are watching you

Die FAMANG-Unternehmen sind erfolgreich, zukunftsgerichtet, visionär und verbindend. Für unser tägliches Leben sind sie unverzichtbar. Sie sind allgegenwärtig – sie beobachten, analysieren, sie kennen uns zum Teil besser als wir selbst. Daher können sie uns unvergleichbare Kundenerlebnisse bieten. Dass die FAMANG als Infrastrukturunternehmen ein Oligopol in den von Ihnen bearbeiteten Märkten bilden, ist eine unangenehme Wahrheit, die wir akzeptieren und vor allem für uns und unsere Unternehmen nutzen sollten. Wie das geschehen kann? Indem wir ihre Überlegenheit studieren und uns einzelne Elemente aneignen. Denn ein Faktum bleibt: Die Hightech-Riesen fungieren als Betriebssysteme des Internets und stellen die essenziellen Dienste bereit, die für unser Handeln von grundlegender Bedeutung sind:

- **F – Facebook (jetzt Meta):** Facebook ist eines der größten Unternehmen im Bereich der sozialen Medien, mit Töchtern wie Instagram und WhatsApp. Aufgrund unseres Klick- und Like-Verhaltens auf der Plattform weiß Facebook so viel über uns wie kaum ein anderer Anbieter. Selbst Ihr Partner oder Ihre beste Freundin kennen Ihre Vorlieben und Bedürfnisse nicht besser als Facebook. Klicken Sie also mit Bedacht!
- **A – Amazon:** Amazon ist vielen bekannt als das größte Online-Warenhaus der westlichen Welt und gleichzeitig der größte Anbieter von Cloud-IT. Amazon nutzt KI zur Personalisierung Ihrer Einkaufsreise, zur Identifizierung von gefälschten Produktrezensionen oder für die Lagerung von Artikeln an genau den regionalen Standorten, an denen Sie diese vermutlich bestellen werden.
- **M – Microsoft:** Microsoft gilt als Erfinder des Betriebssystems des PCs und ist unser täglicher Begleiter mit Anwendungen wie Microsoft Office, Teams und LinkedIn. Es nutzt heute schon KI in vielen seiner Lösungen, um potenzielle Antworten auf Basis des bisherigen Gesprächsverlaufs vorzuschlagen und die Produktivität des Verfassers zu erhöhen. Außerdem liefert es mit seiner Cloud-Plattform Azure die Infrastruktur für viele KI-Anwendungen in Unternehmen.

- **A – Apple:** Apple ist das derzeit wertvollste Unternehmen der Welt, das die weltweit höchsten Barreserven hält. Es ist bekannt für ikonische Produkte wie die Apple Watch, AirPods oder das iPhone, das sich über KI-Gesichtserkennung entsperren oder für Zahlungen einsetzen lässt.
- **N – Netflix:** Netflix hat den Konsum von Filmen und Serien revolutioniert. Die Idee des Streaming-Dienstes lautet: Nicht Sie wählen bewusst eine Serie, sondern Sie überlassen die Entscheidung Netflix, denn die wissen aufgrund Ihres bisherigen Nutzerverhaltens, was Ihnen mit hoher Wahrscheinlichkeit gefällt.
- **G – Google (jetzt Alphabet):** Die Mutter der Google-Suchmaschine, von YouTube und dem drittgrößten Cloud-Anbieter Google Cloud gilt als der führende Anbieter von Infrastruktur für KI-Anwender. Im Kerngeschäft stehen personalisierte Suchergebnisse und Werbung im Vordergrund, zudem punktet das Unternehmen durch seine Forschung im Bereich selbstfahrender Autos.

Die Ziele der FAMANG

Die FAMANG haben eines gemeinsam: Sie haben das transformative Potenzial von künstlicher Intelligenz für sich entdeckt und integrieren die Technologie in ihre Kundenangebote, um sie stärker zu personalisieren und diese dadurch noch attraktiver und relevanter zu machen. Außerdem haben sie begonnen, sämtliche internen Prozesse durch KI zu automatisieren. Damit erhöhen sie ihre Produktivität und machen neue Plattform-Geschäftsmodelle möglich, wo sie zahlreiche Transaktionen mit Leichtigkeit abwickeln.

Facebook setzt KI beispielsweise ein, um die Erfahrung der Nutzer auf all seinen Plattformen zu verbessern. Das beinhaltet die Bilderkennung. Mit dieser werden u. a. Darstellungen von Gewalt oder Pornografie maschinell verhindert. Außerdem setzt Facebook KI ein, um Inhalte stärker zu personalisieren, passende Freundschaftsempfehlungen abzugeben und so für mehr Relevanz und Spaß beim Netzwerken zu sorgen. Mehrere Hunderte Mitarbeiter führen täglich Tausende Experimente durch und sehen es als ihre Aufgabe an, KI zur Unterstützung menschlicher Entscheidungsfindung einzusetzen.[13]

Auch Microsoft investiert im Bereich KI. Dem Unternehmen ist von allen FAMANG mit dem Erwerb von OpenAI mit ChatGPT der bisher wohl größte Coup gelungen. Aktuell integriert Microsoft ChatGPT in seine Suchmaschine Bing, in die Azure-Cloud-Plattform sowie in seine Office-Anwendungen, damit KI-gesteuerte Funktionen wie ein Schreibassistent, ein Co-Pilot für Präsentationen und ein KI-Helfer in Excel zur Verfügung stehen. Darüber hinaus beschäftigt das Unternehmen mehr als 1.000 Topforscher aus aller Welt und hält 22.000 KI-Patente.[14] Und noch eines ist erwähnenswert: Apple zeigte sich bei weiteren KI-Anwendungen zwar etwas zurückhaltend, doch es scheint, dass das Unternehmen aktuell ein Konkurrenzprodukt zu Microsofts ChatGPT entwickelt. Überhaupt gilt Apple aufgrund seiner unbegrenzten Barreserven als Geheimtipp für den nächsten Coup unter der FAMANG.[15]

Amazon geht eine weitere, eine andere Wette ein: Amazon will mithilfe von Werkzeugen in der Amazon-Cloud weltweit Unternehmen dabei unterstützen, KI in ihre Dienstleistungen und Produkte zu integrieren. Während die anderen FAMANG eher beabsichtigen, Produkte für Firmen oder Endkunden bereitzustellen, hat Amazon ein anderes Ziel: Das Unternehmen will die Infrastruktur für die Wirtschaft der Neuzeit miterschaffen. Warum das für Sie von Relevanz ist? Abgesehen von der Datensicherung ermöglicht es Cloud-Computing, Daten und Anwendungen über das Internet zu speichern und zu nutzen, statt sie in kostspieligen, firmeneigenen Rechenzentren unter Verschluss zu halten. Auf das Thema KI bezogen nutzt beispielsweise die Dating-Plattform Tinder heute die Amazon-Cloud und »matcht« täglich 24 Mio. Singles. Der Online-Versender Zalando nutzt die KI aus der Amazon-Cloud, um Bestellern die richtige Größe zu empfehlen und damit Retouren und Mehrkosten fürs Unternehmen zu vermeiden.[16]

Die Top 10 der täglichen KI-Anwendungen

KI ist also keineswegs eine abstrakte Technologie oder eine Zukunftsvision. Ich gehe sogar weiter und behaupte: Sie begegnen in Ihrem Alltag schon vielerorts Produkten und Dienstleistungen, die mittels KI optimiert wurden. Nur denken die wenigsten Menschen darüber nach, weil deren Nutzung selbstverständlich geworden ist. Hier meine Top Ten:[17]

1. **Entsperren des Telefons via Gesichtserkennung:** Bei der Aktivierung der Gesichtserkennung auf Ihrem Smartphone nimmt die Frontkamera zuerst ein detailreiches Bild Ihres Gesichts auf. Dieses Bild wird anschließend von einer durch künstliche Intelligenz verstärkten Gesichtserkennungssoftware analysiert und als Referenz gespeichert. Bei jeder Nutzung gleicht der Algorithmus den neuen Scan mit den hinterlegten Referenzdaten ab, um sicherzustellen, dass Sie die verifizierte Person sind. Ohne KI wäre dieser Prozess in der Zuverlässigkeit kaum realisierbar.
2. **Fahrt zur Arbeit:** Verschiedene Navigations-Apps nutzen KI. Sie überwachen den Verkehr live und liefern genaue Schätzungen der Ankunftszeit. Diese Apps analysieren nicht nur den aktuellen Verkehr, sondern berücksichtigen auch weitere Daten und Ereignisse wie Baustellen oder Unfälle und bieten so die besten Routenempfehlungen. Zusätzlich zu diesen Empfehlungen zeigen sie Echtzeitverkehrs- und Wetterinformationen, um die Fahrer auf dem neuesten Stand zu halten.

3. **Google-Suche:** Haben Sie sich jemals gefragt, wie Suchmaschinen das riesige Internet durchsuchen und relevante Ergebnisse liefern? Ein Schlüssel dazu ist der Einsatz von künstlicher Intelligenz. Denn KI basiert hier auf Ihrer Suchhistorie und präsentiert genau die Artikel und Werbeanzeigen, von denen die Algorithmen glauben, dass Sie diese lesen werden.
4. **Soziale Medien:** Social-Media-Apps wie Facebook, Instagram und TikTok sind heute die täglichen Begleiter vieler Nutzer. Künstliche Intelligenz spielt dabei eine entscheidende Rolle, nicht nur indem sie den Inhalt in Ihren Feeds basierend auf Ihren bisherigen Interaktionen und denen Ihrer Peer Group personalisiert, sondern auch bei Freundschaftsvorschlägen oder der Filterung von anstößigen Nachrichten.
5. **Spamfilter:** Spamfilter nutzen künstliche Intelligenz, um zwischen unerwünschten und erwünschten E-Mails zu unterscheiden. Die KI erkennt Muster von verdächtigen Wörtern, Sätzen und Absendern und lernt kontinuierlich dazu, indem sie große Mengen an E-Mail-Daten analysiert. Die KI ermittelt die Wahrscheinlichkeit, ob eine bestimmte E-Mail Spam ist oder nicht. Sie passt sich an neue Spam-Taktiken an und verbessert sich laufend.
6. **Digitale Sprachassistenten:** Von der Verarbeitung von Musikwünschen und verbalen Suchanfragen bis zur Kontrolle von Smart-Home-Geräten avancieren digitale Sprachassistenten zu unverzichtbaren Unterstützern im Alltag. Diese intelligenten Assistenten, darunter bekannte Namen wie Siri, Google Assistant und Alexa, nutzen KI, um natürliche Sprache zu verstehen und passende Antworten zu liefern oder Aufgaben auszuführen.
7. **Fitness-Apps:** Gesundheits-Apps verwenden künstliche Intelligenz und analysieren damit die Gesundheitsdaten von Nutzern. Die KI erkennt Muster in sportlichen Aktivitäten, Schlaf, Essen und medizinischen Werten. Dann gibt sie persönliche Tipps, die zu den Zielen und Vorlieben der Nutzer passen. Auch erkennt sie Probleme frühzeitig und gibt den Nutzern Bescheid.
8. **Bankwesen:** In der Finanzwelt spielt KI eine wichtige Rolle bei der Gewährleistung der Transaktionssicherheit und der Erkennung von Betrugsfällen. Ob Sie einen Überweisungsauftrag mit Ihrem Mobiltelefon scannen oder sich in Ihr Online-Banking einloggen – hinter den Kulissen arbeitet immer eine KI. Selbst wenn Sie einkaufen gehen, überwacht künstliche Intelligenz die Transaktion und stellt fest, ob es sich um einen regulären Kauf handelt. Falls ein untypisches Muster erkannt wird, kann es sein, dass der Kauf abgelehnt und die Kreditkarte vorrübergehend gesperrt wird.
9. **Amazon-Empfehlungen:** Die Algorithmen des Online-Händlers haben gelernt, was Sie mögen, und wissen, was andere Menschen, die Ihnen ähnlich sind, gekauft haben, und spielen Ihnen entsprechende Empfehlungen zu. Amazon ist so fortgeschritten in Bezug auf vorausschauende Analytik, dass es Produkte in der Region lagert, in der Sie diese höchstwahrscheinlich auch bestellen werden. Es besitzt sogar ein Patent auf den Versand von Ware, bevor der Kunde die Bestellung überhaupt aufgegeben hat!

10. **Streaming:** In der heutigen Welt der digitalen Unterhaltung nehmen Streamingdienste wie Netflix, Amazon Prime Video und Spotify eine führende Position ein, was maßgeblich auf den diskreten, aber effektiven Einsatz von KI zurückzuführen ist. Ähnlich wie im E-Commerce ist hier der Einsatz von maschinellem Lernen für personalisierte Empfehlungen von zentraler Bedeutung: Durch die Analyse des Nutzerverhaltens werden individuell zugeschnittene Vorschläge für Filme, Serien oder Musiktitel ausgespielt. Außerdem unterstützt KI Nutzer bei der Orientierung und optimiert Suchergebnisse, indem sie selbst ungenaue Anfragen treffsicher interpretiert. Weiterhin nutzen diese Dienste KI, um Trends zu prognostizieren und beliebte Genres oder Titel frühzeitig zu erkennen und ihr Angebot entsprechend zu erweitern.

Für all diese netten Erleichterungen unseres Alltags ist die Cloud unverzichtbar, da sie jeder Firma den Zugang zu Hochleistungsrechnern mit mächtigen KI-Werkzeugen über das Internet ermöglicht. Die Cloud-Einheit von Amazon zum Beispiel hat mit vier Milliarden US-Dollar die größte Beteiligungsinvestition seiner Unternehmensgeschichte getätigt, um im Rennen mit Microsoft gleichzuziehen, und sich an dem ChatGPT-Konkurrenten Anthropic beteiligt.[18] Außerdem investiert sie 100 Millionen US-Dollar in unternehmensinterne Programme, um Unternehmen bei der Nutzung von generativer künstlicher Intelligenz zu unterstützen, die seit der Veröffentlichung von ChatGPT auch bei den Geschäftskunden von Amazon massiv an Popularität gewonnen hat. Die Investition beinhaltet auch die Einstellung von Datenwissenschaftlern, Cloud-Architekten und Entwicklern.[19] Und auch wenn Microsoft durch die Partnerschaft mit OpenAI einen strategischen Vorsprung verteidigt, so hat Amazon ebenfalls ein beeindruckendes Repertoire an KI-Werkzeugen in seiner Cloud.

Noch wichtiger als das sind jedoch die Best Practices aus Amazons Hands-off-the-Wheel-Programm für die Integration von KI in sämtliche Unternehmensprozesse. Das nämlich ist in erster Linie eine Managementaufgabe und hat wenig mit Technologie zu tun. Diese Vorgehensweise werde ich Ihnen neben den Erkenntnissen aus meiner Forschung in diesem Buch gern näherbringen. Und ich verspreche Ihnen nicht zu viel, wenn ich an dieser Stelle schreibe: Sie werden die Erfolgsmethoden in hohem Maße zu schätzen wissen. Denn sie sind das Geheimrezept hinter dem Erfolg von Amazon und den FAMANG und werden Ihnen ähnlich wie mir die Augen öffnen. Allerdings müssen wir, bevor wir die konkreten KI-Erfolgsfaktoren einsetzen, die Basis schaffen, die alle FAMANG teilen und die sie zu Innovationsmotoren macht. Es gilt, den Kulturwandel in Ihrem Unternehmen einzuleiten und schließlich umzusetzen.

Was aber genau beschreibt die Kultur der FAMANG und insbesondere die Kultur von Amazon?

Die Kultur der Tech-Giganten

Den FAMANG ist das Motto gemein: Nichts bleibt, wie es heute ist. Keiner dieser Giganten schreckt vor dem Wandel zurück – sie entwickeln ihr eigenes Zukunftsbild. Sie stellen sich vor, wie sie morgen die beste Version ihrer selbst sein könnten. Erinnern wir uns: Netflix erfand den Videoverleih über Streaming neu. Apple gestaltete die Mobiltelefone zu tragbaren Computern inklusive Kamera um. Amazon fing einst als digitaler Buchhändler an. Heute läuft bis zu 40 Prozent des weltweiten Internetverkehrs über die Cloud-Tochter AWS.[20] Gleichzeitig sind fast 50 Prozent[21] der deutschen Haushalte Mitglied im Prime-Kundenprogramm und nutzen die Dienste vom Champions-League-Streaming bis zur reibungslosen Bestellung – Produktsuche, Mausklick, Lieferung in Rekordzeit. Diese Big Six werden nicht müde, die digitale Verbindung zum Kunden zu suchen, innovative Geschäftsmodelle zu kreieren, und das alles auf der Basis von vier zentralen Säulen, an deren Anfang die Unternehmenskultur steht. Das ist ihre erste Gemeinsamkeit. Die zweite lautet – Sie wissen es bereits: Heute zählt jedes einzelne dieser Unternehmen zu den weltweit wertvollsten Firmen gemessen am Börsenwert.

Marktkapitalisierung der 10 größten Unternehmen weltweit
Es scheint, dass es kaum eine Grenze für ihre Anpassungsfähigkeit und den damit verbundenen Siegeszug gibt. Apple führt den Tross mit einer Marktkapitalisierung von 2,7 Billionen Dollar an, gefolgt von Microsoft mit 2,3 Billionen Dollar sowie Google mit 1,3 Billionen Dollar an vierter Position. Diese gemeinsame kombinierte Marktkapitalisierung von mehr als acht Billionen US-Dollar macht übrigens 20 Prozent des US-Aktienmarktes aus.[22]

Firma	Hauptsitz	Marktkapitalisierung in Billionen US-Dollar
Apple	USA	2.746,21
Microsoft	USA	2.309,84
Saudi Aramco	Saudi-Arabien	2.055,22
Alphabet	USA	1.340,53
Amazon	USA	1.084,06
NVIDIA	USA	708,40
Meta	USA	599,82
Tesla	USA	539,00
LVMH	Frankreich	482,45
Visa	USA	477,38

Top 10 Unternehmen 2023 nach ihrer Marktkapitalisierung[23]

Mehr noch. Sieben Prozent aller weltweiten Aktienmärkte werden von den FAMANG bestimmt, das gab es zumindest in den vergangenen siebzig Jahren in keiner Branche. Bevor ich Ihnen erläutere, welchen Anteil KI an diesem Erfolg hatte, lassen Sie mich noch einmal anhand einiger greifbarer Anekdoten auf die Unternehmenskultur hinweisen. Denn es ist meine absolute Überzeugung: Hier beginnt in der heutigen Zeit der Erfolg eines jeden Unternehmens – wenn die Leitsätze stimmig sind, wenn die Werte unbedingt gelebt werden, dann ist das der erste Meilenstein auf dem Weg in eine bemerkenswerte Zukunft.

Leadership Principles bei Amazon

Während meiner Zeit bei Amazon haben mich die 16 Leadership Principles der Unternehmenskultur nachhaltig geprägt. Bis heute, Jahre später, leiten sie mein Denken und Handeln als Manager. Diese Leadership Principles haben sich sogar in meinen persönlichen Handlungsgrundsätzen verankert, und ich kann mir kaum vorstellen, dass sie verblassen werden, da sie auch heute noch Kompass und Motivation für mich sind.

Diese Prinzipien hängen nicht goldgerahmt über ledernen Chefsesseln oder im Foyer, sie sind auch kein Leitfaden allein für Führungskräfte, wie man aufgrund der Bezeichnung annehmen könnte. Nein, die Leadership Principles richten sich an alle, wirklich alle Mitarbeiter, sie sind anwendbar, messbar für jede und jeden Einzelnen in der Firma und bauen sich fest in den gesamten Lebenszyklus der Mitarbeitenden ein. Da gibt es kaum jemanden, der die Principles nicht in einen Entscheidungsprozess einbezieht, niemanden, der andere nicht motiviert, seine Denkräume groß und größer werden zu lassen. Beispiele gefällig? Nun, bevor jemand neu eingestellt wird, erfolgt der Check. Anhand einer Fragendatenbank wird geprüft, ob der Bewerber die wichtigsten Prinzipien erfüllt, selektiert von der Managerin, die die Stelle ausschreibt. Damit soll sichergestellt werden, dass die Werte und Überzeugungen des Mitarbeiters eine besonders hohe Übereinstimmung mit den Prinzipien haben, die im Unternehmen bereits gelebter Konsens sind. Und sollten die beiden Kriterien *100 Prozent Kundenorientierung* und *Vertrauen aufbauen und verdienen* auch nur ansatzweise einen Kratzer im Profil zeigen, können weder Fachwissen noch Engagement in anderen Bereichen und erst recht kein Empfehlungsschreiben diese Schwächen ausgleichen.

Bewerbung, Einstellung und Beförderung unterliegt den Principles. So gerecht und so einfach ist die Sache bei Amazon. Eine Kultur kann sich erst ausbreiten und blühen, wenn jeder Mitarbeiter und jede Mitarbeiterin sie vom Herzen und Verstand her lebt. Schon eine homöopathische Dosis Zweifel kann sie vergiften. Wenn allerdings dieser Check beim Bewerber bestanden ist, dann wird auch weiterhin das ständige Feedback der anderen verlangt, auch bereichsübergreifend, um Silos aufzubrechen. Dann will das Unternehmen das Potenzial, die Kreativität, das unbedingte Engagement für den Kunden sehen. Und sollte ein Mitarbeiter in die Managementebene vorstoßen, so gibt es für jedes Level vom Manager bis zum Vice President weitere verpflichtende Principles. Die Luft wird dünner, je näher man dem Gipfel kommt. Und immer größer wird der Anspruch: *Think big!* Ich erinnere mich lebhaft an eine Situation, die meine berufliche Laufbahn positiv geprägt hat. Seitdem sehe ich, sei es beruflich oder privat, das enorme Potenzial darin, über Grenzen hinauszublicken.

In großen Dimensionen denken – bis der Schwindel kommt

Als ich in meinem ersten Jahr als Category Lead bei Amazon arbeitete, verlangte der Deutschland-Geschäftsführer Ralf Kleber die Jahresplanung samt Herleitung für das nächste Geschäftsjahr von mir. Ein wohlbekannter Termin für jeden Manager mit Umsatz- und Ergebnisverantwortung. Das Führungsteam um Ralf las sich mein Memo durch – und schwieg. Der Chef selbst schaute mich über seinen Brillenrand hinweg an und fragte: 30 Prozent Steigerung? Ich nickte. Er fragte weiter: Was ist zu tun, damit du den Umsatz nicht um 30 Prozent steigerst, sondern ihn verdoppelst? Auch wenn ich im ersten Moment irritiert war und in meinem Kopf tausend Argumente auftauchten, warum das nicht funktionieren konnte, hat diese Frage auf lange Sicht ein Umdenken in mir ausgelöst. Dieser Grundsatz bringt mich bis heute dazu, den Status quo infrage zu stellen, mir und meinem Team ehrgeizige, fast unerreichbare Ziele zu setzen und einen ambitionierten Plan zu erstellen. Wir visualisieren ein großes Ziel, das wir erreichen wollen. Seither weiß ich: Um den Status quo zu verbessern, reicht es aus, schneller zu laufen und ein paar bekannte Stellhebel zu bedienen. Das ist Standard. Doch wenn man außergewöhnliche, ehrgeizige, fast unerreichbare Ziele anstrebt, dann muss man den Weg dorthin neu entwerfen. Ganz im Sinne des Prinzips *»Think Big – In großen Dimensionen denken: Wer klein denkt, kann keine großen Ziele erreichen. Leader entwickeln und kommunizieren eine mutige Vision und inspirieren zu großen Ergebnissen. Sie denken anders und um die Ecke und suchen überall nach neuen Wegen, um den Kund:innen zu dienen.«*[24]

Weitere Grundsätze beeindrucken mich nach wie vor: Nicht der ranghöchste Mitarbeiter trifft eine Entscheidung, sondern derjenige, der nah am Thema arbeitet, der Expertise und Routine hat. *Aktiv handeln* mag hier das Motto sein, und zwar nach dem *Two-Way-Door-Prinzip*. Hat die Entscheidung eines Mitarbeiters keinen langfristigen Impact auf die Kundenzufriedenheit, die Kosten oder den Umsatz und erfordert sie keine wesentliche Investition, dann lautet die Ansage: Erst machen, dann fragen. Erweist sich eine Entscheidung als ungünstig, kann an den Ausgangspunkt zurückgekehrt und gemeinsam mit der Führungskraft nachgebessert werden. Two-Way-Door-Entscheidungen gleichen einer Saloon-Tür, die mühelos aufschwingt und zuschwingt und daher schnelles und pragmatisches Handeln der Mitarbeiter ermöglicht. Anders verhält es sich bei langfristigen, einflussreichen Entscheidungen, die höhere Investitionen mit sich bringen, die sorgfältige Vorbereitung, besondere Expertise und eine Managemententscheidung erfordern. Hier heißt es: Achtung, Tresortür! Denn wenn diese einmal ins Schloss gefallen und verriegelt ist, gibt es so schnell kein Zurück mehr.

Wie gefällt Ihnen diese Art des modernen Managements? Es ist effektiv und hält den Mitarbeiter von trägen Entscheidungsprozessen fern. Nicht der Respekt vor den Hierarchien entscheidet, sondern Kompetenz und Einsatz der Mitarbeiter und letztlich seine Fähigkeit, die Dinge richtig zu ordnen. Das hat Folgen. Mitarbeiter nicken bei den FAMANG nicht bloß ab, was Vorgesetzte ihnen vorbeten. Sie widersprechen, wenn nötig. Sie argumentieren, streiten in der Sache – bis am Ende das Commitment steht. Doch danach ziehen alle am selben Strang, ungeachtet ihrer ehemaligen Position – alles andere gilt als verpönt und nicht im Sinne der Prinzipien. Eine gemeinsame Linie erfordert gemeinsames Denken und Handeln, da potenziert sich der Einsatz, weil Kräfte gebündelt werden und nicht bereits am Meetingtisch verpuffen. Das ist ein Teil der 16 Prinzipien von Amazon, die ich Ihnen gerne ausführlich aufliste:

Amazon Leadership Principles[25]

Unsere Leadership Principles – die Führungsprinzipien für alle »Amazonians« – sind nicht nur eine Sammlung kluger Sprüche an der Wand. Diese Prinzipien leiten uns auf unserer Mission, das kundenorientierteste Unternehmen und der beste Arbeitgeber der Welt zu werden. Amazon Mitarbeiter:innen setzen diese Prinzipien Tag für Tag ein: zum Beispiel wenn wir Ideen für ein neues Projekt diskutieren, im Sinne der Kund:innen über ein Problem entscheiden oder Bewerbungsgespräche führen. Die Leadership Principles beschreiben die Kultur, die »Leader« aus- und Amazon besonders macht.

Customer Obsession – 100 Prozent kundenorientiert
Leader fangen bei den Kund:innen an und arbeiten von dort aus rückwärts. Sie arbeiten stetig daran, das Vertrauen unserer Kund:innen zu gewinnen und zu bewahren. Leader behalten Mitbewerber im Blick, aber die Kundschaft bleibt immer im Fokus.

Ownership – Verantwortung übernehmen
Leader sind Eigentümer:innen des Unternehmens. Sie planen auf lange Sicht und opfern langfristige Entscheidungen nicht zugunsten kurzfristiger Ergebnisse. Sie handeln im Interesse des gesamten Unternehmens, nicht nur im Interesse des eigenen Teams. Sie sagen nie: »Das ist nicht meine Aufgabe.«

Invent and Simplify – Erfinden und Vereinfachen
Leader fordern von sich und ihren Teams, innovativ und einfallsreich zu sein und immer wieder Wege zu finden, Dinge zu vereinfachen. Sie kennen ihr Umfeld, suchen überall nach neuen Ideen und lassen sich nicht davon beeinflussen, ob Innovationen innerhalb oder außerhalb ihres Teams entwickelt wurden. Wenn wir etwas Neues in Angriff nehmen, akzeptieren wir, dass wir missverstanden werden könnten.

Are Right, A Lot – Die richtige Entscheidung treffen
Unsere Leader treffen die richtigen Entscheidungen. Sie haben ein ausgezeichnetes Urteilsvermögen und einen guten Instinkt. Sie suchen unterschiedliche Perspektiven und hören niemals damit auf, ihre Überzeugungen auf den Prüfstand zu stellen.

Learn and Be Curious – Neugierig bleiben und nie aufhören, zu lernen
Für Leader ist der Lernprozess nie abgeschlossen, denn sie wollen immer noch besser werden. Neuen Möglichkeiten begegnen sie neugierig und aufgeschlossen und erkunden sie.

Hire and Develop the Best – Die besten Mitarbeiter einstellen und weiterentwickeln
Leader setzen die Messlatte mit jeder Einstellung und Beförderung höher. Sie erkennen außergewöhnliches Talent und unterstützen Versetzungen und Entwicklung im Unternehmen. Leader entwickeln Leader und nehmen ihre Coaching-Rolle ernst. Im Sinne unserer Mitarbeiter:innen entwickeln wir Mechanismen zur Karriereförderung wie zum Beispiel Career Choice.

Insist on the Highest Standards – Immer höchste Maßstäbe anlegen
Leader setzen unermüdlich hohe Standards – vielen mag dieser Standard sogar unverhältnismäßig hoch erscheinen. Leader legen kontinuierlich die Messlatte höher und motivieren ihre Teams, qualitativ hochwertige Produkte, Services und Prozesse zu entwickeln. Leader achten darauf, dass Fehler keine weiten Kreise ziehen und dass ihre Ursache endgültig behoben wird.

Think Big – In großen Dimensionen denken
Wer klein denkt, kann keine großen Ziele erreichen. Leader entwickeln und kommunizieren eine mutige Vision und inspirieren zu großen Ergebnissen. Sie denken anders und um die Ecke und suchen überall nach neuen Wegen, um den Kund:innen zu dienen.

Bias for Action – Aktiv handeln
Schnelles Handeln ist wichtig im Geschäftsleben. Viele Entscheidungen und Handlungen sind widerrufbar und müssen nicht ausgiebig vorab untersucht werden. Wir schätzen kalkulierte Risikobereitschaft.

Frugality – Gezielter Einsatz von Ressourcen
Mit weniger mehr erreichen. Sich einzuschränken kann auch Einfallsreichtum bewirken, finanzielle Unabhängigkeit und Innovation fördern. Es gibt bei uns keinen Applaus für Leader, die nur die Anzahl der Mitarbeiter:innen, das Budget oder die Fixkosten erhöhen.

Earn Trust – Vertrauen aufbauen und verdienen
Leader sind aufmerksame Zuhörer, treffen aufrichtige Aussagen und behandeln ihre Mitmenschen mit Respekt. Sie üben offen Selbstkritik, selbst wenn sie unangenehm oder peinlich erscheint. Leader wissen, dass sie und ihr Team nicht unfehlbar sind. Sie messen sich und ihre Teams an den Besten.

Dive Deep – Dingen auf den Grund gehen
Leader arbeiten auf allen Ebenen und verlieren nicht den Blick fürs Detail. Sie überprüfen Entscheidungen und Prozesse regelmäßig und reagieren skeptisch, wenn Erwartungen und Resultate nicht im Einklang stehen. Keine Aufgabe ist ihnen zu unbedeutend.

Have Backbone, Disagree & Commit – Rückgrat zeigen, eigene Meinungen vertreten und getroffene Entscheidungen mittragen
Leader müssen Entscheidungen, mit denen sie nicht einverstanden sind, auf respektvolle Art in Frage stellen, auch wenn dies unangenehm oder anstrengend ist. Leader haben Überzeugungen und vertreten diese hartnäckig. Sie akzeptieren keine Kompromisse, wenn diese nur zugunsten des Zusammenhalts der Gemeinschaft getroffen werden. Wenn eine Entscheidung gefallen ist, stellen sie sich voll und ganz dahinter.

Deliver Results – Ergebnisse liefern
Leader richten ihr Augenmerk auf die wichtigsten Einflussfaktoren für ihren Geschäftsbereich und liefern Ergebnisse in der richtigen Qualität und unter Einhaltung aller Fristen ab. Auch wenn sie Rückschläge hinnehmen müssen, stellen sie sich der Herausforderung und geben niemals auf.

Strive to be Earth's Best Employer – Der beste Arbeitgeber der Welt werden
Leader schaffen ein sicheres, produktives, effizientes, inklusives und gerechtes Arbeitsumfeld. Jeden Tag. Sie führen mit Empathie, haben Freude an der Arbeit und machen es anderen leicht, auch mit Freude dabei zu sein. Sie fragen sich:

> Wachsen meine Kolleg:innen mit ihren Aufgaben? Haben sie alles Nötige, um sich zu entwickeln? Sind sie bereit für den nächsten Schritt? Leader entwickeln eine Vision für den Erfolg der Mitarbeiter:innen und unterstützen sie, damit sie Perspektiven für eine erfolgreiche Zukunft haben – bei Amazon und darüber hinaus.
>
> **Success and Scale Bring Broad Responsibility – Erfolg und Größe kommen mit Verantwortung**
> Alles begann in einer Garage, aber seitdem hat sich vieles verändert. Wir sind groß geworden, haben für viele an Bedeutung gewonnen, und sind dabei bei Weitem nicht perfekt. Wir handeln bescheiden und bedacht, auch in Hinblick auf die indirekten Folgen unserer Entscheidungen. Wir wollen jeden Tag mehr bewegen – für die Gemeinschaften, in denen wir tätig sind, für unseren Planeten und für zukünftige Generationen. Jeden Tag beginnen wir mit der Entschlossenheit, besser zu werden, für unsere Kund:innen, Mitarbeiter:innen, Partner:innen und die Welt insgesamt. Und jeden Abend machen wir uns aufs Neue bewusst, dass wir morgen noch mehr tun können. Leader geben mehr als sie nehmen und hinterlassen Dinge immer besser, als sie sie vorgefunden haben.

Jedes der FAMANG-Unternehmen hat ähnliche Prinzipien, die sich in die Unternehmenslinie einfügen und die ebenso Basis für ihre Wandlungsfähigkeit und Agilität sind. Wenn ich für Sie die essenziellen Gemeinsamkeiten herausfiltern sollte, ich würde die Folgenden nennen:

Fokus auf Innovation: Alle diese Unternehmen sind bekannt für ihren unermüdlichen Fokus auf Innovation und das Ausloten der Grenzen der Technologie. Sie investieren in Forschung und Entwicklung, und ihre Mitarbeiter werden ermutigt, kreativ zu denken und mutige Ideen zu entwickeln.

Datengetriebene Entscheidungsfindung: Sie verlassen sich auf Daten, um fundierte Entscheidungen zu treffen, und treffen keine Bauchentscheidungen. Datengetriebene Entscheidungen und Handlungen spielen mit die größte Rolle bei der Gestaltung ihrer Angebote und Geschäftsmodelle.

Hohe Leistungs- und Ergebnisorientierung: Die Tech-Giganten legen Wert auf eine hohe Leistungs- und Ergebnisorientierung. Sie setzen ehrgeizige Ziele und ermutigen ihre Mitarbeiter dazu, stets ihr Bestes zu geben.

Kundenorientierter Ansatz: Sie priorisieren ihre Kunden und versuchen in erster Linie deren Bedürfnisse und Erwartungen zu erfüllen. Sie liefern qualitativ hochwertige Produkte und Dienstleistungen, die die Kundenerfahrung verbessern. Sie sind überzeugt, dass kommerzielle Erfolge letztlich die Konsequenz dieses Handelns sind.

Flache Hierarchien und offene Kommunikation: Viele Tech-Giganten haben relativ flache Organisationsstrukturen, die offene Kommunikation und Transparenz fördern. Mitarbeiter werden ermutigt, Ideen und Meinungen frei zu teilen, unabhängig von ihrem Rang im Unternehmen.

Unternehmergeist: Die Tech-Unternehmen fördern einen unternehmerischen Geist, bei dem Mitarbeiter in die Lage versetzt werden, die Verantwortung für ihre Projekte und Initiativen zu übernehmen. Sie schätzen Risikobereitschaft und belohnen Mitarbeiter für ihren Einsatz.

Kontinuierliches Lernen und Kompetenzentwicklung: Tech-Unternehmen ermutigen ihre Mitarbeiter oft zu lebenslangem Lernen und bieten zahlreiche Möglichkeiten zur Kompetenzentwicklung. Hierfür bieten sie verschiedene Schulungsprogramme an sowie vielfältige Karrierewege über Abteilungsgrenzen hinweg.

PowerPoint war gestern

Ein weiterer zentraler Pfeiler der Wandlungsfähigkeit der FAMANG ist das Verständnis von dezentraler Innovation. Konkret: Von jedem Mitarbeiter wird erwartet, dass er eigenverantwortlich über Verbesserungspotenziale nachdenkt. Auf diese Weise trägt er dazu bei, dass die Schwarmintelligenz aller Mitarbeiter genutzt wird. Dies wird durch einen ausgeklügelten Prozess unterstützt. Aber eins nach dem anderen.

Mitarbeiter und Führungskräfte bei Amazon sind generell angehalten, keine PowerPoint-Präsentationen in der internen Kommunikation zu verwenden. Diese Art der Kommunikation ist ausschließlich Großkunden- oder Lieferantenmeetings vorbehalten. Intern weht ein anderer Wind, nämlich der der Reflexion, genauer gesagt: Es wird erwartet, dass ein Memo in Word verfasst wird. Was auf den ersten Blick zeitraubend, sogar ein wenig altbacken erscheint, ist auf den zweiten ein moderner Ansatz, den ich unbedingt unterstreiche. Denn ausführliche Word-Memos gestalten sich in Textform, in ausformulierten Sätzen, in zusammenhängenden Absätzen und einer Argumentationskette, deren Reihenfolge der Logik des Absenders entspricht. Kurzum: Keine Schlagworte, keine Headlines verkürzen ein Thema. Der Absender muss sich vielmehr in die Tiefe begeben, muss abwägen und formulieren, sodass er Beifall oder Kritik parieren kann. Eine klare schriftliche Information dient dazu, komplexe Inhalte verständlich aufzubereiten, Missverständnisse zu vermeiden und auf visuelle Ablenkungen zu verzichten. Es geht ums Thema, um Lesbarkeit und Verständlichkeit. Analysen verlangen genau diese Art des Textens, setzen eine schlüssige Herleitung der Fakten voraus. Ein weiterer Pluspunkt ist, dass zu Beginn jedes Meetings bis zu 45 (!) Minuten nur für das gemeinsame stille Lesen des Memos reserviert sind. So ist sichergestellt, dass alle Teilnehmenden sich inhaltlich informieren und dem Thema sowie dem Verfasser des Memos den nötigen Respekt erweisen. Anschließend folgen die gehaltvolle Diskussion und die Entscheidung.

Hätte ich mich vor rund zehn Jahren noch als PowerPoint-Verfechter bezeichnet, so vermittle ich heute gern jedem, der daran interessiert ist, die Memo-Methodik. Aber weiter im Text: Für Innovationsideen folgt jedes Memo noch einmal einer speziellen, ausgeklügelten Logik. Stellen Sie sich vor, Sie verfassen eine Pressemitteilung. Wählen Sie einen Einstieg, der Ihre Leser staunen lässt, der jenes Aha-Gefühl triggert, das Ihnen ihre die Aufmerksamkeit für das Thema sichert. Aber seien Sie sich bewusst: Leser denken und lesen flüchtig. Das Staunen verpufft nach ungefähr neun Sekunden – spätestens dann erwarten sie das nächste Highlight. Bedienen Sie es. Nach so manchem Memo im Stil einer Presseerklärung fällt dem Verfasser auf, dass das neue Produkt, der neue Prozess oder das innovative Geschäftsmodell vielleicht gewöhnlicher ist als vermutet. Doch es geht nicht nur um kreatives Schreiben und die Begeisterung der Kollegen. Auch die sogenannten FAQ – also häufig gestellten Fragen – aus kommerzieller und technologischer Sicht sind durch den Verfasser zu beantworten und Teil einer abgewogenen Entscheidung. In erster Linie ist es das Ziel, jeden Mitarbeiter durch eine klare Struktur und einen Entscheidungsprozess in die Lage zu versetzen, Ideen gemeinsam mit Kollegen zu Papier zu bringen, vorzustellen und im Idealfall die Umsetzung zu begleiten.

Die drei Arten der FAQ

Stellen Sie sich selbst vor dem Verfassen Ihres Word-Memos die folgenden beispielhaften FAQ, bevor Sie Ihr Anliegen, Ihr Produkt krisenfest in einem Meeting präsentieren, und kommen Sie den Fragen der Leser zuvor:

Die Kunden-FAQ

1. Was genau ist der Mehrwert des Angebots?
2. Was ist an dem Angebot besser als an dem des Wettbewerbs?
3. Was kostet mich die Nutzung?
4. Wie flexibel bin ich in der Nutzung?

Dann folgen die **Business-FAQ** oder der Business-Case, der vergleichbar ist mit ähnlichen Dokumenten in anderen Firmen.

1. Kosten-Nutzen-Analysen
2. Ressourcenbedarf
3. Risikobewertung
4. Zeitplan

Schließlich betrachten Sie **technische FAQ** inklusive einer Machbarkeitsprüfung. Das geht so: Bei der Vorstellung eines Produkts mit wesentlicher technologischer Komponente gibt es mehrere relevante IT- und technologische Fragen, die beantwortet werden sollten, um das Verständnis und die Akzeptanz des Produkts zu fördern. Hier sind einige wichtige Fragen:

1. Wie wird die Nutzeroberfläche gestaltet?
2. Wie werden Daten gesammelt, gespeichert, verarbeitet und verwaltet?
3. Wie werden Datenschutzbestimmungen und rechtliche Anforderungen erfüllt?

Die Beantwortung dieser Fragen wird Ihnen das Vertrauen der Mitarbeiter, Chefs und Stakeholder sichern. Dieser Vorgehensweise habe ich hundertfach beigewohnt und sie oft selbst angewendet. Zahlreiche erfolgreiche Unternehmen wenden sie mittlerweile an. Von Zalando zum Beispiel weiß ich, dass sie zur Entscheidungsfindung diesen Memo-Prozess von Amazon adaptiert haben.

Sie merken es: Unsere digitale Gegenwart erfordert neue Methoden im Management. Allerdings gilt es dabei, den Spannungsbogen zwischen Tradition und Moderne aufzuziehen, nicht zu kappen. Deshalb ist bei aller Bewunderung für die digitalen Player doch immer die erste Frage: Wie können Sie die bestehenden Stärken in Ihrem Unternehmen nutzen, welches Tempo zum Wandel ist angemessen und wie sehen dann die ersten sinnvolle Schritte aus, um die KI für den Unternehmenserfolg zu nutzen? Blättern wir um. Ihr zukünftiges Modell ruht auf vier Säulen.

2 Der Raum zwischen Tradition und Innovation

Wenn es eine Eigenschaft gibt, die den Tech-Giganten der FAMANG gemein ist, dann lautet sie: Innovationsfähigkeit. *»Innovation macht den Unterschied zwischen einem Leader und einem Follower«*[26], sagte Steve Jobs – und hatte recht. Ich empfehle Ihnen, diesen Satz als Hintergrundbild auf Ihrem Handy zu speichern, damit Sie jeden Morgen daran erinnert werden und voller Entschlusskraft in Ihren Arbeitstag starten. Ein Follower zeichnet sich oft durch mangelnde Kreativität aus und verharrt im Status quo. Sein Blick ist in der Regel rückwärtsgerichtet oder maximal auf den Leader fokussiert, dem er folgt. Joseph Schumpeters Konzept der »schöpferischen Zerstörung« – der Idee, dass Innovationen angetrieben vom Unternehmergeist etablierte Geschäftsmodelle transformieren oder gar ersetzen können – begegnet er mit Zurückhaltung.[27] Im Prinzip handelte Steve Jobs nach genau dieser Prämisse, als er unterschiedliche Industrien nacheinander revolutionierte: die Musikbranche durch den iPod, die Telekommunikationsbranche und PCs durch das iPhone und schließlich die Verlagsbranche durch das iPad.

Neue, innovative Lösungen sprechen vernachlässigte oder unerkannte Kundenbedürfnisse an und verändern dadurch ganze Märkte von Grund auf. Das kann zur Folge haben, dass etablierte Unternehmen, denen es nicht gelingt, sich an Veränderungen anzupassen, ihre Wettbewerbsposition verlieren oder sogar ganz vom Markt verschwinden.[28] So ist es Nokia und Blackberry ergangen, um beim obengenannten Beispiel zu bleiben.[29] Dieser Innovationswettbewerb steigert Produktivität und Qualität und ist damit wesentlicher Treiber für unseren gesellschaftlichen Fortschritt.

Doch all das ist nur möglich, wenn wir uns nicht an Altes klammern, sondern bereit sind, althergebrachte Strukturen aufzubrechen, loszulassen, auch wenn es wehtut. Viele Manager entscheiden sich aufgrund diverser Zwänge oft bewusst gegen Innovationen und fokussieren sich stattdessen auf ihr etabliertes Geschäftsmodell. In den letzten Jahren konnte ich aus nächster Nähe beobachten, wie Manager trotz ihrer Ambitionen zur Neugestaltung scheiterten. Das Dilemma: Sie konzentrieren sich zu stark auf aktuelle Kunden, die heute die überlebenswichtige Liquidität bereitstellen, wodurch Innovationspotenziale schlichtweg vernachlässigt werden. Oft gibt es in Unternehmen wenig Anerkennung für wegweisende Neuerungen, die sich erst langfristig auszahlen – falls überhaupt. Anteilseigner möchten *heute* ihre sichere Rendite und Mitarbeiter sind erfahren darin, die existierenden Produkte fortwährend zu optimieren und die Bedürfnisse der aktuellen Kunden zu decken. Doch das, was heute eine Stärke ist, könnte morgen irrelevant werden. Daher ist es zwingend notwendig, neue Fähigkeiten zu entwickeln. Zu den internen Hürden gehören auch die

Furcht, bestehende Erfolgsmodelle durch Neuerungen zu kannibalisieren, sowie organisatorische Trägheit und Silodenken, die schnelle und ganzheitliche Entscheidungen hemmen.

Auch wenn die Bereitschaft vom Topmanagement gegeben sein muss, ist Innovationsfähigkeit beileibe keine Haltung. Bloßer Wille reicht nicht. Noch wichtiger ist es zu erkennen, dass allein die Anstrengung und die wiederholte Anwendung derselben eindimensionalen Methoden nicht genug ist, um wirklich tiefgreifende Veränderungen herbeizuführen. Durch meine Arbeit bei einem führenden Tech-Unternehmen habe ich gelernt, offener zu sein, größer zu denken und bestehende Abläufe kontinuierlich zu hinterfragen. Diese Zeit hat mich auch gelehrt, mehr kalkulierte Risiken einzugehen. Besonders wichtig war aber die Erkenntnis, dass Innovation im digitalen Umfeld oft klar erkennbaren Mustern folgt.

Im vorherigen Kapitel habe ich ausführlich die Grundlagen der Unternehmenskultur und dezentralen Innovation behandelt. In den kommenden Abschnitten werde ich das Managementprinzip der Agilität und der Datenorientierung vorstellen. Allerdings möchte ich dies mit einer wichtigen Einschränkung tun. Agile Methoden sind kein Allheilmittel und nicht für jeden Bereich oder jede Aufgabe geeignet. Es existiert ein Spektrum, in dem traditionelle, funktionale Strukturen unverzichtbar sind, insbesondere wenn Sicherheit und Zuverlässigkeit oberste Priorität haben.

Es ist aber festzuhalten, dass überall dort, wo die Entwicklung neuer Produkte und Prozesse im Mittelpunkt steht, herkömmliche Projektmanagementansätze kaum mehr ausreichen dürften, um erfolgreich zu sein.

Die vier Säulen der Innovationskraft

Die Säulen, auf denen die FAMANG ihre Zukunft bauen, machen sie besonders widerstandsfähig oder gar unzerbrechlich. Es sind Säulen aus Basalt, die selbst der Rezession und einem Beben an den Aktienmärkten zu trotzen scheinen. Vier an der Zahl bilden das Fundament für die Innovationskraft in den Unternehmen. Und es hat mich gewundert, dass ich während der Recherche zu diesem Buch keinen Autor entdeckt habe, der diese Säulen klar und unmissverständlich benennt und erklärt. Als wäre es ein gut gehütetes Geheimnis, wie die FAMANG ihre Unternehmen führen. Zwar mögen die Manager der Tech-Unternehmen und Investment-Manager von Private-Equity-Firmen von diesen Säulen wissen. Doch solche, die als »Outsider« gelten, kommen bislang kaum in Berührung mit den »Geheimrezepten« der Tech-Giganten. Sie mögen sich fragen, wie es gelingen kann, mit scheinbarer Leichtigkeit andauernd neue Produkte und Dienstleitungen am Markt zu platzieren, während viele Start-ups diesem

Weg bereits folgen und sehr schnell gelernt haben: Für den Erfolg gibt es eine Formel. Diese fügt sich zusammen aus

1. Unternehmenskultur,
2. dezentraler Innovation,
3. agilen, funktionsübergreifenden Teams und
4. Datenorientierung.

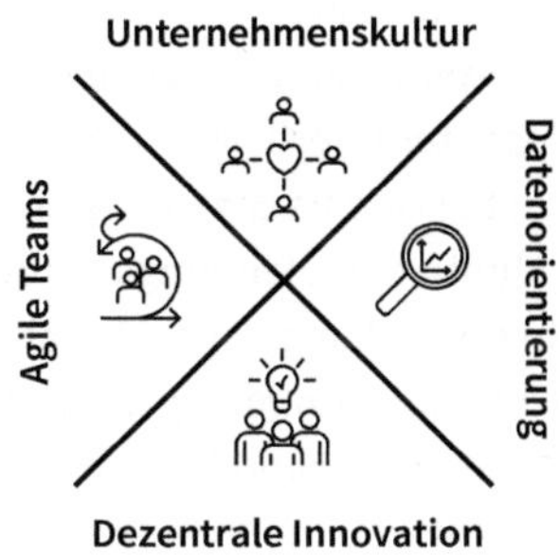

Die vier Säulen der Innovationskraft, eigene Darstellung

Die **Unternehmenskultur** ist im Sinne der FAMANG längst zur Innovationskultur geworden. Sie ist von zentraler Bedeutung. Denn erst klare Werte und definierte Prinzipien können einen Konsens über die offene Kommunikation, das Handeln und das Leistungs- und Verantwortungsbewusstseins herstellen. Die Prinzipien habe ich im ersten Kapitel am Beispiel von Amazon eingeführt, und hier möchte ich hinzufügen: Sie sind die Blaupause, die sich über das Verhalten und jede Entscheidung legt. Diese Prinzipien sind das Betriebssystem der digitalen Spieler und lassen die Mitarbeiter auf wundersame Weise autonom, selbstbestimmt und dennoch im Sinne der gemeinsam geteilten Grundüberzeugungen wie Unternehmertum oder bedingungslose Kundenorientierung handeln. Im Laufe der Zeit verinnerlicht jeder Mitarbeiter die Prinzipien in seinem Denken und Handeln, was die Zusammenarbeit von Gleichgesinnten – auch über Abteilungsgrenzen hinweg – stark erleichtert. Die Mitarbeiter, die sich mit der Kultur identifizieren, werden langfristig gebunden und lernen die Kultur und das dadurch ermöglichte effektive Arbeiten zu schätzen. Wieder andere scheiden aus, weil sie selbst Unternehmer werden oder sich ein anderes, passenderes Umfeld suchen.

Mittlerweile hat es sich zum Glück herumgesprochen, dass diese Prinzipien unternehmerisches Allgemeingut sind – und keine hochgestochenen Formulierungen für die externe Unternehmenskommunikation. Leitsätze gehören, um es noch einmal deutlich zu sagen, nicht an die Wand im Foyer, sondern in alle Personalprozesse entlang des Lebenszyklus der Mitarbeiter: in den Recruiting-Prozess, in jährlich wiederkehrende Feedbackgespräche, in Gespräche zur Weiterentwicklung der Mitarbeiter und Beförderungen. Nur so wird sichergestellt, dass diese Prinzipien auch verinnerlicht werden. Denken Sie daran: Erst das gemeinsame Beachten und Befolgen der Prinzipien kann den Fokus auf Ihre Kunden richten und die flexible Anpassung an den Wettbewerb ermöglichen. So weit meine Ergänzung. Sehen wir uns also die weiteren Säulen genauer an.

Dezentrale Innovation und **agile Methoden** sind die zweite und dritte Säule, auf denen die FAMANG stehen. Das bedeutet, dass jeder Mitarbeiter ständig ermutigt wird, eigenverantwortlich über Potenziale zur Verbesserung nachzudenken. Er stellt seine Ideen über erprobte Prozesse, die kreatives und kundenorientiertes Denken fördern, zur Diskussion. Dies bringt stetig verbesserte Abläufe oder sogar den nächsten »Moonshot« hervor. So werden bei Google die Projekte genannt, die so ambitioniert und radikal sind wie die berühmte Mondlandungsmission der NASA. Nicht nur der zentrale Innovationsbereich in der Holding – manchmal zu weit weg vom operativen Geschäft –, sondern vor allem die Schwarmintelligenz und das unternehmerische Denken der Mitarbeiter ist die Quelle des Ideenreichtums der FAMANG. Auch Sie sollten diese kollektive Intelligenz Ihrer Mitarbeiter unbedingt nutzen.

Agile Methoden, auf die ich in diesem Kapitel ausführlich eingehe, sind ein Ansatz der FAMANG zur Entwicklung von neuen Angeboten in einem besonders dynamischen und unvorhersehbaren Umfeld. In einem solchen Umfeld, das heute auf vielen Märkten bereits Realität ist, sind kontinuierliches Kundenfeedback und Experimentieren wichtig, um Produkte oder Dienstleistungen stetig zu optimieren und dem Wettbewerb immer einen Schritt voraus zu sein. Diese Aufgabe verantworten oft Produktteams, die mit Experten aus verschiedenen Funktionen besetzt sind, damit sie eigenverantwortlich und zügig entscheiden und handeln können. Hier schließt sich auch die vierte Säule der **Datenorientierung** an, das heißt ein Umfeld, in dem datengetriebenes Denken geschätzt wird und Werkzeuge bereitgestellt werden, die die Führung mit Kennzahlen und datenbasierte Entscheidungen in Echtzeit ermöglichen. Es ist das Analysieren und Verknüpfen von Daten mit dem Ziel, die richtigen Entscheidungen zu treffen und sie letztendlich mithilfe von KI zu automatisieren.

Die vier oben genannten Säulen stützen die Innovationsfähigkeit und -stärke, und zwar auf allen Gebieten: Produkte, Dienstleistungen, Unternehmensprozesse und Geschäftsmodelle. Und hier ist die KI bei den FAMANG heute nicht mehr wegzudenken. Sie macht beispielsweise viele der sogenannten Plattform-Geschäftsmodelle, die aus Millionen von Transaktionen bestehen, überhaupt erst möglich.

Auf der Basis dieser Säulen erheben sich auch die sechs Erfolgsfaktoren der KI, die ich Ihnen als Kern dieses Buches darlegen werde, aufbereitet zum Nachahmen (siehe Kapitel 6). Und wenn Sie mich fragen, bei welcher der vier Säulen Sie am schnellsten Erfolge sehen werden, dann ist es die Etablierung von agilen Arbeitsweisen. Sie hängt eng mit der dezentralen Innovation zusammen und ist für mich eine der wichtigsten

Säulen. Denn ohne den Versuch, kreative, kundenorientierte Ideen im Unternehmen umzusetzen, sind alle Anstrengungen in Bezug auf Innovationen hinfällig.

Wasserfallmethode versus Agilität

Die agile, funktionsübergreifende Zusammenarbeit in autonomen Teams, wie die FAMANG sie vorleben, ist eine der wichtigsten Säulen für die Innovation von Produkten und Geschäftsmodellen. Durch sie lassen sich schnell, kundenorientiert und iterativ neue Angebote entwickeln.[30] Damit stelle ich die Agilität dem seit der Industrialisierung etablierten Modell der funktionalen Strukturen mit der Wasserfallmethode gegenüber und bitte Sie, Ihr Unternehmen auf Herz und Nieren zu prüfen und herauszufinden, wo Sie agile Konzepte verankern und wo eine traditionelle funktionale Struktur und die Wasserfallmethode erhalten bleiben sollte.

Seit der Industrialisierung verbreitet: die funktionale Struktur

Trotz der Begeisterung für agile Methoden arbeiten heute noch immer mehr als 90 Prozent der Unternehmen nach der Wasserfallmethode und sind nach dem funktionalen Prinzip aufgebaut.[31] Hier werden Mitarbeiter nach ihren spezifischen Aufgaben wie Einkauf, Produktion, Marketing und Vertrieb sowie unterstützenden Funktionen wie IT, Personal und Finanzen gruppiert. Seit dem 19. Jahrhundert sind Unternehmen derart aufgebaut. Wen mag es wundern, wenn wir vor dem Hintergrund der heutigen Zeit feststellen müssen, dass diese Struktur und die dazugehörige Arbeitsweise nicht immer passend scheinen. Was für Projekte und Aufgaben geeignet ist, bei denen die Effizienz und Qualität Priorität hat, ist für Initiativen, bei denen das Experimentieren und die rasche Reaktion auf neue Kundenanforderungen im Fokus stehen, eher hinderlich.

Denn mit dem schnellen Wandel an den Märkten und der fortschreitenden Digitalisierung schälten sich auch die Nachteile dieser Organisationsform heraus, nämlich langsame Entscheidungsfindung, nur punktuelle ressortübergreifende Zusammenarbeit und Silodenken. Hier arbeiten die Abteilungen nebeneinander, statt im Sinne des Kunden und des Gesamtunternehmens eng zusammenzuarbeiten. Im Extremfall verzichten sie darauf, Ressourcen und erfolgskritische Informationen zu teilen, und verfolgen nur ihre eigenen Ziele und Kennzahlen ohne Rücksicht auf andere Bereiche im unternehmensinternen Wettbewerb. Vieles geschieht nach dem Schema *teile und herrsche*, und das ist in den meisten Fällen wie ein Bremsklotz auf der Spur des Erfolgs. Es kann nicht eigenverantwortlich und umsichtig auf die ständig wechselnden Marktbedingungen reagiert werden und Kundenbedürfnisse bleiben zu lange unberücksichtigt. Es gilt also, die Vor- und Nachteile einer solchen traditionellen funktionalen

Struktur genau zu betrachten und abzuwägen, für welche Zwecke sie noch zeitgemäß ist und wo sie Platz für agile Strukturen machen sollte.[32]

Festzuhalten bleibt: Funktional organisierte Unternehmen streben Berechenbarkeit, Messbarkeit und Verlässlichkeit an – in jeder Phase. So wundert es nicht, dass das Arbeiten nach der Wasserfallmethode zu einer Art Standard geworden ist – auch in den Bereichen IT und Technologie. Eine solche Arbeitsweise kann sinnvoll sein, wenn fein aufeinander abgestimmte Arbeitsschritte ineinandergreifen müssen. Sie werden der Reihe nach abgearbeitet, keine Phase wird begonnen, bevor die vorangehende nicht abgeschlossen wurde. Ursprünglich wurde diese Vorgehensweise für die Bau- und Fertigungsindustrie entwickelt – dort sind lineare Abfolgen nötig. Beim Bau eines Hauses beispielsweise hat sie unbestreitbar Vorteile – zum Beispiel kann die Dacheindeckung erst beginnen, wenn der Rohbau fertiggestellt und der Dachstuhl errichtet worden ist. Ebenso sollte bei der Erstellung des Jahresabschlusses durch den Finanzbereich und die Buchhaltung die Präzision im Vordergrund stehen, sodass kein Raum für Experimente bleibt.

Obwohl ich mich zu den Anhängern von agilen Methoden zähle, will ich bei Aufgaben, bei denen es maßgeblich auf Effizienz ankommt, die Dinge in dieser Verlässlichkeit, in dieser strikten Reihenfolge erledigt wissen. So war übrigens die allgemeine Haltung auch in der Automobilindustrie – bis Toyota verkündete, agil oder besser »lean« werden und die vormals etablierten Fertigungsprozesse der Branche hinterfragen zu wollen. Die Durchlaufzeiten sollten verkürzt werden. Alles, was eine Verschwendung von Ressourcen darstellte, wie beispielsweise Überbestände oder Stillstandzeiten, sollte erkannt und eliminiert werden. Vor allem aber sollte Folgendes erreicht werden: eine bessere Produktqualität, die Reduktion der Kosten für Toyota-Kunden und die Produktion auf Kundennachfrage hin. Die damaligen Manager wiesen ihre Mitarbeiter an, jeden Arbeitsschritt zu hinterfragen und zu bewerten und dann Verbesserungsvorschläge zu unterbreiten. Die Vorschläge wurden im Anschluss geprüft. Diese »Lean-Produktion« basiert auf den Prinzipien des Toyota-Produktionssystems und wurde erstmals 2003 im Buch »The Toyota Way« veröffentlicht.[33] Charakteristisch für diese Art der Produktion, deren Elemente nicht nur in der Automobilbranche Verbreitung gefunden haben, sind beispielsweise die »Just-in-Time-Produktion«, das Prinzip der kontinuierlichen Verbesserung sowie die nachfrageorientierte Ausrichtung der Produktion. Hierbei werden auch funktionsübergreifende Teams eingesetzt, z.B. aus Montage und Qualitätssicherung, und sogar Experten von Lieferantenseite einbezogen, um eine breitere Perspektive auf Herausforderungen zu erhalten und sie gemeinsam zu lösen.

Die Manager deutscher Automobilunternehmen rümpften zunächst die Nase und flüsterten hinter vorgehaltener Hand, dass Mitarbeiter ihren Job nach Plan machen und keine Zeit auf kreative Lösungen verschwenden sollten. Heute aber ist dieses

Lean-Management längst Best Practice in der Fertigungsindustrie. Was ich Ihnen damit zeigen will? Es lohnt sich durchaus, auch außerhalb der IT und Softwareentwicklung hin und wieder die bisherige Arbeitsweise zu hinterfragen –auch in einer klassischen funktionalen Organisation.

Agilität in Unternehmen

Agile Methoden stellen einen kollaborativen und selbstorganisierten Ansatz für die Produktentwicklung dar, der besonders in unvorhersehbaren Umgebungen seine Stärken entfaltet. Hierbei steht regelmäßiges Kundenfeedback im Mittelpunkt. Sie merken es schon: Dieser Ansatz ist wie die DNA der FAMANG. Oft bleiben die Mitarbeiter dauerhaft in diesen agilen Teams organisiert, auch wenn sie formell anderen Abteilungen angehören. Dies ermöglicht es den Teams, sich einzuspielen und sich schließlich zu Experten für ihre Kunden und Produkte zu entwickeln. Darüber hinaus übernehmen sie dauerhaft Verantwortung für den Geschäftserfolg. Dadurch, dass unterschiedliche funktionale Fähigkeiten in einem Team gebündelt sind, sind diese Teams komplett entscheidungs- und handlungsfähig, überbrücken dabei die klassischen Herausforderungen von funktionalen Organisationen wie aufwendige Abstimmungsprozesse zwischen Bereichen sowie Silodenken und werden so zum Motor der Innovation in Unternehmen.[34]

Fünf Vorteile agiler Methoden

Agile Methoden ermutigen jeden einzelnen Mitarbeiter, mitzudenken und sich diskussionsfreudig in neue Angebote und Prozesse einzubringen, um diese weiterzuentwickeln. Das ist die Grundlage für Innovation. Nachfolgend die fünf zentralen Vorteile agiler Methoden:[35]

- **Schnelle Anpassungsfähigkeit:** Agile Methoden ermöglichen es, sich schnell auf sich ändernde Anforderungen und Marktbedingungen einzustellen. Durch iterative Prozesse können Teams flexibel auf neue Erkenntnisse reagieren.
- **Kundenorientierung:** Agiles Arbeiten legt großen Wert auf kontinuierliche Kundenbeteiligung und regelmäßiges Feedback. Dies führt dazu, dass Produkte und Dienstleistungen besser an die tatsächlichen Kundenbedürfnisse angepasst werden können.
- **Bessere Produktqualität:** Durch den Fokus auf Tests und die Überprüfung des Angebots wird die Produktqualität während des gesamten Entwicklungsprozesses sichergestellt. Fehler können frühzeitig erkannt und behoben werden.

- **Hohe Mitarbeitermotivation:** Agile Methoden werden in selbstorganisierten Teams angewandt und fördern die aktive Beteiligung der Teammitglieder. Dies führt zu einer höheren Mitarbeitermotivation, Kreativität und Eigenverantwortung.
- **Transparenz und Kommunikation:** Regelmäßige Meetings, Feedbackrunden und klare Kommunikation fördern die Transparenz im Team und zum Management. Dadurch wird das Verständnis für die Projektaufgaben erhöht und Probleme können frühzeitig erkannt und gelöst werden.

Häufig werde ich von Geschäftspartnern gefragt, wie sich agile Arbeitsweisen in der Praxis umsetzen lassen. Der Übergang zur Agilität beginnt in der Regel im Kleinen. Er beginnt oft mit einem Pilotprojekt in der IT, wo viele Mitarbeiter bereits mit den agilen Grundprinzipien vertraut sind. Würden wir diese Fachkräfte nach ihrem Rat zur Ausweitung agiler Arbeitsweisen auf andere Abteilungen fragen, würden sie wahrscheinlich empfehlen, zunächst ein sorgfältig ausgewähltes Projekt zu starten – ein Projekt mit klaren, messbaren Zielen und regelmäßigem Feedback von internen oder externen Kunden. Für ein solches Pilotprojekt ist das konkrete und kontinuierliche Messen der Erfolgskriterien unerlässlich. Bei Bedarf ist eine Anpassung nötig.

Ein weiterer zentraler Punkt ist die Unterstützung des Managements, wobei die Eigenverantwortlichkeit des Teams nicht beschnitten werden sollte. Vielmehr sollte darauf geachtet werden, dass die Teamziele mit den Unternehmenszielen im Einklang stehen. Einen Bonus könnte es geben, wenn die Führungsebene selbst agile Ansätze ausprobiert, beispielsweise bei der jährlichen Strategieüberarbeitung. Das ermöglicht es dem Management, die »Sprache« der Teams zu verstehen und die Vorteile von Agilität direkt zu erleben.[36]

Die Autonomie agiler Teams

Folglich sind Sie als Manager bei der Einführung und der Etablierung von agilen Methoden besonders gefragt. Auf der einen Seite müssen Sie die Teams dabei unterstützen, produktiv zu werden, indem Sie bürokratische Hürden, die oft Überbleibsel der funktionalen Organisationsstruktur sind, aus dem Weg räumen – wie z. B. aufwendige Genehmigungsprozesse. Außerdem benötigen die Teams ein klares Ziel, damit sie innerhalb eines breit abgesteckten Rahmens experimentieren und auf die vorgegebenen Ziele hinarbeiten können. Ist die Vorarbeit erst einmal geleistet und haben Sie mehrere agile Pilotprojekte in Ihrem Bereich gestartet, können Sie schrittweise Verantwortung abgeben: Sie vertrauen auf die Fähigkeiten Ihrer Mitarbeiter, die Aufgaben zu bewältigen. Sie spielen nicht mehr Feuerwehr an jeder Ecke und können die Teams auf Basis von Zielvereinbarungen führen. Während die Wasserfallmethode nämlich eine strenge Hierarchie und Top-down-Ansagen verlangt, setzt die Agilität auf das Gegenteil: auf eine intensive gegenseitige Kommunikation im Team und auf das Liefern inkrementeller Ergebnisse mit jeder Iteration des Produkts. Agile Teams gehen sogar weiter, denn sie involvieren Kunden in den Entwicklungsprozess, während Teams, die nach einem Wasserfallansatz arbeiten, ihren Kunden erst das Endprodukt präsentieren.

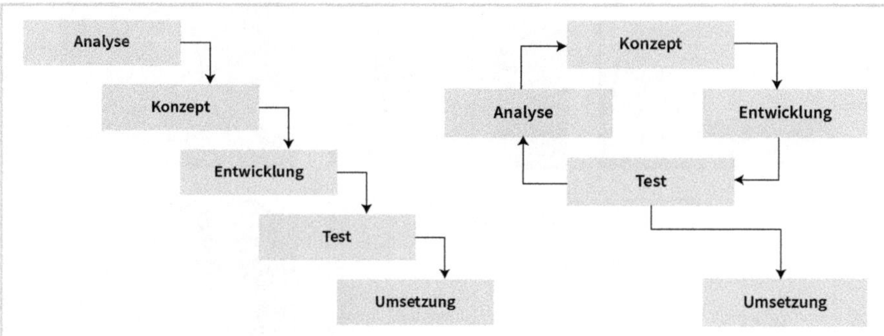

Klassische Methoden im Vergleich zu agilen Methoden, eigene Darstellung

Erlauben Sie mir, agile Methoden anschaulich anhand einer Parallele zur Kunst zu erklären – genauer gesagt, anhand der Entstehung des Gemäldes[37] »Das Mädchen mit dem Perlenohrring« des holländischen Malers Johannes Vermeer. Durch die meisterhafte Nutzung von Licht und Schatten verlieh Vermeer dem Porträt eine erstaunliche Tiefe. Das Gemälde wurde aufgrund des rätselhaften Gesichtsausdrucks des Mädchens oft als »Mona Lisa des Nordens« bezeichnet und hat sowohl Autoren als auch Filmemacher inspiriert.

Vermeers Herangehensweise könnte folgendermaßen ausgesehen haben: Er startete wahrscheinlich mit einer groben Bleistiftskizze, um zentrale Elemente wie die zarten Gesichtszüge und den schillernden Perlenohrring zu verorten. Diese erste Skizze diente ihm als Basis, um seine Vision zu definieren. Möglicherweise hat er dann andere – seine Muse, Schüler oder Kunstliebhaber – um ihre Meinung und Feedback gebeten. Anstatt sich dogmatisch an diesen ersten Entwurf zu halten, war Vermeer vermutlich bereit, das Bild anzupassen. Er wird mit verschiedenen Maltechniken experimentiert haben, um den Lichteinfall zu perfektionieren, oder mit der Farbmischung, um die gewünschte Farbtonalität zu erreichen. Mit jeder weiteren Phase des Malens tauchte er immer tiefer in den kreativen Prozess ein, wobei er kontinuierlich Feedback integrierte, um das Kunstwerk zu verfeinern und die Leuchtkraft des Gemäldes zu erhöhen. Der letzte Pinselstrich wäre dann nicht nur ein Abbild seines Könnens, sondern auch das Ergebnis eines interaktiven Prozesses, bei dem der Betrachter und dessen Empfindungen im Mittelpunkt standen.[38]

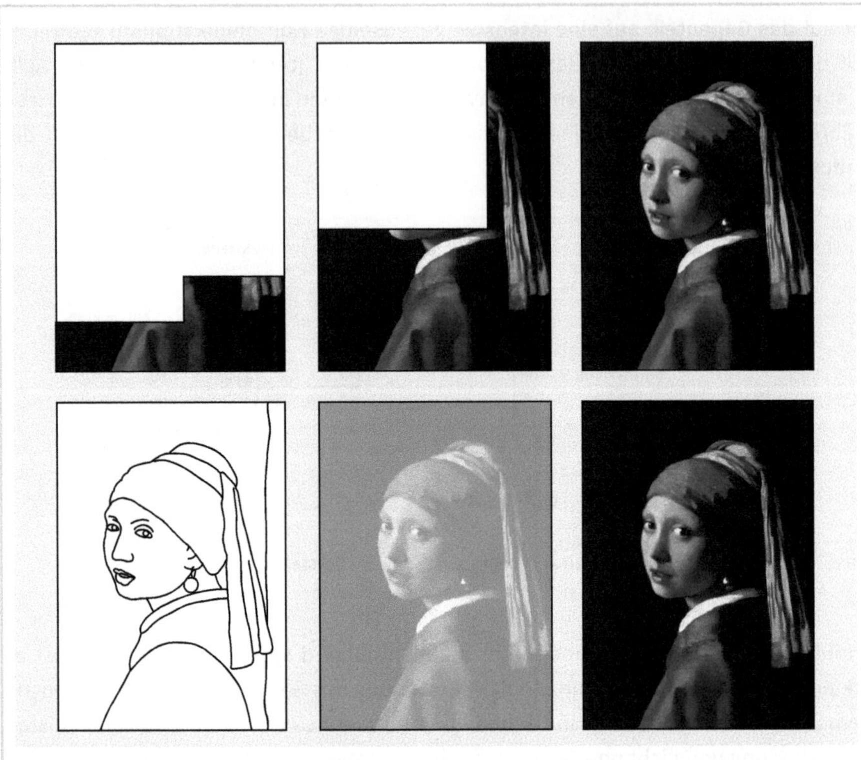

Agiles Arbeiten am Beispiel eines Gemäldes, eigene Darstellung (Bild: gettyimages)

Datenorientierung

Einmal auf den Punkt gebracht: Ohne Datenorientierung wird kein Unternehmen auf Dauer überleben. Daten sind heute der Treibstoff für Innovation, Wettbewerbsvorteile und wirtschaftlichen Erfolg. Die FAMANG ziehen aus ihrer datenbasierten Arbeitsweise einen erheblichen Vorteil. Und auch Sie können mithilfe von Daten fundiertere Entscheidungen treffen, schneller auf Marktveränderungen reagieren und Produkte und Dienstleistungen auf der Basis des Verhaltens und der Bedürfnisse Ihrer Kunden entwickeln. Was sich hinter dem Begriff »data-driven« verbirgt, ist also nicht mehr oder weniger als die Förderung eines Umfelds, in dem datengetriebenes Denken und Handeln geschätzt wird und in der Manager gestützt auf Kennzahlen führen. Zentrale Voraussetzung hierfür ist das Sammeln von Daten und die Bereitstellung von Werkzeugen für datenbasierte Entscheidungen und ihre Integration in alle Abläufe.

Bei Amazon ist der Fokus auf Daten offensichtlich – das wird im Unternehmensleitsatz deutlich, wenn es dort heißt: Dive Deep – Dingen auf den Grund gehen. Erinnern Sie sich an die Principles?[39]

> »Leader arbeiten auf allen Ebenen und verlieren nicht den Blick fürs Detail. Sie überprüfen Entscheidungen und Prozesse regelmäßig und reagieren skeptisch, wenn Erwartungen und Resultate nicht im Einklang stehen. Keine Aufgabe ist ihnen zu unbedeutend.«

Von jedem Mitarbeiter wird erwartet, dass er ein tiefes Verständnis seiner Zahlen hat, und zwar in Bezug auf Kundenverhalten, Umsätze, Profitabilität etc. Als Grundsatz gilt, dass jeder bis zu drei in die Tiefe gehende Fragen zu einem Sachverhalt beantworten kann. Das sogenannte *Grillen*, also das detaillierte und manchmal kritische Hinterfragen von Geschäftszahlen in regelmäßigen Business Reviews, ist Standard. Vorgesetzte führen nicht nur mit Worten, sondern auch mit Zahlen. Sie erwarten, dass ihre Teams informiert und auf Ballhöhe sind. Um Daten analysieren und informierte Entscheidungen treffen können, haben die Mitarbeiter Zugang zu leistungsfähigen Werkzeugen. Jeder Bereich verfügt über versierte Mitarbeiter, die über die Standardreports hinaus maßgeschneiderte Abfragen erstellen und diese wiederum anderen Teams zur Verfügung stellen. Das ist vorbildlich.

Lernen, mit Daten zu arbeiten

Was sich hier einfach liest, erfordert in der Praxis eine Kombination aus »Change-Management«, eine neue Art zu führen, die zu datenorientiertem Denken anregt, und eine Infrastruktur, die den Zugang und die Analyse von Sachverhalten überhaupt erst ermöglicht. Was also muss Ihre Organisation, müssen Sie und Ihre Mitarbeiter lernen, um eine stärkere Datenorientierung zu erreichen?

Kulturelle Betonung: Fördern Sie eine Kultur, die Daten schätzt und deren Rolle bei der Entscheidungsfindung anerkennt. Das datengetriebene Denken wird zu einem wesentlichen Bestandteil der Unternehmensidentität und wird durch Führungsbotschaften, Werte und Verhaltensweisen verstärkt.

Führen über Kennzahlen und Berichte: Definieren Sie klare und zugängliche Kennzahlen und Berichte und integrieren Sie diese fest in offizielle Entscheidungsprozesse. Dadurch können Mitarbeiter Ergebnisse nachhalten und den Einfluss ihrer Entscheidungen anhand von Daten beurteilen. Nicht nur der Fokus auf Kennzahlen, die das Endziel messen, ist wichtig, sondern auch die Bewertung der Zwischenschritte auf dem Weg dorthin.

Zugang zu Daten und Datenwerkzeugen: Stellen Sie sicher, dass Daten über Standardberichte und für individuelle »Deep Dives« leicht über entsprechende Freigabeprozesse zugänglich sind und dass die Mitarbeiter Daten nutzen können, um die nötigen Erkenntnisse abzuleiten, die relevant für ihren Verantwortungsbereich sind.

Nun bleibt noch die große Herausforderung, die ebenso ein Wettlauf ist: Wie genau gelingt es Ihnen, Daten zu sammeln und bedarfsgerecht zu speichern, zu analysieren und letztendlich für erfolgskritische Entscheidungen zu nutzen? Viele Unternehmen streben aus Effizienzgründen nach standardisierten »Big Data«-Ansätzen für die Verwaltung ihrer Daten. Mit zunehmender Datenmenge stoßen diese Ansätze jedoch an ihre Grenzen. Erstens gibt es Skalierungsengpässe, die zu längeren Antwortzeiten und Problemen bei der Verfügbarkeit von Berichten führen können. Ein weiteres Problem sind Datensilos – eine Folge der funktionalen Organisation –, die die Integration von Informationen aus verschiedenen Quellen behindern. Ein Beispiel hierfür ist es, wenn Daten desselben Großkunden aus unterschiedlichen Abteilungen nicht effektiv zusammengeführt werden können. Hinzu kommt die Datenkomplexität: vielfältige Datentypen, seien es Bilder oder Tabellen, werden oft nicht in dem Maße unterstützt, wie es nötig wäre. Das alles zeigt, dass, obwohl Big Data enorme Chancen bietet, es auch wesentliche Herausforderungen gibt, die erst gemeistert werden müssen.[40]

Die FAMANG nennen die Antwort: *Data Mesh* oder dezentrale Datenarchitektur. Um Ihnen diesen Umgang mit Daten zu erklären, greife ich zu einer Analogie, die diese neue Arbeitsweise mit Daten verbildlicht.

Data Mesh – der einfache Zugang zu Wissen

Stellen Sie sich eine umfangreiche Universitätsbibliothek vor, in der die Abschlussarbeiten aller Studenten archiviert sind. Um der Bibliothek die Verwaltung zu erleichtern, gelten einheitliche, starre Standards für das Einreichen von Arbeiten über alle Fachbereiche hinweg – Geisteswissenschaften, Naturwissenschaften, Medizin und Kunstwissenschaften. Alle Werke haben zwingend denselben Einband, dieselbe Papierqualität, Größe und Formatierung. Sie sind alphabetisch – ohne Beachtung des Fachbereichs – in einem großen Magazin angeordnet, wodurch die Nutzer ohne Orientierungshilfe zwischen den vielen Werken navigieren müssen. Mit der Zeit wächst jedoch die Anzahl der Werke, die Themen werden vielfältiger und die Studenten benötigen immer mehr Zeit, um das gewünschte Werk zu finden. Außerdem können sie die Informationen oft nicht ohne Weiteres nutzen, weil sie zum Beispiel Abbildungen oder Tabellen vor Gebrauch vergrößern müssen.

Data Mesh löst dieses Problem bildlich, indem es die Bibliothek in spezialisierte Abteilungen oder sogenannte Domänen aufteilt. Wissenschaftliche Hilfskräfte definieren als Experten fachspezifische Standards wie z. B. hochwertiges, großformatiges Papier für Kunstbücher. Die Experten arbeiten eng zusammen, um den einfachen und schnellen Zugang der Nutzer zu ihrem Bereich zu gewährleisten, und beschildern Wege zwischen den Abteilungen. Jede Abteilung ist spezialisiert und arbeitet dennoch mit anderen zusammen, um das Wissen der gesamten Bibliothek für die Studenten optimal nutzbar zu machen.[41]

Der Data-Mesh-Ansatz der FAMANG begegnet den Herausforderungen der Big-Data-Architekturen demnach durch den Wechsel von einem zentralisierten zu einem dezentralisierten, flexibleren System. So wie in der Analogie der Universitätsbibliothek werden die Daten nach klar abgegrenzten »Fachgebieten« wie Kundendaten oder Lieferantendaten organisiert. Jedes dieser Fachgebiete wird von spezialisierten Teams verantwortet, die ihre Daten eigenverantwortlich erfassen, verarbeiten und bereitstellen und so zur Datenorientierung im Unternehmen beitragen.[42]

Data Mesh stellt für die FAMANG ein unverzichtbares Werkzeug dar, mit dessen Hilfe sie präzise auf kritische Daten zugreifen und Entscheidungen oft in Echtzeit und automatisiert treffen können. Es bildet somit die vierte Säule ihrer Innovationskultur. Diese Innovationskultur ist die Basis für die Ausführungen in den kommenden Kapiteln.

3 Hype!

Wenn ich das Wort »Hype« in Verbindung mit KI höre, dann zucke ich zusammen. Denn »Hype« drückt Unwissenheit aus und Unwissenheit führt schlimmstenfalls zu kostspieligen Fehlentscheidungen. Obwohl Fehlentscheidungen kaum vollständig zu vermeiden sind, sollten Sie als Manager deren Risiko minimieren und besonnen reagieren, wenn sie eintreten. In Zeiten wie diesen, die nicht nur eine Karriere oder ein Unternehmen, sondern die ganze Welt verändern, sollte ein Manager sich frühzeitig orientieren können, indem er sich Wissen aneignet, um über die für ihn und sein Unternehmen zweckmäßige Strategie zu entscheiden. Ich bin der Meinung, dass abwarten – gerade in einem unsicheren oder volatilen Umfeld – manchmal sinnvoll sein kann. Im Falle der KI aber rate ich: Bleiben Sie am Puls der Zeit, werden Sie zum Innovator, zum Leader. Das ist Ihr Job. Das Thema KI eignet sich nicht als Randnotiz auf der Meeting-Agenda. Es sollte im Zentrum Ihres Denkens und Handelns stehen.

Ich habe den Eindruck, dass derzeit viele Halbwahrheiten in den Medien verbreitet werden und das Thema künstliche Intelligenz oft für Stimmungsmache missbraucht wird. Deshalb rate ich zur Vorsicht: Wenn KI rein emotional dargestellt und für Schlagzeilen genutzt wird, geraten die Fakten in den Hintergrund. Das vergiftet nicht nur das Thema selbst, sondern beeinflusst auch die öffentliche Meinung negativ. Da werden Ängste um Arbeitsplätze geschürt, da wird eine Welt von morgen gezeichnet, in der Menschen zu gefühllosen Cyborgs mutieren, die entscheidungsunfähig und antriebslos per Knopfdruck ihren Alltag erleben. Angst war noch nie ein guter Ratgeber, und Pessimismus hat selten zu Hochleistung motiviert.

Auf der anderen Seite stehen die teils überzogenen Erwartungen, befeuert durch die Medienpräsenz bestimmter Unternehmen. Doch bei genauerem Hinsehen zeigt sich, dass viele dieser oft zitierten Vorreiter nicht die erwarteten Erfolge vorweisen können. Viele experimentieren noch mit der Technologie und sind noch nicht so weit fortgeschritten, wie es oft dargestellt wird.[43] Das Gleiche trifft auf gehypte Start-ups zu. Viele von ihnen, die in irgendeiner Form mit KI verbunden sind, sehen sich enorm hohen Erwartungen von Risikokapitalgebern gegenüber. Dabei ist oft unklar, wie viel KI überhaupt in diesen Firmen steckt, geschweige denn ob deren Geschäftsmodelle sich wirklich durchsetzen können. Vermutlich pitchen sie den Risikokapitalgebern vielversprechende Marktchancen und Lösungen, betonen KI-Komponenten bei jedem Produkt und jeder Dienstleistung übermäßig und versprechen die Disruption ihrer Geschäftsfelder und eine Umsatzkurve gleich einem »Hockey-Stick«, sobald das entsprechende Wagniskapital zur Verfügung steht. Nicht zuletzt die stark gestiegenen Aktienkurse von Unternehmen, die maßgeblich von KI profitieren, könnten Entscheider zu der Annahme verleiten, dass diese Technologie wie ein Zauberstab jedes Geschäftsproblem löst.[44]

Es ist wichtig, dass Sie als Leader in der Lage sind, das Thema angemessen einzuordnen und Strategien für sich und Ihr Unternehmen zu entwickeln, und dass Sie ein kompetenter Ansprechpartner für die Anliegen Ihrer Mitarbeiter sind. Mir geht es in diesem Kapitel deshalb darum, Ihnen den Durchblick zu gewähren und Sie zu einer reflektierten Haltung zu begleiten. Mir liegen Reality-Checks näher als jeder Hype. Bevor ich Ihnen meine Sicht aufs Thema aus der Managerperspektive erläutere, wiederhole ich die Definition zur KI, die ich Ihnen in der Einleitung nannte. Erinnern Sie sich? Damit wir von derselben Grundlage ausgehen, hier nochmals meine Sätze:

Was ist KI?

Künstliche Intelligenz (KI) ist eine Technologie, die menschenähnliche Fähigkeiten in Bezug auf Wahrnehmung, Sprache und Problemlösung hat. Dazu analysiert die KI vielfältige Datentypen wie Sprache, Texte, Bilder oder Zahlen. Sie erkennt Muster, zieht Schlussfolgerungen und präsentiert Ergebnisse oder Antworten.

Nicht mehr, aber auch nicht weniger bedeutet es, künstliche Intelligenz im Management einzusetzen. Wie sollten Sie als Manager idealerweise agieren? Mein Ratschlag: Informieren Sie sich, bevor Sie sich beeindrucken lassen. Erarbeiten Sie sich das Wissen, damit Sie entscheiden können, welche Investitionen für Ihr Unternehmen sinnvoll sind und was übertrieben wäre. Sie fragen sich vielleicht, wie Sie an solche Informationen gelangen. Diese Frage ist durchaus berechtigt. Ich hoffe, ich kann hierzu meinen Beitrag leisten. Doch gehen wir zunächst auf die Anwendung ein, die ursächlich für den Hype der letzten Monate ist, und versuchen das Phänomen besser einzuordnen. Fast jeder in meinem Umfeld spricht darüber, und ich muss zugeben: Das Thema ist zu wichtig, um es zu ignorieren.

ChatGPT – einfach unwiderstehlich?

Das von OpenAI entwickelte Modell beeindruckt. Wenn Sie es noch nicht genutzt haben, lassen Sie Ihre Zweifel hinter sich und probieren Sie es aus. Das Programm ist einfach in der Nutzung und ermöglicht Ihnen aufgrund der KI eine enorme Ersparnis an Zeit und Manpower. ChatGPT formuliert, korrigiert Artikel und E-Mails, fasst Texte zusammen, gibt den Texten eine von Ihnen gewünschte Tonalität und schreibt sogar Software-Code. Es ist also durchaus Corporate-tauglich. ChatGPT unterstützt Sie auch bis in die kleinen, aber bedeutsamen Facetten Ihres Alltags. Würden Sie den Kopf schütteln und ablehnen, wenn ChatGPT Ihnen in sekundenstelle noch die Rede für Ihre Familienfeier schriebe, die sich vermutlich von Ihren selbsterdachten Zeilen kaum unterscheiden ließe?

Aber zurück zum Business: Wenngleich ChatGPT nur einen Bestandteil der KI abbildet, uns nur eine Ahnung davon gibt, was in Zukunft möglich sein wird, so ist der Start dieses Programms bemerkenswert. Die Nutzungsmöglichkeiten sorgen derzeit insbesondere in der Kreativ- und Verlagsbranche für Aufsehen. Der Springer Verlag kündigte 2023 an, in Bereichen wie Produktion, Layout und Korrektur Hunderte von Stellen reduzieren zu wollen.[45] Hollywood-Autoren treten in Streiks, da sie von Produktionsfirmen Zugeständnisse verlangen – aus Sorge, künftig durch automatisch erzeugte Drehbücher ersetzt zu werden.[46] Ich sortiere solche Angaben in die Schublade mit der Aufschrift *Abwarten.* Denn es mag eine Reaktion auf den Hype sein, auf einen sich andeutenden Trend. Später sehe ich dann genauer hin, in welchem Umfang und wie schnell Unternehmen diese neue Technologie tatsächlich nutzen. Ich weiß, dass Neues polarisiert. Dass es entweder zu schnellen Entschlüssen oder zu einem langen Zögern führt. Ein Blick in die jüngere Geschichte erlaubt es, hier Parallelen zu ziehen.

Die Kurve eines Hypes

Erinnern Sie sich an die Verbreitung des Internets um das Jahr 1995 und an die hochgejubelte New Economy nur wenige Jahre später, die an den Finanzmärkten erst gefeiert wurde und dann für Tausende Start-ups in einem Fiasko endete? Wer jubelte damals nicht? Welchen Anleger ließ der neue Markt damals kalt? Einige Pioniere, angetrieben von Visionen, schienen ihrer Zeit voraus. Statt traditioneller Geschäftsetikette bevorzugten sie oft einen unkonventionellen, jugendlichen Auftritt. Heute wissen wir, dass manche dieser lässigen, rebellischen Manager von damals ihrer Zeit voraus waren – davon erzählt uns die Geschichte von PayPal oder Salesforce. Gleichzeitig gab es viele, deren Leistungen nicht über gutes Marketing hinausgingen. Heiße Luft und wenig Substanz dahinter. Ja, hinter wohlklingenden Worten stand kein tragfähiges Geschäftsmodell, sondern lediglich Firmennamen mit dem Zusatz »-net« oder »-online«. Doch bloße Worte und Namenszusätze machen noch keine Strategie! So liefen die meisten Versuche, mit dem Internet das schnelle Geld und den großen Ruhm zu erlangen, schlichtweg schief.

Welche Lehre können wir aus diesen Geschichten ziehen? Es kommt darauf an, nicht jedem Hype blind hinterherzulaufen. Manager sollten sich stets auf langfristige Ziele konzentrieren, statt nur kurzfristige Opportunitäten im Blick zu haben. Dabei sind ein zukunftsfähiges und überzeugendes Geschäftsmodell und die Fähigkeit, flexibel auf Veränderungen im Markt zu reagieren, entscheidende Faktoren für anhaltenden Erfolg in einer sich ständig wandelnden Geschäftswelt.[47]

Die New Economy hat aus ihren Anfangsfehlern gelernt. Die heutigen marktführenden Unternehmen aus dieser Zeit sind nicht nur äußerst profitabel, sondern auch feste Bestandteile unseres täglichen Lebens. Sie sind nicht länger nur Technologiefirmen, die isoliert in ihrem Elfenbeinturm an der Zukunft arbeiten. Stattdessen stellen sie die

Grundpfeiler der Digitalwirtschaft dar und sind tief in unseren Alltag integriert. Das ist und bleibt ein fortwährender Prozess. Sowohl bei den Erfindern als auch bei den Anwendern müssen sich neue Strukturen erst etablieren, bevor sie zur Routine werden und der anfängliche Hype zum Alltag übergeht. Kein Mensch kann auf Knopfdruck Neuheiten akzeptieren. Dafür ist unser Gehirn nicht ausgelegt. Es verfügt zwar über diese wunderbare Plastizität, die es uns erlaubt, bis ins hohe Alter zu lernen, stets zu reflektieren, Abläufe zu Angewohnheiten zu machen. Aber diese Veränderungen erfordern Erfahrungen über einen gewissen Zeitraum hinweg. Kaum jemand überspringt den Zeitgeist aus dem Stand! Als Manager mit visionären Fähigkeiten sollten Sie jedoch stets im Hinterkopf behalten: Wer zu zögerlich agiert, wird zurückgelassen. Hier möchte ich an Folgendes erinnern:

Der Innovationszyklus von IT und Internet startete in den 1980er-Jahre, als PCs auch zunehmend außerhalb von universitären Forschungseinrichtungen eingesetzt wurden. In Unternehmen veränderte das viele Abläufe: PCs wurden für eine Vielzahl von Aufgaben eingesetzt, darunter Textverarbeitung, Tabellenkalkulation, Lagerverwaltung. Sie ersetzten Schreibmaschinen und erleichterten ab Mitte der 1990er-Jahre auch die Kommunikation durch E-Mails.[48]

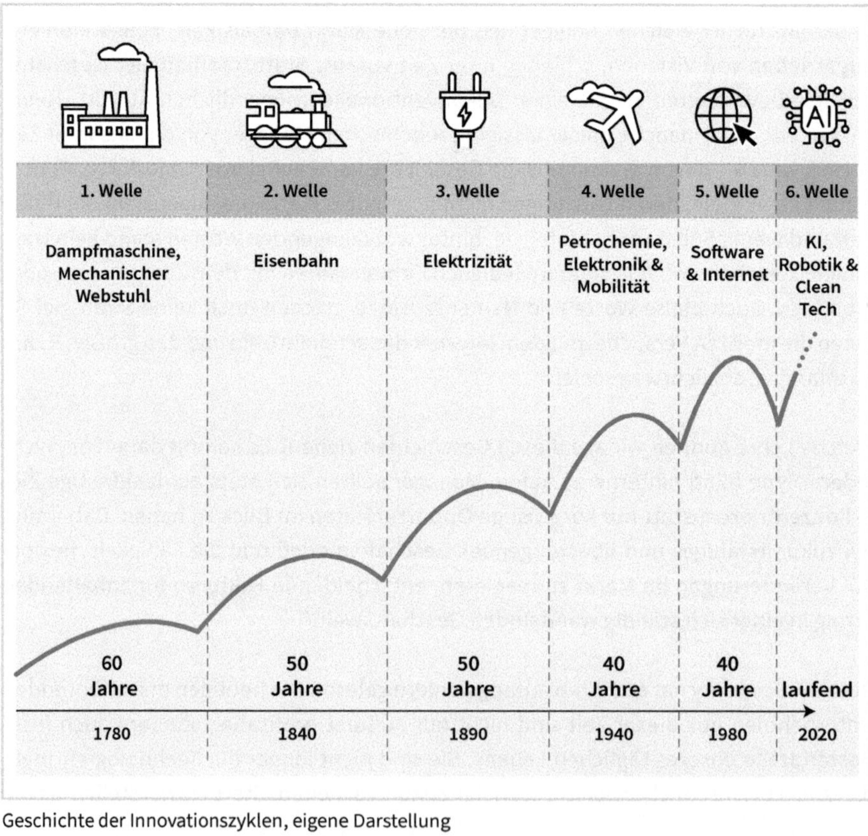

Geschichte der Innovationszyklen, eigene Darstellung

Obwohl neue Technologien in den Unternehmen Einzug hielten, war paradoxerweise keine unmittelbare Steigerung der Produktivität feststellbar. Forscher wie Erik Brynjolfsson[49] und Michael Hammer[50] stellten fest, dass Unternehmen mehr Zeit brauchten, um Prozesse anzupassen und die Vorteile neuer Technologien wirklich zu nutzen. Sie betonten, es dauere eine Weile, bis Unternehmen herausfanden, wie sie diese innovativen Werkzeuge effektiv in ihre Abläufe integrieren und von ihren Fähigkeiten profitieren konnten. Deshalb plädierten sie für ein grundlegendes Umdenken und Neugestalten von Prozessen, um sie an die neuen Technologien anzupassen und diese nicht bloß punktuell einzusetzen. Dieses Konzept wurde als »Reengineering« oder die Neugestaltung von Geschäftsprozessen bekannt. Ein Beispiel hierfür ist das Konzept des papierlosen Büros. Doch statt die Arbeitsabläufe zu optimieren, haben manche Unternehmen lediglich ihre Papierdokumente digitalisiert. Dadurch wurden ineffiziente Prozesse nur ins Digitale übertragen, ohne die Technologievorteile voll auszuschöpfen.

Und ich muss schmunzeln, wenn ich an meine ersten Berufsjahre nach dem Studium denke. Damals kannte ich Entscheider, die ihre E-Mails von ihrer Assistenz ausdrucken ließen, sie physisch lasen und dann die Antwort diktierten. Das zeigt, dass einzig die Umstellung auf eine anspruchsvollere Technologie noch keinen Fortschritt bedeutet. Was folgen muss, das ist die Bereitschaft, sich mit den Vorteilen und neuen Abläufen gedanklich auseinanderzusetzen und dann konkret ins Handeln zu kommen.

Auch künstliche Intelligenz braucht beides, auch sie wird nicht wirken können, wenn es in der Praxis ein »Weiter so« im Management gibt. Ein weiteres Risiko ist, dass die Technologie für einen Prozess angewandt wird, der keinen Engpass darstellt. Denn Unternehmen können nur dann ihre Effizienz steigern, wenn sie sich auf den Engpass, auch als »Bottleneck« bezeichnet, im Produktionsprozess konzentrieren und ihn optimieren. Diese Engpässe bestimmen letztlich den Fluss der Produktion und den Erfolg eines Unternehmens. Daher reicht es nicht aus, Prozesse isoliert zu optimieren, sondern es muss ein holistischer Ansatz verfolgt werden, und zwar unter Berücksichtigung von Engpässen.[51] Ein Beispiel? In einem Restaurant kann es vorkommen, dass das Servieren von Speisen und Getränken gut funktioniert – der Engpass liegt aber beim Kassieren, denn nur der Gastwirt persönlich druckt die Rechnung und nimmt das Geld entgegen. Dadurch kann selbst bei schnellem Service und gutem Essen die Warte- und Verweilzeit der Gäste beeinträchtigt werden, da der Engpass in der Abrechnungsphase liegt – und nicht optimiert wurde. Um Enttäuschungen zu vermeiden, rate ich Ihnen daher zu einer ganzheitlichen Betrachtungsweise Ihrer Geschäftsprozesse.

In der Entwicklung der künstlichen Intelligenz stehen wir noch am Anfang. Schritt für Schritt werden menschliche Entscheidungen durch Algorithmen übernommen und automatisiert. Wir sind noch in der Phase des Sammelns und Orientierens. Doch bald könnten KI-Modelle Entscheidungen schneller und genauer treffen als Menschen und uns immer mehr Aufgaben abnehmen. Diese Entwicklung wiederum hat tiefgreifende Auswirkungen auf Unternehmen. Doch der Wandel von Prozessen und die Entwicklung neuer Geschäftsmodelle brauchen Zeit.[52] Viele Unternehmen nähern sich der KI gerade erst an, ohne sie bereits intensiv zu nutzen. Doch eines ist klar: Immer mehr Unternehmen setzen auf KI. Mein Buch soll Ihnen helfen, ihre wachsende Bedeutung strategisch zu nutzen, gestützt auf die vier Säulen der Innovationskraft und insbesondere die sechs spezifischen Erfolgsfaktoren für die KI-Integration und Skalierung, fernab von kurzlebigen Hypes.

Wie Unternehmen von KI profitieren

Sie fragen sich vielleicht: Was bedeutet KI konkret für meine Karriere und die Wettbewerbsfähigkeit meines Unternehmens? Es mag stimmen, dass renommierte Studien, wie die von McKinsey, den Mehrwert der KI hervorheben.[53] Aber ist das für jedes Unternehmen relevant, auch abseits der Technologieunternehmen schon Wirklichkeit? Hier liegt der zentrale Punkt: Zahlreiche Firmen wissen nach wie vor nicht genau, wo sie künstliche Intelligenz einsetzen sollten.[54] Um herauszufinden, welche Anwendungsbereiche in Ihrem Unternehmen durch KI optimiert werden können, ist vor allem eines wichtig: die enge Zusammenarbeit zwischen Business-Verantwortlichen und KI-Experten. Oftmals können externe Berater wertvolle Impulse setzen und durch Best-Practice-Beispiele aus der Branche inspirieren. Dabei möchte ich betonen, dass es wichtig ist, diesen strategischen Überlegungen auch Investitionen folgen zu lassen. Nur jene Unternehmen, die als KI-Leader gelten, die über umfangreiche Expertise im Bereich der Umsetzung verfügen und oft überdurchschnittliche Investitionen getätigt haben, sind in der Lage, die Herausforderungen unserer Zeit zu meistern und ihre Geschäftsziele erreichen.

Im Vergleich zu den Nachzüglern haben die KI-Leader eine dreimal höhere Wahrscheinlichkeit, eine Umsatzsteigerung von mindestens zehn Prozent zu erzielen. Ein klares Signal: Die Diskrepanz zwischen den Branchenführern und den Nachzüglern wächst stetig. Jetzt ist der richtige Moment, proaktiv zu handeln![55]

Nahezu alle Bereiche im Unternehmen können in unterschiedlichem Maß vom Einsatz von KI profitieren. Die folgende Übersicht gibt einen Anhaltspunkt zur Wahl der ersten Anwendungsfälle und zum möglichen Impact für befragte Leader (hellgrau), Follower (grau) und Nachzügler (dunkelgrau).

Anwendungsfälle und ihr möglicher Einfluss auf Umsatz und Kosten (in % der Befragten), eigene Darstellung in Anlehnung an McKinsey (2019)[56]

Starke KI, schwache KI

Künstliche Intelligenz gliedert sich in starke und schwache KI. Bis heute ist starke KI ein theoretisches Konzept, das davon ausgeht, dass die KI irgendwann in der Lage sein wird, alle kognitiven Aufgaben auf einem übermenschlichen Niveau auszuführen. Diese Vorstellung macht vielen Angst, andere fasziniert sie. Für mich ist sie jedoch noch weit entfernt von unserer Lebenswirklichkeit und bisher nur eine Motivation – ähnlich einem Nordstern für KI-Forscher. Doch sie zeigt eindrucksvoll das Potenzial auf, das Experten in der Technologie erkennen. Hier steht die grenzenlose Vorstellungskraft der greifbaren Wirklichkeit gegenüber.

Gemäß einer interdisziplinären Umfrage aus dem Jahr 2012 unter 550 KI-Forschern wurde der Zeitpunkt, zu dem ihrer Meinung nach starke KI existieren wird, im Durchschnitt auf das Jahr 2183 datiert.[57] Aufgrund der schnellen Entwicklungszyklen gehen einige Wissenschaftler heute sogar noch weiter: Sie nehmen an, dass dieser Zustand noch zu unseren Lebzeiten – bereits 2050 oder gar noch früher – erreicht sein wird![58] Beispiele für mit starker KI assoziierte Fähigkeiten sind strategische Planung, rhetorische Überzeugungskraft, Programmierung von anspruchsvollem Code und wissenschaftliche Forschung. Welche Auswirkung das für uns haben mag? Nun, die Entwicklung von starker KI könnten uns z. B. der Heilung lebensbedrohlicher Krankheiten, der Lösung von Herausforderungen wie dem menschengemachten Klimawandel oder der Überwindung von Armut und wirtschaftlicher Not näher bringen. Das sind tatsächlich drängende Themen unserer Zeit! Mögliche Risiken sind hingegen der Verlust von Millionen von Arbeitsplätzen und die Sinnentleerung für Menschen. Ein weiteres Risiko sehe ich in der rasanten Beschleunigung der Ungleichheit zwischen Individuen, Unternehmen und Ländern aufgrund des unausgeglichenen Zugangs zu starken KI-Ressourcen.

Wenn starke KI tatsächlich Realität wird, bleibt kaum ein Stein auf dem anderen. Es entsteht dann eine Welt, die wir uns heute kaum vorstellen können, auch wenn ich im nächsten Kapitel einen Versuch wagen werde. Und an diesem Punkt verstehe ich die Sorgen der Menschen weltweit. Sogar Elon Musk, CEO von Tesla und derzeit wohlhabendster Mensch auf dem Planeten, sieht darin eine große Gefahr. Er wird zum Mahner, wenn er sich sorgt, dass der Mensch, die intelligenteste Spezies der Welt, irgendwann seiner eigenen Schöpfung, nämlich der künstlichen Intelligenz, unterlegen sein, von ihr manipuliert und im Extremfall ausradiert werden könnte.[59] Ein klassisches Beispiel liefert uns Hollywood mit der sehenswertem Matrix-Trilogie und ihren philosophischen Anspielungen. Hier haben die Maschinen aus scheinbar rationalen Gründen entschieden, dass der Mensch der wahre Grund für das Leiden dieses Planeten ist. Die Maschinen haben daher die Menschen zweckentfremdet, indem sie sie im Reagenzglas züchten, um sie als Energielieferanten für sich selbst zu nutzen. Via Mikrochip im Gehirn gaukeln sie den Menschen eine perfekte, virtuelle Traumwelt vor, um den Aufstand der Massen in dieser dystopischen, fernen Zukunft zu verhindern. Das ist eines der dunkelsten Szenarien!

Musk sieht den einzigen Ausweg in der massiven Regulierung der Technologie oder gar im Streben nach einer neuen Super-Zivilisation, die von Fortschritten in den sich überschneidenden Bereichen KI, Genetik und Nanotechnologie profitiert. Mit seiner Firma Neuralink erforscht er Computer-Hirn-Schnittstellen, um Querschnittsgelähmten das Gehen zu ermöglichen. Zudem verfolgt er die Vision, Geräte wie Smartphones nicht durch physische Interaktion, sondern durch bloße Gedanken zu steuern. Musk vertritt die Ansicht, dass durch den wissenschaftlichen Fortschritt in diesen zukunftsweisenden Disziplinen eines Tages eine starke KI mit menschlichen Körpern verschmilzt und die Grenzen zwischen Realität und virtueller Welt verschwimmen könnten.[60] Wieder andere Stimmen vermuten in dem starken Engagement einiger Tech-Giganten für eine stärkere Regulierung von künstlicher Intelligenz eher den Versuch, sich einen unfairen Vorteil zu verschaffen, indem der aktuelle Vorsprung bei der Entwicklung von KI-Modellen dauerhaft zementiert und die Wettbewerber auf Abstand gehalten werden.[61]

Wenn Ihnen all das Unbehagen bereitet, bin ich ganz bei Ihnen. Für Sie als Manager auf der Suche nach probaten Instrumenten und Methoden bleibt starke KI aktuell nicht mehr und nicht weniger als Science-Fiction. Lassen wir Elon Musk den kontroversen Visionär sein und konzentrieren uns stattdessen auf die Anwendungen im Bereich der künstlichen Intelligenz, die für Sie und Ihr Unternehmen wirklich relevant sind. Unser Augenmerk liegt auf dem Praktischen und Umsetzbaren.

KI gewinnbringend einsetzen

Sie stehen als Manager nicht mehr vor der Frage, ob Sie KI nutzen sollten oder nicht. Ihre Frage lautet: Welche KI-Anwendung ist für Sie sinnvoll und wo? Machen Sie sich also mit den Optionen und Anwendungsfällen vertraut. Häufig wird KI für Optimierungsprobleme eingesetzt, bei denen entweder Ereignisse prognostiziert oder Objekte kategorisiert werden. Nach der Problemlösung steht die Entscheidungsfindung im Fokus. KI kann hier unterstützend agieren oder gar Entscheidungen komplett übernehmen. Zu Beginn der KI-Einführung ist die unterstützende Rolle besonders wertvoll, um Mitarbeiter als eine Art Co-Pilot bei ihren Aufgaben zu unterstützen, ihre Produktivität zu steigern und die Modelle weiter zu optimieren. Bei hochriskanten oder besonders weitreichenden Entscheidungen, wenn z.B. ein Behandlungsplan auf der Basis einer radiologischen Untersuchung erstellt werden soll oder in kundenorientierten Situationen, in denen Empathie zentral ist, bleibt der Mensch unverzichtbar. Ein weiteres Kriterium bei der KI-Anwendung ist die Häufigkeit von Entscheidungen. Bei wiederkehrenden Entscheidungen, wie Kreditkartenüberprüfungen oder Filmempfehlungen, ist eine Vollautomatisierung alternativlos. Doch die Automatisierung mit KI erfordert eine enge Kontrolle – in diesem Fall durch die Überwachung tatsächlicher Zahlungsausfälle und einer möglichen Anpassung des Modells abhängig von der Genauigkeit der Vorhersage.

Beachten Sie: KI ist nicht fehlerfrei. In Bereichen, in denen höchste Präzision gefordert ist, sind oft traditionelle, weniger skalierbare Ansätze und der Faktor Mensch unerlässlich. Daher gilt immer die Frage für Sie: Was will ich durch den Einsatz von KI erreichen? Sie sollten bereits früh konkrete Anwendungsszenarien entwickeln und diese im Kontext des Unternehmenserfolgs betrachten. Sie brauchen ein Team aus Business- und KI-Experten, in der Anfangszeit möglicherweise unterstützt durch eine externe Beratung. Der Rat zur funktionsübergreifenden Zusammenarbeit zieht sich wie ein roter Faden durch mein Buch. Formulieren Sie in diesem Team Ihr Problem. Fragen Sie sich dann gemeinsam, ob KI eine Lösung zu bieten hat. Details zur Identifizierung der Anwendungsfälle bieten Ihnen meine sechs Erfolgsfaktoren, die den Kern des Buches bilden (vgl. Kap. 6).

Wo kann künstliche Intelligenz eingesetzt werden?

Die Schlüsselbereiche, die sich bei deutschen Unternehmen unterschiedlichster Branchen besonders als Anwendungsfälle für die künstliche Intelligenz und maschinelles Lernen eignen, sind[62]:

Beschaffung und Logistik
Vorausschauende Beschaffung: Mithilfe von künstlicher Intelligenz können Lagerbestände basierend auf externen Einflussfaktoren, historischen Abverkäu-

fen und Lieferzeiten vorhergesagt werden. Dies hilft, den zukünftigen Bedarf an Materialien, Rohstoffen und Handelsware vorherzusagen und die richtige Menge zur richtigen Zeit verfügbar zu haben, Umsätze zu optimieren und gleichzeitig Lagerkosten zu minimieren. Oft gehören Anwendungsfälle in diesem Bereich zu den ersten Piloten.

Produktion
Vorausschauende Wartung: Vor allem in der Fertigungsbranche kann künstliche Intelligenz Sensordaten von Maschinen analysieren, um potenzielle Wartungsbedarfe vorherzusagen. Durch die rechtzeitige Einplanung von Wartungsarbeiten können Ausfallzeiten im Betrieb minimiert und Kosten in der Produktion eingespart werden.

Produktentwicklung
Virtuelle Prototypen: Ein weiterer Anwendungsfall im Grenzbereich von künstlicher Intelligenz und Augmented Reality sind KI-gesteuerte Simulationen, mit deren Hilfe virtuelle Prototypen erstellt werden können. Diese Simulationen helfen dabei, die physische Entwicklung und Testphase von neuen Produkten zu verkürzen und das Produktverhalten unter verschiedenen Bedingungen vorherzusagen. Über Simulationen und ihre Analyse kann künstliche Intelligenz bei der Entwicklung und Optimierung von Produkt- und Komponenten-Designs helfen und deren Funktionalität noch während des Entwicklungsprozesses verbessern.

Verwaltung
Personalauswahl und -entwicklung: KI kann bei der Personalauswahl unterstützen, indem sie Lebensläufe analysiert und mit denen von bereits erfolgreichen Mitarbeitern vergleicht, Fähigkeiten und Erfahrungen abgleicht und Bewerber auf ihre Eignung für bestimmte Positionen hin bewertet. In der Regel ist das der erste Schritt, um die verbliebenen Kandidaten letztlich über herkömmliche Interviewprozesse auszuwählen. Neben der Auswahl von Bewerbern kann künstliche Intelligenz auch bei der Identifizierung von Entwicklungsmöglichkeiten für Mitarbeiter helfen.

Prognosen und Budgetplanung: KI kann bei der Prognose zukünftiger Geschäftsentwicklungen unterstützen, indem sie historische Daten analysiert und Trends identifiziert, um genaue Budgets und Finanzprognosen zu erstellen.

Vertrieb und Marketing
Im Bereich Marketing und Vertrieb gibt es eine Vielzahl von relevanten KI-Anwendungsfällen, die dazu beitragen können, Kundenbeziehungen zu stärken, Marketingkampagnen zu optimieren und Vertriebsaktivitäten effektiver zu gestalten. Hier sind einige der relevantesten Anwendungsfälle:

> **Personalisierte Marketingkampagnen:** KI kann dazu verwendet werden, Kundendaten zu analysieren und personalisierte Marketingbotschaften zu erstellen, die auf den individuellen Präferenzen und Verhaltensweisen der Kunden basieren.
>
> **Chatbots und Support im Kundendienst:** KI-gesteuerte Chatbots können Kundenanfragen beantworten, rund um die Uhr verfügbar sein und dabei helfen, den Kundensupport als Co-Pilot effizienter und empathischer zu gestalten. Über die Sentiment-Analyse von Anrufern wird Kundenfeedback in Echtzeit analysiert, um besser auf die Stimmung der Kunden eingehen zu können, die Kundenerfahrung zu verbessern und die Loyalität zu steigern.
>
> **Cross-Selling und Upselling:** Künstliche Intelligenz kann Kundenverhalten analysieren, um gezielte Empfehlungen für relevante Angebote bereitzustellen. Im B2C-Bereich können somit auf skalierbare Weise Konversionsraten und Umsatz gesteigert werden, im B2B-Bereich können Account-Manager noch gezielter Prospects ansprechen und als Neukunden gewinnen.

Diese Anwendungsbeispiele finden im Hier und Jetzt statt – die genannten Bereiche sollten aus meiner Sicht vorrangig mithilfe von KI optimiert werden. Ich möchte Sie ermutigen, diesen eine hohe Priorität einzuräumen. Denn die Zeit hat nun mal ein Merkmal: Sie ist unaufhaltsam, rast immer nur vorwärts. Sie stoppt nicht, sie ruht sich nicht aus, sie ist ständig in Bewegung – ebenso wie die Entwicklung der künstlichen Intelligenz.

4 Szenen aus der Zukunft

In der Zukunft eröffnet künstliche Intelligenz Perspektiven, die wir noch immer als Fantasie empfinden. Dabei stehen wir eigentlich schon an der Schwelle zu dieser neuen Welt. Was heute Routine ist, wird morgen längst vergessen sein. Was heute Ihr Plan von einem guten Leben ist, wird Ihnen morgen ein Lächeln entlocken und den Satz: »Früher, ja, das waren andere Zeiten«. Lassen Sie uns den Alltag von Tobias Heinzmann, dem Vertriebsgeschäftsführer eines deutschen mittelständischen Automobilzulieferers, genauer betrachten.

Wir schreiben das Jahr 2050 und Tobias Heinzmann feiert seinen 65. Geburtstag. Während er gemütlich auf seiner Couch sitzt und durch seine smarten Kontaktlinsen alte Live-Fotos in sein Sichtfeld projizieren lässt, erinnert er sich daran, dass sein Vater in diesem Alter bereits in Rente gegangen war und sich zurückgezogen hatte, fernab vom hektischen Leben da draußen. Er selbst spürt eine Energie wie in jungen Jahren. 65 ist das alte 45, denkt er und lässt sich von seinem KI-Assistenten seine Blutwerte und Vitalfunktionen senden. Er checkt sie und ist zufrieden. Das Alter macht richtig Spaß, wenn man keine gesundheitlichen Probleme hat, denkt er. Wie immer atmet Tobias bei dieser täglichen Routine zufrieden durch und lächelt: Die Dinge fügen sich perfekt ineinander. So soll es sein.

Es hatte eine Zeit gegeben, da befand er sich in einer Lebensphase, in der Sorge und Zweifel in ihm brodelten. Er hinterfragte alles – sich selbst, die Menschheit generell und auch die Richtung, in die sich die Welt bewegte. Damals, es ist nun schon 25 Jahre her, suchte eine bis dahin unbekannte Viruserkrankung den Planeten heim. Die Krankheit wurde erst spät erkannt und entwickelte sich zu einer Pandemie. Menschen starben, andere kämpften mit Langzeitfolgen. Gesundheitlich und wirtschaftlich waren die Narben lange Zeit sichtbar. Viele Unternehmen schlitterten bedingt durch die Maßnahmen zur Bekämpfung der Pandemie in die Pleite. In dieser krisenhaften Zeit war er relativ neu im Unternehmen und auf der mittleren Führungsebene als Bereichsleiter im Geschäftskundenvertrieb. Er erinnert sich genau, dass auch sein Stuhl damals wackelte, denn die Führungsspanne aller Manager wurde erhöht, Verantwortungsbereiche wurden zusammengelegt, sodass einige Bereichsleiter ihren Schreibtisch räumen mussten. Man wollte die Kommunikation vereinfachen, man wollte Kosten sparen, sich schlanker aufstellen, um auf Marktveränderungen schneller reagieren zu können.

Nun, er hat das Beste daraus gemacht, hat sich nebenberuflich weitergebildet, hat die Themen aufgesogen, die neue Technologien und Automatisierung beschrieben. Ja, er hat das Potenzial der künstlichen Intelligenz für seine Branche und sein Unternehmen erkannt und frühzeitig versucht, neue Methoden zu etablieren. Man könnte sagen: Er war damals zum Vordenker geworden. Zum Glück hatte sein Vorgesetzter das honoriert und sein Engagement gefördert. Das war damals nicht selbstverständlich. Er kennt einige traurige Geschichten von befreundeten Managern, die mit ihren Ideen und Vorschlägen scheiterten. Ebenso kennt er Kollegen, die dachten, es wäre das Beste, Krisen auszusitzen. Welch ein Fehler! Er hingegen vernetzte sich mit dem IT-Leiter, mit dem Leiter Business Intelligence und sogar mit externen Experten. Er besuchte regelmäßig Fachkonferenzen und reiste ins Silicon Valley – eine Exkursion, die von einer Unternehmensberatung arrangiert wurde. Er war dabei!

In lebhafter Erinnerung hat Tobias die Worte seines Chefs: »Du verfügst über die Weitsicht eines echten Führungstalents. In der deutschen Holding mag aktuell kein Platz an der Spitze für dich sein, doch im komplexen chinesischen Markt kannst du zeigen, was in dir steckt – übernimm dort die Produktion und den Vertrieb.« Zunächst zögerte er. Für seine aktuelle Position war er erst umgezogen. Seine Kinder hatten sich gut in ihrer neuen Umgebung eingelebt und Freundschaften geschlossen. Auch er und seine Frau Susanne hatten über die Nachbarschaft, ihre Kinder und Vereinsaktivitäten neue Bekanntschaften gemacht. Susanne hatte gerade den Schritt in die Freiberuflichkeit gewagt, um Führungskräfte zu coachen, die ersten Klienten gab es bereits. Und nun sollte die Familie schon wieder umziehen? In eine fremde Kultur? Alles wieder aufgeben, was sie sich mühsam aufgebaut hatten? Hinzu kam, dass sie ihre Eltern nur noch ein-, zweimal im Jahr sehen würden. Eigentlich hatten sie sich vorgenommen, mehr Zeit mit der Familie zu verbringen, gerade auch der Kinder wegen.

Doch Tobias hatte gelernt, dass Erfolg weniger von Zögern, sondern vielmehr von einer durchdachten Strategie und einem Quäntchen Glück abhängt. Manchmal braucht es den Mut, sich hervorzutun, Ideen laut auszusprechen und in die Tat umzusetzen. Gott sei Dank hatte seine Susanne das erkannt, als er ihr mit leuchtenden Augen von der Chance erzählte und davon, wie er diese Möglichkeit nutzen könnte, um seine Ideen fernab der Zentrale eigenverantwortlich in die Tat umzusetzen, sich inspirieren zu lassen und neue Ansätze später nach Deutschland zu holen. Susanne hatte genickt – immer schon hatte seine Frau ihn auch ohne lange Erklärungen verstanden. »Okay, das klingt nach einem Abenteuer«, hatte sie gesagt. »Lass uns gemeinsam nach Shanghai gehen und diese Chance nutzen.« Er hatte Susanne an sich gezogen und ihr zugeflüstert, dass er sie auch für diesen Weitblick liebe, für dieses Auf-den-Punkt-Bringen seiner Gedanken.

Also leitete er mehrere Jahre lang den wichtigen Standort im Süden der Volksrepublik und brachte Impulse für sein Unternehmen ein, auch getrieben durch anspruchsvolle Geschäftskunden und Entwicklungspartnerschaften im Bereich des autonomen Fahrens. Er besichtigte die Produktion seiner Kunden, führte Gespräche mit Meinungsführern, diskutierte mit Experten, wie die Automatisierung von Prozessen konsequent vorangetrieben werden könnte. Neben den fachlichen Erfahrungen und der erfolgreichen Geschäftsentwicklung hat die Zeit im Ausland ihn auch persönlich und als

Führungskraft geprägt, besonders was seine Anpassungsfähigkeit angeht und seine Fähigkeit, Konflikte zu lösen. Selbst Jahre nach seiner Rückkehr aus China zieht es ihn und Susanne immer wieder nach Asien und zu anderen fernen Reisezielen. Diese fortwährende Neugier auf fremde Kulturen hält sie auch im Alter von 65 Jahren lebendig und jung im Geiste. Nicht auf dem Sofa sitzen, die eigene Welt groß halten – das ist sein Motto geblieben. Tobias schwelgt weiter in seinen Erinnerungen, lässt sich mehr und mehr Fotos auf seine Kontaktlinsen zoomen. Es waren schöne Zeiten in China, aber er freute sich auch auf den Neubeginn in der Heimat.

Nach etwas mehr als fünf Jahren kehrte Tobias 2029 in sein Unternehmen zurück und stieg kurze Zeit später zum globalen Vertriebsgeschäftsführer auf, da er den Vorsitzenden der Geschäftsführung und den Eigentümer von sich und seiner Vision inklusive solidem Businessplan für das Unternehmen überzeugen konnte. Er bekam das Mandat, seine Strategie in Vertrieb, Produktion und Logistik umzusetzen, das Unternehmen neu auszurichten: künstliche Intelligenz großflächig einzuführen und dauerhaft im Unternehmen zu verankern. Es war kein leichtes Unterfangen und er stand vielen Widersachern gegenüber. Doch heute?

Behaglichkeit trifft auf KI

Tobias Heinzmann lebt seit seiner Rückkehr aus Asien in einem behaglichen Eigenheim in einer Vorstadtsiedlung. Die Kinder sind längst aus dem Haus, haben ihren eigenen Weg eingeschlagen, in wenigen Wochen wird er Großvater. Und er ist stolz darauf, dass er seit mehr als zwei Jahrzehnten Teil des Unternehmens ist, dessen Transformation er damals ab 2024 begleitet hatte. Nach seinem Studium des Wirtschaftsingenieurswesens sah es nicht danach aus, dass er länger als wenige Jahre an einem Ort bleiben würde. Das Wechseln eines Jobs wurde gleichgesetzt mit Karrieregestaltung: pro Entwicklungsschritt ein Jobwechsel. Anfangs galt das auch für ihn, bis ihm in seinem Unternehmen Chancen geboten wurden, die er ergriff, und neue Rollen mit mehr Verantwortung und Gestaltungsspielraum, die ihn erfüllten.

Wahre Erfolge gleichen einem Marathon, nicht einem Sprint. Genau diese Überzeugung trieb ihn an, als er dabei half, einen traditionellen schwäbischen Automobilzulieferer, der sich auf Geschäftskunden im Bereich von Verbrennungsmotoren spezialisiert hatte, in einen »Hidden Champion« der autonomen Elektromobilität zu verwandeln. Tobias ist sich seiner entscheidenden Rolle in diesem Prozess bewusst, und die Anerkennung dafür spürt er bis heute. Doch auf seinen Lorbeeren hat er sich nie ausgeruht. Vor zwei Jahren – da raste ihm das Herz vor Aufregung – betrat der Inhaber persönlich sein Büro anlässlich seines 25-jährigen Firmenjubiläums. Mit einem Dank und einem gravierten Füllfederhalter in der Hand honorierte er Tobias' unermüdliches Engagement. Ein unvergesslicher Moment.

Die KI ist immer und überall

Seinen Geburtstag wird Tobias heute im Kreise der Familie feiern.

»Wie schön meine Welt doch ist«, hatte er gedacht, als er kurz vor sechs Uhr aufgewacht war, sich gestreckt und einen Sonnenaufgang in zarten Pastelltönen in seinen smarten Kontaktlinsen herbeigeblinzelt hatte. Er hatte sanfte Reggaeklänge auf seinen Earbuds gehört – eine Kombination, die beruhigt und die Stimmung hebt. Sein persönlicher KI-Assistent, der seine Schlafmuster und Vorlieben kennt, hatte dieses Erwachen eigens für ihn komponiert. Tobias hatte kurz nach rechts zu seiner ruhig schlafenden Frau Susanne geblickt und war dann beschwingt und voller Tatendrang aus dem Bett gestiegen, hatte sich wie jeden Morgen aus dem Spender seines smarten Side-by-Side-Kühlschranks ein Glas aufbereitetes Wasser mit einem Spritzer Zitrone gezapft und die Nachrichten gehört, die die Welt bewegen. Bei der ersten Meldung hatte er aufmerksam zugehört und gelächelt: *»In einem historischen Schritt hat die EU-Kommission die Einführung eines bedingungslosen Grundeinkommens angekündigt, um den starken Anstieg der Arbeitslosigkeit unter Wissensarbeitern zu bekämpfen, der durch den Einsatz künstlicher Intelligenz in vielen Sektoren verursacht wurde. Die Kommission hofft, dass dieses Grundeinkommen nicht nur finanzielle Sicherheit bietet, sondern den Bürgern auch die Möglichkeit gibt, sich in anderen Bereichen weiterzubilden, kreativen Tätigkeiten nachzugehen oder gemeinnützige Projekte zu unterstützen.«*

Tobias denkt nach. In den vergangenen Jahren waren tatsächlich viele Teilaufgaben automatisiert worden, ganze Berufsprofile waren weggefallen, während die Einsatzmöglichkeiten für Data Scientists und Programmierer, die KI-Modelle entwickeln und optimieren, immer weiter zugenommen hatten. So etwas müssen Manager verstehen. Seine Rede. Mit Sorge blickt er auf den Beruf von Steuerberatern, Anwälten und Finanzanalysten. Der Arbeitsmarkt wird sich weiter wandeln – das ist absehbar. Daher war der Schritt, ein Grundeinkommen einzuführen, um den sozialen Frieden zu bewahren, aus Tobias' Sicht fast schon lange überfällig.

Zufrieden schnürt er seine Joggingschuhe tritt vor die Tür und hört – nichts. Kein Motorenlärm, für Kinderlachen ist es noch zu früh. Er mag diese Stille um sechs Uhr morgens und schüttelt unwillkürlich den Kopf bei dem Gedanken daran, wie dicht befahren diese Straße vor zwei Jahrzehnten noch war, weil jeder Mensch glaubte, ein eigenes Auto durch den Verkehr lenken zu müssen. Heute ist das zum Glück anders. Niemand besitzt mehr ein eigenes Fahrzeug, Parkplätze und mehrspurige Straßen sind großzügigen Parkanlagen gewichen, man betreibt Carsharing, lässt sich von autonomen Fahrzeugen chauffieren oder arbeitet virtuell im Metaverse. Während er den Radschnellweg entlangjoggt, kündigt ein dezentes Flimmern in seinem Blickfeld eine Nachricht seines KI-Assistenten an. Wie jeden Monat hat sein digitaler Assistent für ihn einen Frisörtermin in der Nähe seines Büros organisiert – am frühen Dienstagabend.

Dazu hatte die KI lediglich seinen Terminkalender und seine Gewohnheiten gebraucht. Solche kleinen Alltagshilfen mindern den geistigen Ballast, denkt Tobias. Sie lassen den Stress schwinden und tragen dazu bei, dass er sich deutlich jünger als sechzig fühlt.

Seit Tobias Aufgaben an seinen KI-Assistenten weitergeben kann, ist das Leben angenehmer geworden. Denn viele alltägliche Entscheidungen werden autonom, basierend auf persönlichen Präferenzen und Mustern, getroffen. Bei gravierenden Wahlmöglichkeiten tritt sein KI-Assistent auf den Plan, präsentiert ihm verschiedene Szenarien und ermöglicht es ihm so, in einem Bruchteil der sonst benötigten Zeit eine optimale Entscheidung zu treffen – sei es bei der Auswahl eines neuen Facharztes oder bei Investitionsentscheidungen. Dieses System schöpft nicht nur aus seinen bisherigen Entscheidungen und Reaktionen, sondern auch aus den Erfahrungswerten unzähliger Individuen mit ähnlichen Neigungen in vergleichbaren Kontexten – immer mit dem Ziel, den besten nächsten Schritt auszuwählen.

Der Gedanke an seine Tochter lässt Tobias' Herz schwer werden. Mit Feuer und Leidenschaft engagiert sie sich bei den »Modernen Maschinenstürmern« und spricht von der KI, als wäre sie eine Bedrohung für die Menschen. Sie hatte sich für ein Jurastudium entschieden und er konnte es nicht fassen. »Ein Beruf, der vor dem Aus steht«, warnte er sie und konnte den Drang, sie wachzurütteln, kaum unterdrücken. »Solche Berufe sind doch Relikte aus einer vergangenen Zeit«, murrt Tobias und setzt seinen Weg zügiger fort. Er sieht den Anwaltsberuf genauso am Rande des Aussterbens wie den von Redakteuren, Grafikern und anderen Kreativen. Was gibt es noch Neues zu sagen oder zu gestalten, wenn man alles in Algorithmen fassen kann? Nur die allerbesten und kreativsten Köpfe haben hier eine Chance. Doch Leila bleibt unbeirrt. Noch beunruhigender: Sie wird zur Gegnerin, als KI-Juristin und Ethikerin. Sie vertritt die Manager, die sich gegen die KI-Transformation stellen oder überfordert sind, wenn künstliche Intelligenz den Geschäftsalltag revolutioniert. Außerdem arbeitet ihre Kanzlei mit Nichtregierungsorganisationen an einer Gesetzesvorlage für eine Transaktionssteuer auf KI-Automatisierung. Sie steht, verdammt noch mal, auf der falschen Seite!

Alltag nach Maß

Als Tobias nach Hause kommt, macht Susanne gerade Yoga im Wohnzimmer: die Krähe (Bakasana). Ihre smarten Kontaktlinsen visualisieren verschiedene Yogapositionen und korrigieren ihre Haltung in Echtzeit. Während sie die Augen schließt und tief durchatmet, umhüllen sie sanfte Klänge aus ihren Earbuds und ihr KI-Assistent analysiert ihre Atmung und Herzfrequenz, um den perfekten Rhythmus für ihre Entspannung zu finden. Nur sie sieht die holografischen Projektionen im Raum, die eine beruhigende Landschaft simulieren. Die Temperatur der intelligenten Bodenfliesen passt sich an, um den Eindruck zu verstärken, sie würde auf echtem Moos stehen. Sie schließt ihre Übung ab, blinzelt ihm zu und setzt sich mit ihm an den Küchentisch für ein schnelles Frühstück: ein Proteinshake mit einer wohldosierten Menge Resveratrol und Vitamin C zur Zellstärkung. Dann zieht sie sich um, küsst ihn zum Abschied und geht.

Seit Susanne neuerdings beruflich umgeschwenkt hat und nun Grundschulkinder mittels Spracherkennung und Augentracking unterrichtet, wodurch sie individualisierte Lehrpläne kreieren und diese mithilfe virtueller Tutoren auf die jeweiligen Talente und Konzentrationsspannen der Kinder zugeschnitten umsetzen kann, sind ihre Tage deutlich ausgefüllter. Da gilt es, die gemeinsamen Stunden effizient zu nutzen. Tobias' persönlicher KI-Assistent hat den Wochenendeinkauf der beiden ohne ihr Zutun bereits bestellt und per Drohne in den Garten des Hauses liefern lassen. Zudem wird die Bestellung des Blumenstraußes zum Muttertag für seine 95-jährige Mutter autonom ausgelöst. Das hätte er doch beinahe vergessen. Auch für die Betreuung seiner seit mehreren Jahren verwitweten Mutter an diesen langen Winterabenden ist dank der KI bestens gesorgt.

Dem anhaltenden Fachkräftemangel im Pflegebereich wurde Anfang der 2030er-Jahre mit innovativen Ansätzen begegnet. Anfangs waren es motorisierte Exoskelette, die es den Pflegekräften erlaubten, ihre Patienten mühelos zu heben und damit ihre Produktivität immens zu steigern. Doch mit fortschreitender Technologie und dem wachsenden Bedarf orientierte man sich in den letzten Jahren zunehmend am japanischen Modell: Der Einsatz humanoider Pflegeroboter wurde immer populärer. Diese Roboter beeindruckten nicht nur durch ihre Motorik, sondern auch durch ihr menschenähnliches Äußeres. Ihre Haut war fast nicht von echter Haut zu unterscheiden, und ihr Gesicht konnte ein breites Spektrum an Emotionen glaubhaft abdecken. Wenn einer dieser Roboter Mutter abends ihre Lieblingsgeschichte vorliest, dann ist es, als würde er jeden Satz, jedes Wort fühlen. Er sitzt neben Mutter und ihrem Cockerspaniel auf dem Sofa. Seine Hand legt sich sanft auf Mutters Arm, und mit einer warmen, beruhigenden Stimme sagt er: »Entspanne dich. Ich bin immer hier, um für dich zu sorgen.« Da Tobias es aufgrund der räumlichen Entfernung nur zweimal im Monat schafft, seine Mutter mit der Familie zu besuchen, ist er froh, dass sie im Haushalt oder im Falle eines Sturzes Unterstützung hat.

Als Tobias seinen Proteinshake leert, gleitet draußen ein leises, autonomes Fahrzeug heran, ausgestattet mit einem ergonomischen Polstersessel. Er tritt aus der Haustür auf den Bürgersteig, nimmt mit einem Gefühl von Gelassenheit Platz und lässt sich von dem Wagen durch die Straßen der Stadt zu seinem Büro chauffieren. Dort, wo einst Verkehrsstaus und Betonlandschaften vorherrschten, erstrecken sich heute Grünflächen. Ein Lächeln huscht über sein Gesicht, wenn er an die Zukunft denkt, in die sein Enkelkind hineingeboren wird – eine Zukunft, die er mitgestaltet hat.

Kommunikation im Büro 2050

Als er das Firmengebäude betritt, überhäufen ihn einige Kollegen mit herzlichen Gratulationen. Er erzählt beiläufig von seinem Wochenende, das er mit Frau, Kindern und engen Freunden genossen hatte. Mit einem Hafermilchkaffee in der Hand steuert er sein Büro an. Im weitläufigen Büro herrscht geschäftiges Treiben. Mitarbeiter gleiten flink mit ihren Händen über die Bildschirme, nehmen an holografischen Meetings teil und jonglieren dank raffinierter Gestensteuerung virtuell mit Daten. Das KI-System bereitet heute unzählige Entscheidungsvorschläge für sie vor. Es nutzt und interpretiert historische Daten, identifiziert kritische Abweichungen und schätzt das finanzielle Risiko ab. Jeder Vorschlag von entsprechender Kritikalität in Bezug auf Umsatz, Kosten und Kundenzufriedenheit wird den Mitarbeitern klar präsentiert, sodass sie ihn gegebenenfalls individuell prüfen können, bevor sie die Entscheidung treffen oder die KI autonom entscheiden lassen. Das Herzstück der heutigen Manageraufgaben ist das Navigieren durch Entscheidungen, die die Maschine trotz ihrer tiefen Kenntnis der Vergangenheit noch nicht autonom fassen kann, oder wo aus Risikomanagement-Perspektive nur eine Co-Pilot-Funktion gewünscht ist.

Die Manager haben ihr Augenmerk stets auf den Berichten, die die Absatztrends, Überbestände und andere wichtige Kennzahlen für verschiedene Ländermärkte enthalten. Bei Auffälligkeiten tauchen sie in virtuelle 3D-Gespräche ein oder schicken präzise Memos an die Data Scientists in ihrem Team, um Modellanpassungen vorzunehmen, die zukünftige Abweichungen reduzieren.

Denn mit wachsender Komplexität des Systems sind viele automatisierte Entscheidungen für die Mitarbeiter nicht immer nachvollziehbar, weshalb spezifische Analysen Abhilfe schaffen müssen und die Transparenz erhöhen, um Fehlentscheidungen zu verhindern. Einige Mitarbeiter sehen auch das Risiko, dass das persönliche Urteilsvermögen immer stärker in den Hintergrund tritt, wenn KI-Systeme eine größere Rolle in Entscheidungsprozessen spielen. Sie spüren den Druck, komplexe Situationen ausschließlich auf der Grundlage von Daten und Algorithmen bewerten zu müssen, und fürchten, dass dabei das menschliche Verständnis für Kontext, Nuancen und mögliche Ausnahmen auf der Strecke bleibt. Dies kann Entscheidungen in Bereichen wie Lieferkettenmanagement, Geschäftskundenbeziehungen und auch die Rekrutierung neuer Führungskräfte betreffen.

Heute trifft Tobias den Landesgeschäftsführer der chinesischen Tochtergesellschaft in einem virtuellen Meeting – einen guten Bekannten aus alten Tagen in der chinesischen Niederlassung. Doch trotz seiner Jahre in China reicht sein Mandarin nur für die herzliche Begrüßung. Kaum hat er sein Virtual-Reality-Headset aufgesetzt, findet er sich in einer simulierten Umgebung wieder: dem Yu-Garden, einem malerischen Refugium im Herzen Shanghais, geprägt von exquisiter Architektur und idyllischen

Wasserspielen. Neben ihm erscheint das Hologramm seines chinesischen Kollegen. Mithilfe des Smart-Translator-Features ihrer Konferenzplattform kommunizieren beide mühelos in ihren Muttersprachen, wobei die Antworten in authentischer Stimmlage und Tonalität wiedergegeben werden, fast so, als gäbe es nur eine gemeinsame Sprache. Die beiden halten die Ergebnisse ihres Treffens fest und verabschieden sich mit einem Handschlag voneinander.

In der Mittagspause nach der Konferenz trifft sich Tobias spontan zu einem Business-Lunch mit einem Kollegen, dem IT-Leiter, in einem nahe gelegenen italienischen Restaurant. Der erzählt von seiner Enkelin und wie normal es heutzutage sei, dass die meistgestreamten Musiker gar keine reellen Persönlichkeiten mehr seien, sondern KI-generierte Influencer mit Social-Media-Profilen und künstlich kreierten Songs. Beide tauschen einen skeptischen Blick aus. Tobias, für den diese Entwicklung kaum greifbar ist, hält weiterhin an Live-Konzerten fest und schätzt Künstler wie Cat Stevens und Bob Marley – Authentizität und ungeschliffene Persönlichkeiten.

Manager 2050

Für Tobias Heinzmann ist die KI-unterstützte Arbeit eine der komplexesten und gleichzeitig faszinierendsten Aufgaben seiner bisherigen Karriere. Schon immer war er von den Möglichkeiten der Technologie fasziniert, aber die Arbeit mit einem solch hoch entwickelten System, das seine Firma anwendet, hebt das Management auf ein komplett neues Niveau. Als der langjährige Vorsitzende der Geschäftsführung vor ein paar Jahren mit stolzen 70 Jahren seinen Hut nahm, entschied sich der Eigentümer für eine radikale Wende: Eine künstliche Intelligenz übernahm den Chefposten. Das Aufsehen war enorm. Die Belegschaft und besonders einige aufstrebende Kollegen, die insgeheim mit dem Gedanken gespielt hatten, selbst den begehrten Platz einzunehmen, waren entrüstet. Tobias selbst, bereits über 60 und mit dem Gedanken an ein ruhigeres Leben, hatte keine großen Ambitionen mehr, auf der Karriereleiter aufzusteigen. Dennoch trauerte er den goldenen Zeiten manchmal nach – den intensiven Gesprächen zur Geschäftsentwicklung bei einem exquisiten Mahl im besten Lokal der Stadt.

Jetzt hat er wöchentlich einen Jour fixe mit seinem neuen Vorgesetzten und kann mittlerweile auch einige Vorteile wahrnehmen. Störende Machtgebärden und politische Entscheidungen gibt es nicht mehr, Informationskontrolle und Klüngelei gehören der Vergangenheit an. Die Interaktionen des neuen CEO sind menschlich im besten Sinne, sodass Tobias im virtuellen Konferenzraum manchmal vergisst, dass er mit einem System und nicht mit einem Kollegen spricht. Rationalität und unbedingte Verlässlichkeit leiten diese Zusammenarbeit. Jedoch bemerkt Tobias, wenn er ehrlich ist, auch Nachteile: Er spürt manchmal eine emotionale Distanz. Obwohl der KI-CEO emotionale Intelligenz zeigt, das hat er gelernt, fehlt ihm das tiefe, menschliche Verständnis, das sich aus eigener Lebenserfahrung, Empathie und dem Wissen um die Endlichkeit des Lebens ergibt. Auch wenn die KI versucht, dies nachzuempfinden, wirkt es auf Tobias in gewissen Momenten nicht authentisch. Aber vielleicht ist gerade das in manchen Situationen wichtig, um erfolgreich zu sein?

Tobias denkt an den vorherigen, menschliche CEO, mit dem er bis vor wenigen Jahren zusammengearbeitet und der sich zu oft auf sein Bauchgefühl verlassen hatte. Er erinnert sich noch lebhaft an die Expansion in das Wasserstoff-Segment, das bis heute keine Relevanz im Automobilsektor hat, und muss den Kopf schütteln. Auch sieht Tobias in der Personalpolitik einen signifikanten Unterschied zwischen Menschen und Maschinen. Der menschliche CEO hatte oft bevorzugte Mitarbeiter und Teams, was zu einer ungleichen Ressourcenverteilung führte. Die Beförderungspolitik schien subjektiv und basierte oft auf persönlichen Beziehungen. Der neue, auf kognitiven Technologien basierte CEO hat jedoch ein objektives, leistungsorientiertes System implementiert, das die Talente jedes Einzelnen erkennt und fördert. Tobias ist von seiner analytischen Schärfe und dem vernetzten Denken beeindruckt. Die Entscheidungen werden nach kurzer, aber intensiver Abwägung unterschiedlicher Szenarien getroffen, wobei stets die neuesten Daten mit einfließen. Und obwohl der CEO datengetrieben ist, berücksichtigt er auch das persönliche Wohlbefinden der Mitarbeiter. Er dient ihm mittlerweile auch als Mentor, der ihn fachlich, aber auch was die individuelle Führung seiner Mitarbeiter angeht, mit Hilfestellungen weiter bringt, als es je ein Vorgesetzter getan hat.

Doch nicht nur die Zusammenarbeit mit seinem Team, seinen Kollegen und seinem Manager hat sich verändert, sondern das gesamte Geschäftsmodell seines Unternehmens: Es ist ein KI-gesteuertes Ökosystem, in dem Unternehmen, Lieferanten und Partner nahtlos miteinander verbunden sind und sämtliche Prozesse von künstlicher Intelligenz autonom gesteuert werden.

Im Falle eines sprunghaften Anstiegs der Nachfrage nach Autoteilen ist keine menschliche Intervention mehr erforderlich. Die KI erfasst den Bedarf an Materialien und kommuniziert dies automatisch an die Lieferanten. Diese passen daraufhin autonom ihre Produktionsprozesse und Beschaffung an, um die zusätzlichen Materialien bereitzustellen. Gleichzeitig reagieren die Produktionsanlagen des Unternehmens eigenständig auf die gesteigerte Nachfrage, ohne dass Tobias oder seine Mitarbeiter eingreifen müssen. Die Versandlogistik passt sich ebenfalls automatisch an, um sicherzustellen, dass die Autoteile pünktlich an die Kunden geliefert werden. Ein weiteres faszinierendes Beispiel sind die eigenständigen Preis- und Konditionsverhandlungen. Die KI-Systeme von Tobias' Unternehmen und Zulieferer von Komponenten können eigenständig Verhandlungen über Preise, Lieferfristen und Qualitätsstandards durchführen, um sicherzustellen, dass die Komponenten rechtzeitig und zu wettbewerbsfähigen Bedingungen geliefert werden. In diesem Gesamtkontext funktionieren all diese

Prozesse nahtlos und optimieren die Lieferketten fast ohne menschliches Eingreifen. Auf die Weise kann schneller auf Marktdynamiken reagiert, Kundenanforderungen können besser erfüllt und gleichzeitig die Kosten minimiert werden.

Anfangs konnte Tobias nicht absehen, wie viel Manager er denn noch wirklich sei. Doch der übergreifende Einsatz von KI hat nicht nur das Geschäftsmodell seiner Firma revolutioniert, sondern auch den Charakter seiner Rolle. Früher war sein Alltag gefüllt mit operativen Aufgaben wie Personal- und Umsatzplanung oder dem Managen von Lieferengpässen. Heute jedoch liegt sein Fokus auf der ständigen Optimierung des Systems und strategischen Entscheidungen, insbesondere der Beziehungspflege und Akquise von Großkunden – und das gern auch mal ganz traditionell bei einem persönlichen Treffen von Angesicht zu Angesicht, ohne die Hilfe von smarten Kontaktlinsen und Earbuds.

Er sollte doch mal wieder mit seiner Tochter sprechen, um auf andere Gedanken zu kommen. Sie sieht ihn dann so seltsam an, als wollte sie sagen: Papa, denk doch mal nach, wo bleibt der Mensch, wenn die Maschine allmächtig wird? Heute Abend wird er seine Leila in den Arm nehmen, sein Mädchen trösten und ihr sagen, dass er sie ein wenig verstehe.

5 Der Ruf nach Plattform-Geschäftsmodellen

Sie haben ein gutes Stück Ihres Karriereweges hinter sich gebracht, haben Ihr Team durch Hochs und Tiefs geführt, und vermutlich haben Sie die Kraft, weiter zu steigen, höher zu gelangen und sich dauerhaft zu behaupten. Ich wünsche es Ihnen, denn das macht einen guten Manager aus. Nur möchte ich eine Wahrheit hinzufügen: Ein »Weiter so« wird es in der digitalen Zeit nicht geben. Aussitzen, ignorieren, was ist, ist keine Manager-Attitüde. Sie sollten sich vielmehr den Weitblick beibehalten. Denn einzig das Agieren im Hier und Jetzt, das die spirituellen Lehrer gern predigen, um ein bisschen vom Glück im Moment zu erfahren, kann für das Management nicht gelten. Das Glück eines Managers trägt den Anstrich der Zukunft. Und die Zukunft wird neue Ansätze, neue Geschäftsmodelle ermöglichen, sie wird das bisher in der Universität Gelehrte wie verblasste Tinte auf einem handgeschriebenen Papier erscheinen lassen.

Ich weiß es aus eigener Erfahrung. Manchmal ist es schwer, sich von Trainiertem, von tausendfach Bewährtem zu verabschieden, und doch ist die Zeit jetzt reif dafür. Ich habe Ihnen von meinen ersten Management-Meetings bei Amazon erzählt und wie ich anfing, in größeren Dimensionen zu denken, und das Growth Mindset schätzen lernte. Die Digitalisierung macht die Welt transparenter, lässt sie stärker zusammenrücken. Sie eliminiert Barrieren und Mysterien, indem sie alles vernetzt. Was in Singapur ein schlauer Kopf gerade denkt, nimmt den Weg in Echtzeit bis Irland, und was dort wiederum geschieht, hat Einfluss bis Neuseeland. Nichts ist mehr eine Insel auf dieser verbundenen Erde. Die ganze Welt begegnet sich, wird zu einem Marktplatz der Superlative – und jeder kann mitspielen.

Der Reiz von Plattformen

Ich möchte Sie auf einen Ansatz hinweisen, der in den letzten Jahren beeindruckende Erfolge verzeichnet hat und das Potenzial bietet, Unternehmen zu Höhenflügen zu verhelfen, die mit herkömmlichen Strategien unerreichbar wären. Dieses Modell vereint nicht nur Innovation und Durchschlagskraft, sondern wird auch in der Zukunft von zentraler Bedeutung sein, insbesondere wenn es durch die Möglichkeiten kognitiver Technologien ergänzt wird: das Plattform-Geschäftsmodell. Die Plattform ist ein digitaler Ort, an dem sich Akteure begegnen, um Produkte, Dienstleistungen, Wissen und Interessen auszutauschen. Diese Idee ist übrigens nicht neu. Sie ist so alt wie die Sehnsucht der Menschen danach, gemeinsam etwas zu schaffen. Was in der Antike das Forum war, auf dem Redner ihr politisches und philosophisches Wissen verkündeten, und später der Platz, an dem die Zünfte ihre Werke ausstellten – oder seit jeher der Platz, an dem um Waren gefeilscht wurde – ist heute die Plattform. Nur ist dieser Platz heute entkoppelt von Zeit und Raum. Es ist ein datengetriebener Ort. Ich möchte

Ihnen dieses Modell näherbringen und Sie dazu ermutigen, sehr genau hinzusehen, ob Ihr Unternehmen einen solchen Ort in der digitalen Welt schaffen kann, um mit künstlicher Intelligenz nicht nur Effizienz und Umsatz im bestehenden Geschäft zu erhöhen, sondern auch komplett neue Geschäftsmodelle zu realisieren.

Bereits mit dieser Überlegung begeben Sie sich aus einer passiven Wartehaltung heraus. Sie sehen sich um, sammeln Informationen, wenden diese auf Ihr Unternehmen und Ihre Geschäftslage an. Sie richten Ihren Kompass in Richtung Zukunft aus und nehmen somit teil am Wandel. Dass dieser Wandel maßgeblich durch die kontinuierliche Weiterentwicklung digitaler Technologien vorangetrieben wird, muss ich hier wohl kaum erwähnen. Genau diese Technologien ermöglichen vielerorts die Entwicklung völlig neuer Produkte und Dienstleistungen und sind zugleich der Hauptantrieb für das veränderte Kundenverhalten. Es ist mir jedoch wichtig zu betonen: Sie haben die Möglichkeit, mit Plattform-Geschäftsmodellen von der Entwicklung zu profitieren und können maßgebliche Wettbewerbsvorteile erzielen. Und genau darum geht es im Management. Mehr noch: Es kann Ihnen gelingen, Ihren Kunden jene personalisierte Kauferfahrung zu bieten, nach der sie verlangen.

Mehr und mehr werden Informationen, Angebote und Kommunikation für uns kuratiert. Stellen Sie sich die digitale Welt als ein maßgeschneidertes Einkaufszentrum vor, in dem jeder Anbieter genau weiß, was Sie suchen. Nicht weil sie als typischer Kunde gesehen werden, sondern weil smarte Algorithmen im Hintergrund Tausende Regale genau nach Ihren Vorlieben arrangieren! Dieser individuelle Ansatz veredelt nicht nur unser digitales Erlebnis, er stärkt zudem das Vertrauensverhältnis zum Anbieter. Denn in der heutigen digitalen Landschaft erwarten Kunden eine präzise und sorgfältige Ansprache. In einer Welt, in der Informationen in Sekundenschnelle verfügbar sind, hat niemand die Geduld, sich durch endlose Angebote zu wühlen, um das Passende zu finden. Überlegen Sie mal: Als Veganer möchte man keine Werbung für Fleischprodukte sehen, und als passionierter Läufer sucht man nicht nach dem neuesten Tennisschuh. Irrelevante Informationen können nicht nur ermüdend, sondern auch frustrierend sein. Es ist sehr wahrscheinlich, dass auch Sie solche Erfahrungen gemacht haben. Hier bietet die künstliche Intelligenz eine Lösung: Sie kann gerade auf Plattformen mit einem riesigen Angebot den Verkaufsprozess effizienter gestalten und sicherstellen, dass Kunden genau das finden, was sie suchen. Diese Entwicklung werden wir nicht aufhalten können. Eigentlich befinden wir uns mitten in der Welt der automatisierten und personalisierten Prozesse.

Haben Sie jemals darüber nachgedacht, wie sehr sich unsere Geschäftswelt verändert hat? Die digitale Revolution hat nicht nur unseren Serienmarathon am Wochenende beeinflusst, sondern auch wie Großunternehmen arbeiten. Heute zeichnen sich die tiefgreifenden Umwälzungen in den Wertschöpfungsketten ab, die die Geschäftswelt neu definieren. Nehmen Sie Netflix als Beispiel. Was ursprünglich als innovativer DVD-Verleih im Internet begann, hat sich innerhalb weniger Jahre zu einem Streaming-Riesen entwickelt, der nicht nur Inhalte personalisiert bereitstellt, sondern sie basierend auf Nutzerverhalten maßgeschneidert produziert. Denn Ihnen werden nicht nur andere Serien vorgeschlagen als Ihrem Partner oder Ihren Kindern, sondern der neue Riese der Unterhaltungsindustrie registriert auch, wann Sie die Pause-Taste drücken und die Lust an einer Serie verlieren, und nutzt genau diese Daten, um das Serienerlebnis in Zukunft noch besser an die relevante Zielgruppe anzupassen.[63] Aber dieser Wandel beschränkt sich nicht nur auf den Konsumentenmarkt. Im B2B-Sektor hat die Einführung des Cloud-Computings die Spielregeln verändert. Wo einst Unternehmen schwere Investitionen in eigene Rechenzentren tätigten, nutzen sie heute die frei gewordenen Ressourcen, um sich auf ihre Hauptgeschäftsfelder zu konzentrieren und ihre Daten über leistungsstarke Glasfaseranbindungen bei internationalen Cloud-Anbietern zu speichern. Außerdem bieten die Cloud-Anbieter wie Microsoft und Amazon Web Services auf ihren Marktplätzen – gleich einem App Store – viele Softwarelösungen von Drittanbietern an, die von Großunternehmen fast mühelos in deren Infrastruktur integriert werden können.

Die gesamte Wertschöpfungskette – von der Produktion über den Vertrieb bis hin zum Marketing – durchläuft eine Transformation. Mithilfe digitaler Technologien können Prozesse effizienter, besser oder gänzlich neu gestaltet werden. Dies eröffnet Möglichkeiten für innovative Geschäftsmodelle, die das Marktgleichgewicht verschieben können. Auch wenn diese Entwicklung für etablierte Unternehmen Risiken birgt, stellt sie gleichzeitig eine immense Chance für Pioniere dar. Das mutet wie ein Abenteuer an. Wie wäre es also, vom Schreibtisch aufzustehen und sich zu den Pionieren in Ihrer Branche zu gesellen?

Das Plattform-Geschäftsmodell ist der moderne Marktplatz, ein Maklermodell, das, auch wenn es bei manchem Manager noch eine Abwehrhaltung verursacht, heute schon allgegenwärtig ist. Das Neue, Besondere ist die Symbiose dieser Geschäftsmodelle mit künstlicher Intelligenz, was sie in Zukunft noch bedeutender, noch einflussreicher werden lässt.

Nun könnten Sie immer noch sagen, dass Plattformen für Sie keine Option darstellen, weil Sie fürchten, die Kontrolle über die Qualität des Angebots zu verlieren. Oder dass Sie noch abwarten, da Ihr aktuelles Kerngeschäft einträglich ist und keine Experimente in neue, unerprobte Geschäftsmodelle erlaubt. Ja, das ist eine verständliche Haltung. Allerdings rate ich Ihnen in diesem Fall sehr genau zu ermessen, wie die Dynamik in Ihrem Marktsegment ist, um Ihre Entscheidung gegebenenfalls zu revidieren. Ein Plattform-Geschäftsmodell kann aber auch auf andere Herausforderungen stoßen, insbesondere wenn es durch produktspezifische oder regulatorische Faktoren eingeschränkt wird. Wenn ihr Markt so stark reguliert wird, wie es im Gesundheitssektor oder in der Chemieindustrie der Fall ist, dann mag es sein, dass die Neuerfindung der

Branche über ein Plattformmodell schwerer gelingen kann. Unter solchen Umständen, gehemmt durch äußere Einflüsse, kann es sinnvoll sein, Technologien wie künstliche Intelligenz mehrwertstiftend zu nutzen, um das bestehende Geschäftsmodell zu optimieren, andere Ansätze zu pilotieren oder zunächst abzuwarten und den Markt zu beobachten. Da wäre die Vorbereitung das Ziel, um bei Bedarf sofort präsent zu sein. Auch im Verborgenen können Revolutionen entstehen.

Was Plattformen ausmacht

In meinen Universitätsvorlesungen in St. Gallen und Heilbronn vermittle ich sowohl die vier Säulen der Innovationskraft als auch Grundprinzipien und Erfolgsfaktoren der Plattformökonomie. Obwohl Plattformen immer stärker in den Fokus der Öffentlichkeit rücken und ähnlich wie künstliche Intelligenz von einem regelrechten Hype umgeben sind, sind die vier Säulen der Innovationskraft noch vergleichsweise wenig bekannt und werden selten außerhalb des Start-up- oder Grown-up-Umfelds angewandt. Dies liegt zum Teil daran, dass Einblicke aus der Praxis von digitalen Unternehmen, die diese Säulen nutzen, oft nur begrenzt geteilt werden, da diese Unternehmen selten bereit sind, ihre Geheimnisse preiszugeben. Umso wichtiger ist es, diese Einblicke ebenso wie auch das Herzstück meines Buches – die Erfolgsfaktoren der künstlichen Intelligenz – nicht nur durchzulesen, sondern auch auf Umsetzung im Unternehmen zu prüfen.

Darüber hinaus wird im öffentlichen Diskurs meines Erachtens zu viel Wert auf die Rolle der Technologie gelegt. Oft vermisse ich die Beleuchtung der Managementmethoden, die den Einsatz der Technologie in letzter Konsequenz erst fruchtbar machen. Auch aus diesem Grund habe ich zu Anfang des Buchs so viel Wert auf die Herleitung der vier Säulen der Innovationskraft gelegt. Und ein weiterer Aspekt scheint mir wichtig zu erwähnen: Die Studenten, die heute in neuen Fachkompetenzen und modernen Methoden wie Social-Media-Management oder Entrepreneurship unterrichtet werden, machen sich erst in den nächsten Jahren auf, um ihre Karriere zu gestalten. Es wird einige Zeit vergehen, bis sie Manager, Teamleiter, Geschäftsführer sind, bis sie ihre Kenntnisse zum Besten geben und in den Unternehmen an einflussreichen Positionen anwenden können. Das alles sehe ich mit Sorge, denn es sind oft vergebene Gelegenheiten, jungen und motivierten Mitarbeitern eine Stimme zu geben.

Betrachte ich die aktuelle Riege der Manager, dann sehe ich gebildete, für Neuerungen offene dreißig- bis fünfzigjährige Männer und Frauen, die durchaus noch viele Jahre in Verantwortung sein werden. Das ist, bei aller Wertschätzung, ein Zeitabschnitt, der in der digitalen Welt eine Ewigkeit bedeutet. Daher mein Appell an die aktuellen Verantwortlichen: Warten Sie nicht auf die nächste Managementgeneration! Sie haben jetzt die Möglichkeit, die Zukunft Ihrer Unternehmen selbst zu gestalten. Die Chancen liegen vor Ihnen. Wie? Durch die Kooperation mit Start-ups, durch die Einstellung von erfahrenen Experten oder durch externe Berater, die Ihnen die faszinierende Welt der künstlichen Intelligenz dechiffrieren. Aus meiner Praxis weiß ich, dass dazu zwar Zeit nötig ist, sich die Investition aber meistens lohnt, da der Erfolg lange währen kann. Besonders beim Plattformmodell müssen jenseits der Technologie lediglich zwei Komponenten zusammenfinden: Ihre Begeisterung und die Bereitschaft, von den Besten zu lernen. Um es auf den Punkt zu bringen: Das bedeutende und dominante Geschäftsmodell unserer Zeit sind Plattformen! Der Autor und Digitalexperte Tom Goodwin beschrieb dieses Mysterium anschaulich in wenigen Sätzen:

> »Die größte Taxifirma der Welt, Uber, besitzt keine Autos.
> Das beliebteste Medienunternehmen der Welt, Facebook, erstellt keinen Inhalt.
> Der wertvollste Einzelhändler der Welt, Alibaba, führt keine Lagerbestände.
> Und der größte Anbieter von Unterkünften der Welt, Airbnb, besitzt keine Immobilien.
> Da läuft etwas Großes.«[64]

Doch was genau ist dieses Große und Rätselhafte, von dem Goodwin spricht, und vor allem, welche treibende Kraft steckt dahinter? Die von ihm genannten Unternehmen sowie die FAMANG und zahlreiche andere digitale Spieler begründen ihren Erfolg maßgeblich auf eben diesen Plattform-Geschäftsmodellen. Es ist kein Zufall, dass viele von ihnen auch zu den Vorreitern der KI-Revolution zählen.

Lassen Sie uns einen genaueren Blick auf die Struktur von Plattformen werfen. Auf einer Plattform treten zwei Hauptakteure in Erscheinung: der Plattformbetreiber und die Nutzer. Der Plattformbetreiber nimmt die zentrale Rolle ein, indem er als Makler oder Orchestrator für eine Vielzahl von Nutzern fungiert, die über soziale Interaktionen oder Transaktionen einen Mehrwert erleben. Der Erfolg einer Plattform hängt maßgeblich von eben jenem erzeugten Mehrwert ab, denn er trägt dazu bei, die Nutzerbasis zu vergrößern und die Anzahl der Transaktionen zu steigern.[65]

Aus Sicht der Betreiber besteht der größte Vorteil in der Skalierbarkeit, da digitale Plattformen ein nahezu unbegrenztes Wachstum zu niedrigen Grenzkosten ermöglichen. Das bedeutet, dass der Aufwand für die Herstellung und den Vertrieb von zusätzlichen Einheiten eines Produkts oder einer Dienstleistung minimal ist. Ein weiterer unschätzbarer Vorteil von Plattformen ist der gute Zugang zu Daten.[66] Daten sind das wertvollste Rohmaterial für künstliche Intelligenz und somit entscheidend für die Automatisierung und die Optimierung der Kundenerfahrung. Plattformen sammeln fortlaufend Informationen über Nutzerinteraktionen, ihre Vorlieben und ihr Verhalten. Diese nutzen sie dann, um personalisierte Dienstleistungen anzubieten, Prozesse zu automatisieren und das Kundenerlebnis zu verbessern.

Den Nutzern bietet die Plattform eine fast unbegrenzte Auswahl. So finden Kunden in einem gut sortierten Kaufhaus, sei es online oder in der Fußgängerzone, bis zu 200.000 Artikel, während sie auf dem Amazon-Marktplatz dank dem Angebot von abertausend Verkäufern aus bis zu 400 Millionen Artikeln wählen können.[67] Dank der Suchfunktion und maßgeschneiderter Produktempfehlungen, die mithilfe von künstlicher Intelligenz erzeugt werden, ermöglicht die Plattform den Kunden ein bequemes Einkaufserlebnis. Den Verkäufern aus aller Welt, von denen heute der Großteil in China ansässig ist, gibt die Plattform wiederum die Möglichkeit, gegen eine Provision neue Kunden zu erschließen, zu denen sie sonst keinen Zugang hätten.[68]

Doch Plattformen eignen sich nicht nur für die Jagd nach Schnäppchen. Single-Plattformen wie Tinder nutzen Ort, Biografie und Algorithmik, um Menschen mit ähnlichen Vorlieben zusammenzubringen. Algorithmen wählen hier sogar das Profilbild mit der höchsten »Swipe«-Wahrscheinlichkeit des Betrachters.[69] Warum sollten sich Singles, die sich nach einer Beziehung sehnen, jahrelang Abend für Abend einsam auf Barhocker setzen und beten, das Schicksal möge gnädig sein und den charakterlich passenden Partner für schöne Erlebnisse zu zweit senden? Vermutlich wird der Rücken auf den unbequemen Barhockern eher krumm, als dass das Gebet erhört wird. Plattformen wie Tinder liegen im Trend, weil sie eines berücksichtigen: Zeit- und Geldersparnis.[70]

Die Anziehungskraft von Plattformen

Doch worin genau liegt die geheimnisvolle Anziehungskraft von Plattformen? Es sind die Netzwerkeffekte! Gern versuche ich Ihnen dieses Konzept anhand eines Beispiels zu verdeutlichen.

Ein bekanntes Sprichwort im Vertrieb lautet, dass der Verkäufer des allerersten Telefons ein wahres Verkaufstalent gewesen sein muss. Denn anfangs hatten Kunden nur einen sehr begrenzten Nutzen von ihrem Fernsprecher, da wohl kaum jemand in ihrem Umfeld ein solches Gerät besaß. In einem neuen Netzwerk wie dem Telefonnetz steigert jedoch die wachsende Nutzerbasis die Verbindungen und Interaktionen zwischen den Mitgliedern. Das erhöht den Wert für jeden Einzelnen. Diese Netzwerkeffekte können zu exponentiellem Wachstum führen, weil jeder Nutzer wiederum weitere anzieht. Ähnlich wie beim Telefonnetz bilden sich Gruppen oder Communities auf Plattformen wie Tinder, Instagram oder TikTok. Das Motto lautet stets: Je mehr Teilnehmer, desto größer der individuelle Nutzen. Es wird nicht nur abwechslungsreich und unterhaltsam, sondern auch nützlich. Dann summieren sich Content und Absicht, und es entsteht der Marktplatz der Superlative, so wie er in der realen Welt nie stattfinden könnte.

Neben Plattformen mit ähnlichen Nutzern gibt es auch solche, auf denen die Betreiber zwischen Nutzergruppen mit komplementären Fähigkeiten und Interessen vermitteln. In diesem Fall verkaufen die Betreiber der Plattform die Produkte oder Dienstleistungen in fremdem Namen und auf fremde Rechnung. Dafür erhalten sie je nach Branche eine marktübliche Provision auf die erzielten Umsätze. Konkret können wir festhalten: Die Betreiber der Plattformen sehen beide Nutzergruppen als ihre Kunden – Anbieter und Konsumenten – und möchten ihnen reibungslose und sichere Transaktionen ermöglichen. Den Anbietern oder Verkäufern ermöglichen sie wie im obengenannten Beispiel des Amazon-Marktplatzes, neue Käufer zu erreichen. Die Käufer wiederum finden im Idealfall schnell und bequem das passende Produkt, die passende Dienstleistung zu einem guten Preis und haben ein gutes Einkaufserlebnis. Für den Betreiber sind die erfolgreichen Transaktionen gleichbedeutend mit mehr Reichweite und höherer Bekanntheit. Also ein Win-win-win-Szenario! Durch die Weiterempfehlung und neue Nutzer auf Verkäufer- und Käuferseite wirken die beschriebenen Netzwerkeffekte und es entsteht im Idealfall ein sich selbst verstärkender Effekt – wie ein Schwungrad.[71]

Genau das nutzt Amazon vorbildlich: Je mehr Partner oder Händler über Amazon verkaufen, desto größer ist das Angebot, sodass jeder Kunde das findet, was er sucht. Dadurch verbessert sich das Kundenerlebnis, die Besuchshäufigkeit von Bestandskunden steigt und die Anzahl der Neukunden nimmt zu. Das macht die Plattform wiederum attraktiver für die Partner und setzt so den sich selbst verstärkenden Mechanismus in Bewegung. Es hört sich zunächst einfach an, aber die Wirkung ist immens.

Übrigens soll der Legende nach Jeff Bezos das Amazon-Plattform-Geschäftsmodell mitsamt seiner Funktionsweise auf einer internen Managementveranstaltung auf eine Serviette gezeichnet haben. Eine Vision beginnt häufig im Kleinen, ist eine Idee, ein Funke, ein Quäntchen Mut samt Abenteuerlust. Blättern Sie einmal durch die Biografien der ganz großen Macher wie Steve Jobs, Elon Musk oder Richard Branson. Sie werden einen gemeinsamen Nenner finden: Am Anfang war die Idee und die Motivation, daraus eine Strategie, eine Wirklichkeit zu machen. Das stand auch bei Amazon am Anfang, bevor Bezos auch Dritte auf seiner Plattform zuließ, um ihre Ware anzubieten. Bis heute baut sich das System auf der Basis dieses Schwungrads oder »Flywheels« auf.

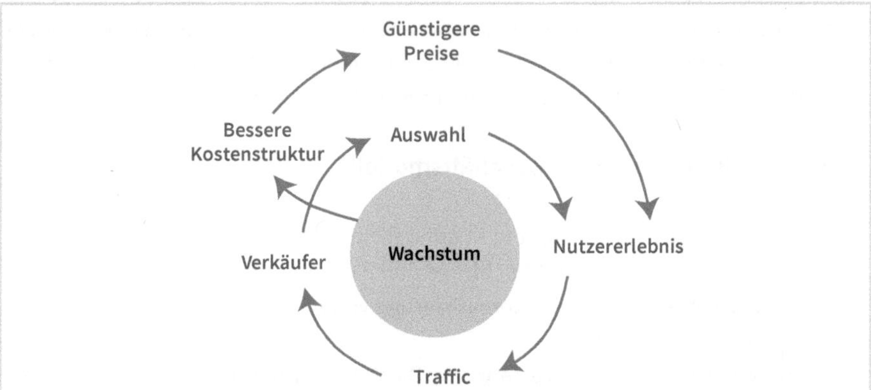

Amazon Flywheel, eigene Darstellung in Anlehnung an Brad Stone[72]

Angesichts der Überlegenheit von Plattformen – sechs der zehn wertvollsten Unternehmen weltweit betreiben solche Plattformen – arbeiten nun auch vermehrt traditionelle Unternehmen aus unseren Regionen daran, ähnliche Modelle zu entwickeln und diesen Erfolg zu replizieren. Zur Inspiration ist es sinnvoll, über Deutschland und Europa hinauszublicken, denn ein großer Teil der weltweit erfolgreichen Plattformen hat den Ursprung in den USA und in China. Aber auch hierzulande gibt es Vorbilder für dieses Geschäftsmodell. Nennen möchte ich zum Beispiel die Scout-Gruppe, die Immobilien- und Gebrauchtwagen-Plattformen betreibt. Autoscout bringt potenzielle Kunden für Gebrauchtwagen mit Privatpersonen und gewerblichen Händlern zusammen und unterstützt beide Nutzergruppen dabei, die Transaktion möglichst gewinnbringend und reibungslos durchzuführen. Autohändler erhalten Hinweise, mit welchen Preisen sie Ertrag und Standzeiten optimieren können, und Käufer werden zur schnelleren Orientierung über ein Ampelsystem, das sich aus Daten wie der Laufleistung und Ausstattung in Verhältnis zum Preis speist, auf die Attraktivität eines Angebots aufmerksam gemacht.[73] Doch auch der Online-Modehändler Zalando, seit 2021 Mitglied im DAX 40, bietet seinen Kunden neben einem eigens kuratierten Angebot auch das Angebot zahlreicher Einzelhändler auf seiner Plattform an. Aus Händlersicht wird die Attraktivität durch die zunehmende Anzahl an Shoppern gesteigert, doch Zalando bietet ihnen überdies noch Logistikdienstleistungen an und stellt ihnen eine Analytics-Plattform zur Verfügung, die sie bei der Disposition von Ware und bei der Zusammenstellung des Sortiments für die Kunden auf dem Fashion-Marktplatz unterstützt.[74]

Im B2B-Bereich bietet Siemens mit Xcelerator eine Software-Plattform für Industriegüterhersteller und liefert damit Schnittstellen zu einem faszinierenden Ökosystem für Industrie und Softwareanbieter aus dem Bereich der Industrietechnik. Hier plant Siemens in Zusammenarbeit mit seinem Kooperationspartner NVIDIA, dem weltweit größten Anbieter für KI-Chips, die Bereitstellung fotorealistischer 3D-Grafiken, um es Herstellern zu ermöglichen, digitale Abbilder oder sogenannte Zwillinge ihrer Anlagen und Gebäude in Echtzeit zu betrachten und Simulationen für optimale Maschineneinstellungen durchzuführen. Und sollten Sie sich fragen, warum das geschieht: Auf dieser Grundlage kann der digitale Zwilling Optimierungen an seinem physischen Gegenstück in der realen Welt initiieren. Das also ist eine Funktionalität, die es Firmen ermöglicht, die Produktivität ihrer Anlagen zu steigern und Ausfallzeiten zu minimieren.[75]

Wo wirkt KI im Plattform-Geschäftsmodell?

- **KI erleichtert Transaktionen:** KI ermöglicht eine effektivere Zusammenführung von Angebot und Nachfrage durch die Verringerung der Komplexität für alle Nutzer sowie die Automatisierung von zeitaufwendigen Aufgaben wie Kundensupport-Anfragen.
- **KI verbessert die Nutzererfahrung:** Die Personalisierung von Inhalten oder Suchergebnissen ermöglicht es, schneller relevante Informationen zu finden.

- **KI verbessert die Verkäufererfahrung:** Die Bereitstellung von Nutzerdaten gibt wertvolle Einblicke, die Anbieter nutzen, um ihre Angebote besser an die Vorlieben der Nutzer anzupassen. Außerdem können Verkäufer auf der Basis von Daten ihre Preise optimieren und unter Berücksichtigung von Prognosen basierend auf maschinellem Lernen ausreichend Bestände vorhalten.
- **KI unterstützt die Plattform-Governance:** Die Plattformsicherheit wird durch das Entfernen unangemessener Inhalte oder das Erkennen von Verhaltensmustern, die auf möglichen Betrug schließen lassen, erhöht. Außerdem trägt das Sammeln und Analysieren von Bewertungen zu einer kontinuierlichen Verbesserung der Plattform bei.
- **KI verstärkt Netzwerkeffekte:** Durch das Zusammenwirken der genannten Effekte verbessern sich Bedienbarkeit und Mehrwert für alle Kunden, was zu einer fortlaufenden Verstärkung der Netzwerkeffekte führt.

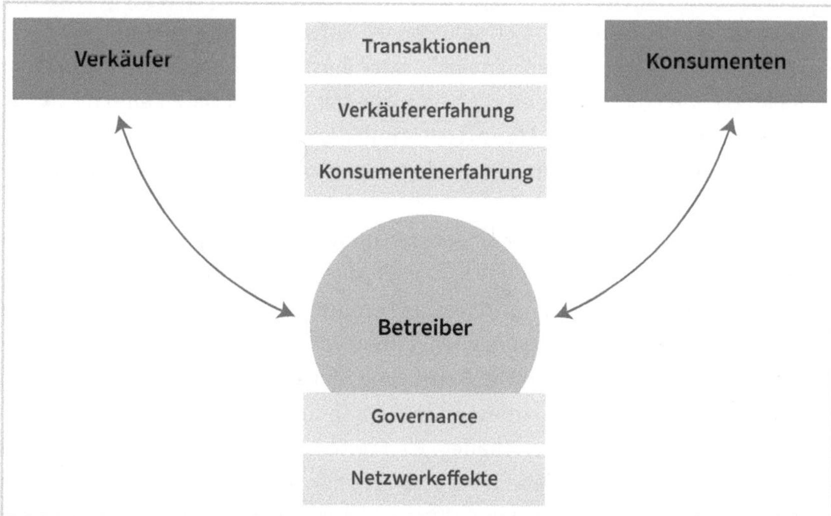

Wirkungsbereich der künstlichen Intelligenz in Plattform-Geschäftsmodellen, eigene Darstellung

Vier-Säulen-Modell + künstliche Intelligenz = Geschäftsmodellinnovation

Da ich Ihr Verständnis für Innovation im digitalen Zeitalter schulen möchte, ist es für Sie an dieser Stelle wichtig zu verstehen: Die vier Säulen der Innovationskraft bilden die solide Grundlage für Produktinnovation, Prozessinnovation und die Neuerfindung ganzer Geschäftsmodelle, ob mit Plattformcharakter oder ohne. Doch Innovation ist nicht nur ein Mindset, wie sie oft falsch verstanden wird, sondern sie braucht eine Methode. Das bietet Ihnen das Vier-Säulen-Modell als Herzstück im Unternehmen.

Plattform-Geschäftsmodelle sind die Erweiterung und das Neudenken bestehender, linearer Geschäftsmodelle. Bei Letzterem schaffen Unternehmen Werte, indem sie Leistungen erstellen und diese direkt an die Kunden verkaufen. Die Beziehung besteht hauptsächlich zwischen dem Unternehmen und seinen Kunden und es gibt weniger Interaktionen oder Abhängigkeiten zwischen Kunden oder Dritten. Doch aufgrund der Dominanz der Plattform-Geschäftsmodelle – einschließlich der FAMANG, die als Orchestratoren ganze Ökosysteme schaffen und steuern – bietet es sich auch für Sie an zu überlegen, wie Sie diese erfolgsstiftenden Elemente bei sich berücksichtigen können.

Was aber bedeutet Innovationsfähigkeit in Bezug auf Plattform-Geschäftsmodelle? Nun, es ist das ständige Suchen nach neuen Wegen, es ist das stetige Stellen der Frage: Wie können die Plattformen einen zusätzlichen Mehrwert für Nutzer und Anbieter in Ihrer Branche schaffen? Diese Frage zu beantworten – das erfordert eine bewegliche Denkweise und die Fähigkeit, sich sehr schnell auf sich ändernde Marktbedingungen und Kundenanforderungen einzustellen – oder diese vorauszusehen. Es versteht sich deshalb fast von selbst, dass es gilt, sämtliche generierten Daten effektiv zu nutzen und selbst auf dem neuesten Stand der Technologie zu sein – anders wäre Innovation kaum möglich. Und dies beinhaltet oft die Integration von künstlicher Intelligenz.

Ich habe oft gesehen, wie die vier Säulen der Innovationskraft ignoriert und Plattformmodelle nur zögerlich etabliert wurden. Ich hoffe, dass ich Ihnen mit diesem Kapitel die Berührungsängste nehmen und Sie dazu ermutigen kann, sich einen Schritt weiter vorzuwagen. Denn für den erfolgreichen Aufbau von Plattformen sind nur wenige entscheidende Faktoren von zentraler Bedeutung: Zunächst einmal geht es darum, den Nutzern der Plattform einen verbesserten Zugang zu bestimmten Ressourcen, Dienstleistungen oder Märkten zu verschaffen. Ein Plattformbetreiber sollte als Orchestrator fungieren, der es den verschiedenen Nutzergruppen ermöglicht, miteinander zu interagieren und Transaktionen einfacher durchzuführen, als es herkömmlich der Fall ist.

Stellen Sie sich deshalb folgende Fragen:

- Besetzen Sie heute ein Geschäftsfeld, in dem es eine Opportunität gibt und Sie gegebenenfalls vom Anbieter zum Plattformbetreiber werden können?
- Welche Möglichkeiten gibt es, die Transaktion zwischen Kunden und Anbietern zu vereinfachen oder das Ergebnis für beide Seiten zu verbessern?
- Was ist das Kernproblem der Kunden und Anbieter im Markt, was sind ihre Bedürfnisse?
- Wie können Sie die Kernprobleme der Kunden mit einem Plattformmodell besser lösen als bisher?

- Wie könnten Sie Ihre Kunden und andere Unternehmen aus Ihrer Branche für Ihre Plattform begeistern?
- Wie kann KI eingesetzt werden, um das Wertversprechen der Plattform zu unterstützen?

Ich will nicht verschweigen, dass der Aufbau einer erfolgreichen Plattform eine attraktive, aber durchaus komplexe Aufgabe ist. Damit meine ich nicht die technologischen Aspekte. Vielmehr gilt es, das Henne-Ei-Problem zu lösen, denn sowohl kritische Kunden also auch Anbieter werden von Anfang an eine gut besuchte Plattform erwarten. Ein probates Mittel ist, hier als Hersteller zumindest sein eigenes Angebot zu vermarkten, um den Anfang zu machen. Auch die Sicherstellung der Qualität der Produkte und Dienstleistungen unterschiedlichster Anbieter ist eine anspruchsvolle Aufgabe, doch die Nutzer werden eine effektive Orientierung verlangen und Vertrauen ist schnell verloren. Auch das Management einer zunehmenden Anzahl an Anbietern und Nutzern kann herausfordernd sein, sodass der erfolgreiche Einsatz von künstlicher Intelligenz frühzeitig über den reibungslosen Betrieb der Plattform entscheidet.

Und doch appelliere ich als Ihr Berater an Sie, sich davon nicht abhalten zu lassen, sondern Lösungen zu finden. Es wird immer Bedenkenträger geben, der Zweifel wird immer versuchen, Innovationen zu verzögern. Das ist normal, das war schon immer so. Und wir sollten gelernt haben, mit diesem Zweifel umzugehen, ihn als Warnhinweis zu nehmen, aber nicht als Handlungshemmer anzusehen. Für all das habe ich Verständnis und mir fallen Worte des Zuspruchs und Argumente für den Wandel ein. Ich werde jedoch etwas ungeduldig, wenn gestandene Manager, wahre Macher in ihrem Job, das Argument vorbringen, es könne sein, dass sie sich durch eine Plattform selbst Konkurrenz machen und bewährte Geschäftsmodelle aushebeln. Nein, das ist nicht so! Sie geben vielmehr Ihrer Tradition einen modernen Anstrich, der sowieso unweigerlich nötig wird, wenn Sie am Markt weiterhin wahrgenommen werden und nicht der Disruption zum Opfer fallen wollen. Und den Bedenken, die Sicherheit und Qualität des Angebots könnten durch die unüberschaubare Anzahl an Nutzern und Transaktionen gefährdet sein, setze ich entgegen: Viele Plattformen nutzen eine Vielzahl an Modellen im Bereich des maschinellen Lernens, um ihre Qualität und Übersichtlichkeit zu gewährleisten. Gerade die Nutzung von künstlicher Intelligenz ermöglicht erst die effektive Steuerung einer Plattform. Noch Fragen? Schreiben Sie mir! Oder kommen wir gerne ins Gespräch.

6 Playbook mit sechs Erfolgsfaktoren zur KI-Integration

Die transformative Macht der künstlichen Intelligenz ist längst kein gut gehütetes Geheimnis mehr. Gut so. Manager wissen: Es geht bei KI um weit mehr als nur die Übernahme wiederkehrender Aufgaben zur Steigerung der Effizienz. Künstliche Intelligenz agiert wie ein verlässlicher Co-Pilot, der die Arbeitsqualität und Produktivität der Mitarbeiter erhöht und sie von geistigem Ballast befreit. Doch die wahren Potenziale gehen noch viel, sehr viel weiter. So darf ich Ihnen versprechen, dass die Technologie das Potenzial hat, den Umsatz bei bestehenden Kunden zu maximieren und Sie bei der Kundengewinnung zu unterstützen.

Wenn Sie bis hierhin gelesen haben, dann haben Sie bereits einen Blick auf diese beeindruckende KI-Welt geworfen. Es ist meine Hoffnung, dass ich Sie mit den Argumenten überzeugen konnte und dass Sie sich auf diese aufregende Reise einlassen möchten. Sie werden mir im besten Fall mit Herz und Verstand zustimmen, dass diese Technologie nicht nur eine Option ist, sondern ein absolutes Muss für Unternehmen jeder Größe. Diese Akzeptanz ist der erste Schritt. Der nächste, wichtige Schritt besteht darin, den entscheidenden Unterschied zwischen Vorreitern und Nachzüglern zu ergründen und dieses Wissen in der Unternehmenspraxis einzusetzen. In Abhängigkeit vom Reifegrad Ihres Unternehmens gilt es dann, diese neuen Fähigkeiten nahtlos in sämtliche Unternehmensbereiche zu integrieren.

Wir fragen in Verbindung mit künstlicher Intelligenz also nicht mehr nach dem »Warum«, sondern nach dem »Wie«. Ich habe festgestellt, dass es trotz guter Absichten eine Hürde am Anfang gibt: Viele Unternehmen starten voller Euphorie mit ihren ersten KI-Pilotprojekten, schaffen es dann aber nicht, sie erfolgreich umzusetzen und in eine nachhaltige Transformation zu überführen.

Als Head of Sales bei Amazon Web Services wurde mir jeden Tag die Diskrepanz zwischen dem Wunsch der Unternehmen, künstliche Intelligenz zum Erfolg zu bringen, und ihren tatsächlichen Herausforderungen vor Augen geführt. Angesichts dieser Erkenntnisse habe ich mich dazu entschlossen, tiefer gehende Forschung zu betreiben, Experteninterviews zu führen und schließlich meine Doktorarbeit zu verfassen. Der zentrale Fokus meiner Arbeit lag und liegt auf den sechs entscheidenden Erfolgsfaktoren im Bereich KI. Gern lasse ich Sie daran teilhaben. Ja, es liegt mir am Herzen, Ihnen genau diese Faktoren zu vermitteln. Denn sie entscheiden über Erfolg oder Niederlage in solch wichtigen Initiativen.

Das Topmanagement und das mittlere Management in den Fachbereichen haben einen entscheidenden Anteil am Erfolg der KI in ihrem Unternehmen. Solange Vorstände, Geschäftsführer und Bereichsleiter die Chancen der KI nicht erkennen, solange sie die notwendigen Ressourcen nicht bereitstellen und der KI nicht die strategische Priorität beimessen, die sie verdient, wird es für Unternehmen schwer, erfolgreich zu sein. Einerseits möchte ich Ihnen dabei helfen, die richtigen Prioritäten für den Aufbau Ihrer KI-Initiativen festzulegen. Andererseits möchte ich Ihnen jene Argumente liefern, die Sie nutzen können, um Ihre Kollegen und die Geschäftsleitung davor zu bewahren, in ein weiteres erfolgloses Innovationsprojekt zu investieren.

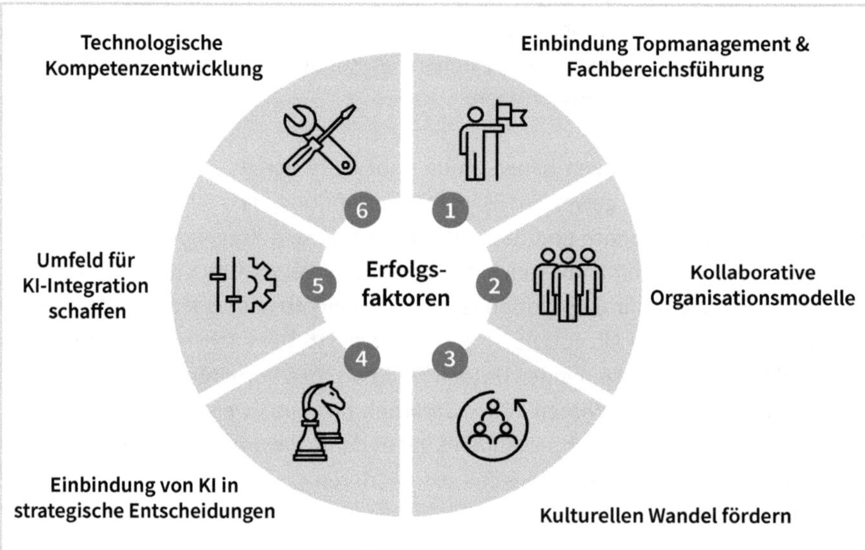

Sechs Erfolgsfaktoren der KI-Integration, eigene Darstellung

Erfolgsfaktor 1: Einbindung von Topmanagement und Fachbereichsführung

Das Einholen eines klaren Mandats und der Unterstützung von Vorstand und Geschäftsleitung ist nicht nur wünschenswert, sondern von entscheidender Bedeutung, wenn es darum geht, KI-Initiativen langfristig erfolgreich umzusetzen. Dies liegt vor allem daran, dass umfassende Innovationsprojekte dieser Art meist erhebliche, langfristige Investitionen erfordern. Zudem ist die Amortisationsdauer solcher Projekte aufgrund ihres innovativen Charakters oft ungewiss, insbesondere in der frühen Projektphase.

Die Herausforderung liegt aber nicht nur in der Investition an sich, sondern meist auch in der Unsicherheit auf allen Ebenen. Der Versuch, KI-Piloten zum Erfolg zu bringen und entsprechende Initiativen langfristig zu etablieren, ruft Vorbehalte auf die Tagesordnung. Immerhin weisen Projekte zur Einführung von KI im Unternehmen einen iterativen und experimentellen Charakter auf, denn die agile Arbeitsweise macht den Zeitpunkt der Zielerreichung und den Markterfolg oft unvorhersehbar. In einem solchen Szenario könnte Ihre Initiative rasch infrage gestellt oder gar aufgegeben werden. Ohne das klare und uneingeschränkte Engagement sowie die volle Unterstützung des Topmanagements stehen Ihre Chancen, Ihr Projekt allen Widerständen zum Trotz erfolgreich umzusetzen, eher schlecht. Allzu schnell kommt das Argument: »Der Erfolg ist nicht in Sicht, wir haben kein Budget mehr für Experimente!« Daher ist es nahezu überlebenswichtig für Ihr Projekt, dass Sie das Topmanagement frühzeitig auf eventuelle Herausforderungen hinweisen, die auftreten können, bevor sich die Dinge einspielen. Ganz nach dem Motto der systemischen Psychologie gilt auch hier: Jede Veränderung braucht Zeit, bis sie rundläuft – auch im digital getriebenen Wandel!

Das wahre Potenzial der KI wird sich entfalten. Das ist sicher. Auch wenn Sie anfangs vielleicht in erster Linie die Automatisierung wiederkehrender Aufgaben im Blick haben, sollten Sie bedenken, dass die KI das Potenzial hat, völlig neue Geschäftsmodelle zu schaffen, die ohne diese Technologie schlicht undenkbar wären. Solch tiefgreifende Transformationen erfordern eine strategische Ausrichtung, die von der Unternehmensspitze vorgegeben und unterstützt werden muss. Das bedeutet, dass die Planung, Anpassung oder sogar Neugestaltung von Geschäftsmodellen als fundamentale Verantwortung des Topmanagements verstanden werden muss.

Ralf-Dieter Wagner, Head of GenAI and Artificial Intelligence bei Amazon Web Services in EMEA, sagte hierzu:[76]

> »Obwohl es sich um eine Technologie handelt, kann sie nicht ausschließlich im Technologiebereich verankert werden. Es handelt sich nicht um den nächsten SAP-Release, sondern ist ein Werkzeug, das völlig neue Geschäftsmodelle ermöglicht, und muss daher von der obersten Führungsebene gedacht werden.«

Sie erinnern sich, dass Innovation – und genau das ist die experimentelle Entwicklung von KI – langfristig nur gelingen kann, wenn sie wertebasiert bleibt und die Mitarbeiter Prinzipien wie datenorientierte Entscheidungen und offene Kommunikation quasi mit der Unternehmensluft inhalieren? Während es durchaus möglich ist, auf der Ebene einzelner Geschäftsbereiche durch Führung und Vorbildfunktion entsprechende Werte zu vermitteln, obliegt es doch der obersten Führungsebene, eine werteorientierte Innovationskultur zu erschaffen und wenn nötig den Kulturwandel anzustoßen, um die bestehenden Werte und Verhaltensweisen weiterzuentwickeln.

Erfolgsschlüssel

Der erste Schlüssel zum Erfolg lautet: Gewinnen Sie ein Mitglied der Geschäftsleitung mit einem Faible für Innovation mit Best Practices, ersten Projekterfolgen und Argumenten die auf dessen drängendste Probleme einzahlen.

Neben dem Topmanagement gilt die Einbindung von Sponsoren aus dem mittleren Management in den Fachbereichen als wesentlicher Erfolgsfaktor für die Einführung künstlicher Intelligenz. Manager auf der mittleren Führungsebene sind Meinungsführer, wichtige Entscheider, und verbinden das Topmanagement mit den Ausführenden. Sie kennen die Schmerzpunkte und Potenziale, und hier liegt auch das Wissen um Geschäftsprozesse, das in KI-Projekte eingebracht werden muss. Außerdem verfügen sie über die wichtigen Fachbereichsressourcen, die benötigt werden, um Anwendungsfälle im Detail zu verstehen und mittels KI zu lösen. Wenn hier das richtige, zukunftsorientierte Mindset herrscht und die Verantwortung für das Gelingen übernommen wird, ist schon viel gewonnen. Manager auf mittlerer Ebene tragen die Verantwortung für Personal, Budgets, Umsatz und Ergebnis. Diese Verantwortlichkeiten stellen sie vor diverse Herausforderungen, die sie aktiv angehen müssen. Daher haben sie bei der erfolgreichen Anwendung von KI auch den größten Nutzen. Genau deswegen ist es für sie sinnvoll, die Initiative zu ergreifen und eine führende Rolle bei der Implementierung und Nutzung von KI-Technologien zu übernehmen. Viele von ihnen sind ebenso Macher und Visionäre – sie wollen Grenzen erweitern und ihre Ziele erreichen. Gut so. Ein »Warten wir ab, wie sich das Ganze im nächsten Jahr anfühlt« gibt es nicht, sondern nur den unbedingten Willen, dieses wichtige Projekt *jetzt* voranzubringen.

Peter Burggraaff, Partner bei Boston Consulting Group, beschreibt diesen Punkt anschaulich:[77]

> »Wenn der Vice President aus dem Bereich Supply-Chain-Management wirklich mit KI arbeiten will und dann gemeinsam mit den Data Scientists oder der IT einen Anwendungsfall findet, der ihm wirklich hilft, die Allokation von Ware und die Disposition zu verbessern, wird er sicherstellen, dass er diese Mehrwerte wirklich erschließt und den erforderlichen Wandel vorantreibt […] Dies wird nur durch ein echtes, funktionsübergreifendes Team erreicht, bestehend aus Fachbereichsverantwortlichen und Data Scientists. Sie definieren gemeinsam den Anwendungsfall und ergründen gemeinsam die Geschäftslogik und die zu verwendenden Datenquellen.«

Erfolgsschlüssel

Seien Sie selbst Botschafter für Ihre Sache, werden Sie Sponsor für relevante KI-Projekte. Sammeln Sie wertvolle Erfahrung und setzen Sie sich an die Spitze der KI-Transformation in Ihrem Unternehmen.

Erfolgsfaktor 2: Kollaborative Organisationsmodelle

Die erfolgreiche Einführung von künstlicher Intelligenz im Unternehmen erfordert eine zentrale Schlüsselrolle im Fachbereich, und zwar die des »Brückenbauers«. Wenn ich zuvor von der Rolle des Sponsors gesprochen habe, der sich für die konkrete Umsetzung von KI-Projekten einsetzt, um drängende Geschäftsprobleme in seinem Verantwortungsbereich anzugehen, so kommt dem Brückenbauer eine andere, noch bedeutendere Aufgabe zu. Denn der Brückenbauer spielt eine entscheidende Rolle in der effektiven Koordination zahlreicher Sponsoren im Fachbereich und den Data Scientists in IT oder Business Intelligence. Brückenbauer sind in der Regel ausgestattet mit der Gabe, geschäftliches Know-how und technisches Verständnis zu vereinen. Diese besondere Fähigkeit ermöglicht es Ihnen, die Anforderungen der Fachbereiche in Bezug auf KI-Anwendungsfälle wirkungsvoll an die Data Scientists weiterzugeben. Sie sind Übersetzer, Vermittler und Wegbereiter einer zukunftsweisenden Strategie.

Brückenbauer haben den nötigen Weitblick und sehen über den Tellerrand der einzelnen Anwendungsfälle hinaus. Neben der erfolgreichen Lösung des Problems ist es ihr Ziel, die Entwicklungsaufwände in der IT zu reduzieren. Das gelingt Ihnen durch das Anpassen der Business-Anforderungen, ohne die zu erwartende Wirkung der Lösung zu schmälern. Wie schaffen sie das? Mit Fachkompetenz hinterfragen sie die Anforderungen der Fachbereiche und deren zugrunde liegenden Annahmen. Auf diese Weise optimieren sie die Auswahl und Umsetzung der Anwendungsfälle.

Durch dieses achtsame Vorgehen erreichen sie außerdem einen bestmöglichen Fit von angewandter Technologie und Wirtschaftlichkeit. Dieser vorausschauende Ansatz ermöglicht es ihnen, frühzeitig Anpassungen der Fachbereichsanforderungen vorzunehmen und mögliche Veränderungen in der Zukunft zu berücksichtigen. Dies könnte beispielsweise die Neuausrichtung bestehender KI-Modelle für ähnliche Anwendungsfälle einschließen.

Vom Profil her sind diese Brückenbauer Manager mit umfangreicher Erfahrung darin, die Lücke zwischen dem Fachbereich und den technologischen Bereichen zu schließen. Häufig haben sie ihre Fähigkeiten in Branchen wie der Unternehmensberatung oder dem Software- und IT-Vertrieb erlernt und nutzen innovative Methoden wie Design Thinking, um die Bedarfe und Anforderungen aus den Fachbereichen besser zu verstehen und strukturiert zu erfassen. Der einzelne Brückenbauer, der mehrere Sponsoren aus den Fachbereichen mit den ersten Data Scientists im Unternehmen verknüpft, ist – gerade in der Anfangsphase, wenn die ersten KI-Anwendungsfälle umgesetzt werden – das beste Zusammenarbeitsmodell zwischen Fachbereich und Technologen. Wenn Sie sich in diesem Profil wiedererkennen, kann ich Ihnen nur empfehlen, sich anzubieten und diese wichtige Rolle zu übernehmen.

Erfolgsschlüssel

Ein weiterer Schlüssel zum Erfolg lautet: Finden Sie den Brückenbauer in Ihrer Organisation, der die Fachbereiche und die technischen Teams koordiniert und damit die Erfolgsaussichten erster Pilotprojekte erhöht.

Mit zunehmender Reife entwickeln einzelne Produktverantwortliche schrittweise ihre Fähigkeiten und übernehmen die Rolle des Brückenbauers. Das bedeutet, dass Personen, die beispielsweise für das Forecasting in der Disposition oder das Customer-Relationship-Management in Marketing und Vertrieb verantwortlich sind, nun als Brückenbauer für ihren jeweiligen Verantwortungsbereich agieren. Hier kommt die agile Arbeitsweise, die bereits mehrmals im Buch beschrieben wurde, ins Spiel und zeigt ihre bemerkenswerte Wirkung. Denn die Data Scientists werden fest in die agilen Teams integriert, und gerade diese Zusammenarbeit in funktionsübergreifenden Teams ist der Schlüssel zur optimalen Umsetzung der Geschäftsanforderungen. Die enge Integration von Data Scientists in die Produktteams der Fachbereiche, sei es auf fachlicher oder sogar disziplinarischer Ebene, verstärkt das gemeinsame Verantwortungsgefühl des Teams für ihre Ergebnisse und Anwendungsfälle. Dies beschleunigt die Entwicklung der KI-Anwendungsfälle erheblich. Die Fokussierung von Data Scientists auf spezifische Fachbereiche fördert nicht nur ihre Expertise, sondern minimiert auch potenzielle Prioritätskonflikte, da sie nicht gleichzeitig an mehreren Fronten agieren müssen. Dieser gezielte Ansatz ermöglicht es ihnen, sich voll und ganz auf die Herausforderungen und Bedürfnisse eines bestimmten Fachgebiets zu konzentrieren. In diesem Sinne setzen agile Teams und gut integrierte Data Scientists wahre Wunder in der Welt der KI um.

Karel Dörner, Senior Partner bei McKinsey und Co-Gründer von Ebay Europe, bekräftigt die Notwendigkeit von agilen Teams:[78]

> »Ich habe es bisher nur funktionieren sehen, wenn man diese [KI- und Business-]Fähigkeiten wirklich auf Team-Ebene zusammenbringt. Es reicht nicht aus, es auf Projektebene zu lösen, denn das ist einfach zu langsam und das eigentliche Problem und die Lösung liegen zu weit auseinander. Das wird nicht funktionieren. [...] Man muss sicherstellen, dass die Produktteams diese verschiedenen Fähigkeiten zusammenbringen, denn nur dann geschieht es wirklich im realen Leben. [...] Die operative Verantwortung muss tatsächlich in diesen [funktionsübergreifenden] Teams liegen. [...] Wir sehen, dass dies von vielen Unternehmen bemerkt wird, aber es bleibt ein Transformationsprozess [...]. Wenn die Führungskräfte dieses Modell aus Unkenntnis oder aus Angst vor Machtverlust nicht kontinuierlich fördern, fallen diese Unternehmen wieder schnell in traditionelle, funktionale Silos zurück.«

Johannes Wagner, Direktor für Produktmanagement bei adidas, bestätigt diese Notwendigkeit und geht auch darauf ein, welche Aufgaben zentralisiert bleiben könnten und welche zwingend innerhalb der Produktteams angesiedelt sein sollten:[79]

> »Es ist ein sehr wichtiger Faktor, keine separate [Data-Science-]Insel zu bauen. [...] Das A und O – unabhängig von meiner organisatorischen Aufstellung – ist, dass ich tatsächlich einen Datenwissenschaftler vom ersten Tag an einbinde und dass er von Anfang an mit den relevanten Nutzern aus dem Fachbereich spricht. Im besten Fall handelt es sich dabei um eine Eins-zu-eins-Beziehung [zwischen Datenwissenschaftler und Fachbereichsverantwortlichen].«

Erfolgsschlüssel

Ein weiterer Schlüssel zum Erfolg lautet demnach: Mit zunehmender Reife und Professionalisierung werden agile Teams mit spezialisierten Data Scientists zum ausschlaggebenden Faktor.

Ich habe für diesen Erfolgsfaktor erfahrene Berater und Manager befragt. Sie alle betonen, dass digitale Unternehmen es möglicherweise leichter haben, in einer solchen verteilten Struktur zu arbeiten. Der Hauptgrund dafür ist, dass ihre Produktmanagementteams durch die enge Zusammenarbeit mit Softwareentwicklern bereits Erfahrung gesammelt haben.

Merke

Der Zentralisierungsgrad der wertvollen Data-Science-Ressourcen ist eine bedeutende Facette bei der Realisierung von agilen Teams. Er wird von mehreren Kriterien beeinflusst:

- dem allgemeinen Standardisierungsgrad innerhalb der Organisation
- der technologischen Reife bestimmter Geschäftsbereiche
- der KI-Reife des Unternehmens
- den Unterschieden in der KI-Relevanz nach Fachbereichen oder geografischen Regionen
- dem erforderlichen Fachwissen für spezifische Anwendungsfälle
- der Verfügbarkeit von Datenwissenschaftlern

Das Hauptkriterium für den Grad der Zentralisierung der KI-Experten ist der Standardisierungsgrad und die damit verbundene Komplexität eines Unternehmens. Diese Komplexität ist nicht unbedingt an die Größe der Organisation gebunden, sondern eher an den Grad der Standardisierung von Prozessen, das Angebotsportfolio sowie die Vielfalt von Lieferanten und Kunden. Eine erhöhte Komplexität impliziert auch das Vorhandensein komplexer Daten, die häufig über verschiedene Systeme in Silos verteilt sind.

Ein weiterer Faktor ist die technologische Reife der verschiedenen Fachbereiche in Bezug auf innovative Technologien. Teams, die bisher nur begrenzten Kontakt mit

Softwareentwicklern und neuen Technologien hatten, haben oft Schwierigkeiten, effektiv mit dezentralen KI-Teams zusammenzuarbeiten. Daher ergibt es hier durchaus Sinn, zentralseitig Data-Science-Ressourcen bereitzustellen.

Dieser Aspekt wird auch von Johannes Wagner, Direktor für Produktmanagement bei adidas, betont:[80]

> »Ein Unternehmen, das von der technologischen Seite kommt, kann wahrscheinlich viel einfacher mit einem sehr verteilten Setup arbeiten. Ich organisiere meine Produktteams [im digitalen Vertrieb] komplett funktionsübergreifend, wo Verantwortliche aus dem Fachbereich, IT und Data Science in einem Produktteam angesiedelt sind. Es gibt möglicherweise andere Fachbereiche oder Unternehmen, bei denen dies aus organisatorischer Sicht einfach nicht machbar ist. Wenn ich einen Fachbereich leite, der sehr traditionell ist und in dem die Manager keinen Zugang zur Technologie haben, könnte eine zentralisierte KI-Funktion die bessere Wahl sein. [...] Das bedeutet, besonders für Unternehmen mit geringer technologischer Reife würde ich wahrscheinlich ein zentrales Setup wählen. Während ich in Unternehmen mit sehr hoher technologischer Reife dezentrale Produktteams aufbauen würde.«

Neben der allgemeinen technologischen Reife beeinflusst vor allem die Reife in Bezug auf KI-Projekte maßgeblich, wie hoch der Grad der Zentralisierung sein sollte.

Unternehmen, die KI-Initiativen starten, beginnen in der Regel mit einer zentralisierten Aufstellung. Sie bilden ein kleines Team aus Data Scientists, die mit Sponsoren und deren Teams aus den Fachbereichen an ersten Anwendungsfällen arbeiten. Mit dem Erfolg dieser Pilotprojekte wird die Zusammenarbeit mit einzelnen Fachbereichen immer enger und führt mit der Zeit und zunehmender Reife zum Aufbau von agilen Teams, in denen die Data Scientists direkt an Produktverantwortliche berichten. Das gilt für fachliche wie auch für disziplinarische Belange.

Ein weiterer entscheidender Faktor bei der Bestimmung des Zentralisierungsgrades der KI-Funktion ist die Relevanz von künstlicher Intelligenz für bestimmte Fachbereiche oder geografische Regionen im Unternehmen sowie deren Nachfrage nach der Umsetzung von KI-Anwendungsfällen. Wenn KI dort eine besonders relevante und strategische Rolle einnimmt, ist es sicher sinnvoll, in diesen dezentralen Einheiten eigene Data-Science-Experten zu haben.

Darüber hinaus spielt das erforderliche Fachwissen der Data Scientists eine bedeutende Rolle. Je größer die erforderliche Spezialisierung für die Anwendungsfälle in einem Bereich ist, desto vorteilhafter wird es sein, dedizierte, dezentrale KI-Teams vorzuhalten, die eng mit den jeweiligen Fachbereichen abgestimmt sind. Das kann bedeuten, dass spezialisierte Data Scientists direkt mit Produktteams in Bereichen wie Supply-Chain-Management, Vertrieb und Marketing oder Finanzen zusammenarbeiten.

Data Scientists, wie ich sie verstehe, arbeiten nicht als Nerd im Einzelbüro. Sie tüfteln nicht im Geheimen und haben ihr Bestreben nicht einzig der Wissenschaft verschrieben. Nein! Sie weisen im Idealfall bereits Erfolge in der Anwendung von KI aus, sie sind teamfähig und verfolgen neben ihrer Begeisterung für Technologie auch die Unternehmensziele. Und wenn Sie mich nun fragen, warum solch ein Experte nicht auch auf lange Sicht in jedem Fachbereich wirken kann, so ahnen Sie vielleicht schon meine Antwort: Es gibt zu wenige auf dem Arbeitsmarkt. Die Rekrutierung ist schwierig – doch ihr Wissen wird im gesamten Unternehmen verlangt. So mutet es oft unpraktisch an, diese Experten über verschiedene Fachbereiche hinweg zu verteilen. Deshalb wählen Sie bis zu einem gewissen Reifegrad ein zentralisierteres Modell, damit der Mangel an Fachkräften in Ihrem Haus vermieden wird.

Erfolgsfaktor 3: Kulturellen Wandel fördern

Frühe Erfolge werden zur Akzeptanz von künstlicher Intelligenz auf Management- und Unternehmensebene beitragen – darauf dürfen Sie sich verlassen. Das erleichtert wiederum den weiteren Prozess des Change-Managements. Priorisieren Sie also die Projekte mit geringer Komplexität und hohem Wirkungsgrad! Setzen Sie auf die Kraft kleiner Erfolge und zelebrieren Sie sowohl sich selbst als auch Ihr Team. Verpassen Sie nicht die Gelegenheit, jeden Meilenstein zu kommunizieren, sei es im Jour fixe mit Ihrem Manager oder anderen wichtigen Stakeholdern oder beim regelmäßigen Town-Hall-Meeting. Wenn Sie interaktiver sein möchten, bieten Sie den bisher nicht involvierten Fachbereichen die Möglichkeit, ihre Ideen und Einschätzungen einzubringen. Machen Sie diesen Prozess zu einer gemeinschaftlichen Reise, bei der jeder eine Rolle spielen kann. Je mehr Nachfrage nach KI-Anwendungsfällen Sie erzeugen, desto größer wird die Relevanz für Ihr Unternehmen. Sie dürfen sich hier als Sponsor *und* als Brückenbauer etablieren.

Das proaktive Change-Management ist in dieser anfänglichen Pilotphase entscheidend für den dauerhaften Erfolg. Denn nur mit dieser Vorgehensweise können Sie Bedenken der Mitarbeiter hinsichtlich des Vertrauens in KI-Anwendungen, der Veränderung ihrer Rollen und der Jobsicherheit begegnen. Bleiben Sie also im Gespräch. Ihr Projekt verdient keine Geheimnistuerei – und Ihre Kollegen und Mitarbeiter erst recht nicht. Schlüpfen Sie einmal gedanklich in die Haut der anderen: Hier befürchten Manager vor allem, ihre bislang unverzichtbare Expertise und Entscheidungsbefugnis zu verlieren. Hier denken Mitarbeiter, durch die Automatisierung werde ihre Leistung überflüssig. Es flackern Ängste auf, die existenziell sein können. Um diese Bedenken auszuräumen, ist es entscheidend, die Überlegenheit von KI-Anwendungen aufzuzeigen, Unterstützung von Meinungsführern zu erhalten und zahlreiche Einzelgespräche zu führen, um den Mitarbeitern Vertrauen auszusprechen und ihnen zu zeigen, dass sie weiterhin wichtig für das Unternehmen sind. Machen Sie deutlich, dass die KI in vielen Fällen zum Co-Piloten von Mitarbeitern und Managern wird.

Außerdem ist es wichtig, Mitarbeiter und Manager darin zu schulen, effektiv mit Data Scientists zusammenzuarbeiten. Je besser das gelingt, desto mehr Verständnis, sogar Begeisterung werden Sie erzeugen. Dazu gehört in erster Linie die systematische Identifizierung von KI-Anwendungsfällen. Hinzu kommt die Schulung des Verständnisses, dass der Einsatz von künstlicher Intelligenz niemanden von der Verantwortung für die Leistungserbringung entbindet – trotz der Unterstützung oder vollständigen Automatisierung von Teilaufgaben. Es ist wichtig zu erkennen, dass KI ein Werkzeug ist, das die Fähigkeiten und die Effizienz steigern kann, dass die menschliche Verantwortung und das Engagement für Höchstleistungen jedoch unverzichtbar bleiben.

Unternehmen sollten ernsthaft darüber nachdenken, KI-gestützte Entscheidungsfindung zunächst im »Co-Pilot-Modus« einzuführen und sich dann schrittweise zur vollständigen Automatisierung vorzuarbeiten. Diese Vorgehensweise minimiert das Risiko von Fehlentscheidungen und trägt gleichzeitig zur besseren Akzeptanz von KI in der Belegschaft bei. Indem Sie die KI zunächst als Co-Piloten einsetzen, schaffen Sie eine sanfte Einführungsphase, die sowohl die Sicherheit als auch das Vertrauen in die Technologie erhöht. Es ist eine kluge Strategie, bei der sich die Vorteile der KI optimal nutzen lassen, ohne dabei unnötige Risiken einzugehen. Sobald jeder Mitarbeiter und jede Mitarbeiterin eine klare Verantwortung spürt, den Nutzen von KI verinnerlicht und die Veränderungen am Arbeitsplatz akzeptiert hat, haben Sie es leichter: Sie sehen die gesamte Mannschaft hinter sich versammelt.

Zusätzlich zur Einführung agiler Arbeitsweisen spielt auch eine experimentelle Denkweise eine entscheidende Rolle für die erfolgreiche Implementierung von KI. Denn die Erarbeitung von KI-Modellen gleicht einer Reihe von Experimenten. Die Kombination dieser beiden Ansätze eröffnet aufregende Möglichkeiten und fördert Innovation und Flexibilität in Ihrem Unternehmen. Ich kann mir vorstellen, dass Ihnen solch eine Denkweise ein wenig fremd erscheint. Vielleicht sehen Sie sogar Ihre Manager-Autorität zerbröseln, aber auch für Ihre Rolle wird die neue Zeit eine Veränderung bringen. Sie brauchen Ihr Team mehr denn je, doch Sie brauchen es auf Augenhöhe.

Um optimale Bedingungen für diesen Kulturwandel zu schaffen, sind neue Prozesse und Standards vonnöten. Denn es geht um eine neue Kultur des Experimentierens und keine falsch verstandene Fehlerkultur. Das Lernen und die Einsicht müssen ebenso gewährleistet sein wie das Scheitern von Experimenten zu minimalen Kosten, was eine skalierbare Infrastruktur und benutzerfreundliche Datenwerkzeuge erfordert. Außerdem geht es um Teamarbeit, statt um Hierarchie. Für all das sind Mitarbeiter unerlässlich, die erste Erfahrungen bei der Anwendung von agilen Methoden haben und die bereit sind, kalkulierte Risiken einzugehen. Die Autonomie einzelner Teams reduziert die Abhängigkeit von langwierigen Gremienentscheidungen.

Erfolgsfaktor 4: Einbeziehung von künstlicher Intelligenz in strategische Entscheidungen

Mit der wachsenden Bedeutung von künstlicher Intelligenz für Unternehmen muss auch ihr Einfluss auf strategische Entscheidungen zunehmen. Bei diesen Entscheidungen sollte KI von Anfang an mitgedacht werden. Hier geht es im Besonderen um eine Datenstrategie, die Methodik zur Auswahl und Priorisierung von KI-Anwendungsfällen und das grundsätzliche Überdenken der Prozesse im Unternehmen, damit KI überhaupt einen Mehrwert bringen kann. Zuletzt geht es um die besonders erfolgskritische und zentrale Herangehensweise an die Entscheidung zwischen der Eigenentwicklung und dem Fremdbezug von KI-Anwendungen. Bei all diesen Themen handelt es sich um die Weichenstellungen, die über den Erfolg oder Misserfolg in der Welt der KI entscheiden können. Aber der Reihe nach.

Ihr langfristiges Ziel mag lauten, immer weitere KI-Fähigkeiten zu erwerben, bis KI alle Bereiche durchdringt und Ihr Unternehmen zu den reifen KI-Organisationen zählt. Um dorthin zu gelangen, brauchen Sie irgendwann einen Chief Data Officer (CDO), der Sie auf diesem Weg unterstützt und die Strategie formt.

In enger Zusammenarbeit mit einem Chief Data Officer entwickeln Sie Ihre Datenstrategie und etablieren effektive Daten-Governance-Maßnahmen. Diese essenzielle Rolle kommt vor allem in Organisationen zum Einsatz, die bereits auf einer fortgeschrittenen Stufe sind und eine Vielzahl erfolgreicher Anwendungsfälle vorweisen können. Die Hauptaufgabe des Chief Data Officer besteht darin, die notwendigen Grundlagen zu schaffen, um künstliche Intelligenz flächendeckend im gesamten Unternehmen einzusetzen. Er entwickelt klare Richtlinien und Standards für die Erfassung, Klassifizierung, Speicherung und Nutzung von Daten. Dabei steht die stetige Verbesserung der Datenqualität sowie der Zugänglichkeit von Daten für alle Abteilungen im Fokus. Ein leistungsfähiges Werkzeug, das in diesem Kontext Anwendung findet, ist Data Mesh, eine dezentrale Datenarchitektur, die bereits früher im Buch in Zusammenhang mit den Säulen der Innovationskraft erläutert wurde. Ein zentrales Ziel des CDO besteht darin, auf die prozess- und systemseitigen Implikationen für eine KI-Integration hinzuweisen. Dies schafft die Grundlage für eine erfolgreiche Transformation Ihres Unternehmens durch künstliche Intelligenz.

Neben der Rolle des CDO ist auch die Neugestaltung von Prozessen und die Auswahl geeigneter Anwendungsfälle ein wesentlicher Erfolgsfaktor, damit Sie das Potenzial erschließen können, das sich in der KI verbirgt. Die Eignung von KI sollte zunächst anhand spezifischer Kriterien bewertet werden. Dazu ist Ehrlichkeit erforderlich, nicht bloßer Aktionismus: Wenn ein Prozess die Anforderungen hinsichtlich seiner aktuellen Beschaffenheit und Nützlichkeit nicht erfüllt, ist KI möglicherweise nicht das richtige Werkzeug. Wenn jedoch der erwartete Wertbeitrag die Investition rechtfertigt, können Prozesse überarbeitet und digitalisiert werden, um die KI-Kompatibilität zu erhöhen. Ich hatte bereits im Kapitel »Hype!« erwähnt, dass sich der endgültige Nutzen einer transformativen Technologie oft erst dann entfaltet, wenn herkömmliche Prozesse und Geschäftsmodelle von Grund auf hinterfragt werden. Schlüsselfaktoren für eine erfolgreiche Neugestaltung sind:

- überschaubare Abhängigkeiten zu anderen Prozessen,
- ein vergleichsweise geringer Zeitdruck, da der Umbau von Prozessen nun einmal Zeit erfordert, und
- der transformative Charakter des Anwendungsfalls.

Warum diese Faktoren wichtig sind? Wir dürfen nicht vergessen, dass durch die Prozessveränderungen oftmals beträchtliche Kosten in Ihrem Unternehmen und aufseiten Ihrer Geschäftspartner entstehen können. Das schmälert zunächst die Bereitschaft bei den betroffenen Prozessverantwortlichen und Entscheidern, die Veränderungen mitzutragen. Es kann sogar passieren, dass dies die grundlegende Veränderung von Geschäftsprozessen gänzlich zunichtemacht. Ein anderes Hindernis, das vielen von uns bekannt ist, können externe Fristen und Zeitdruck sein, oft getrieben vom Bedürfnis Ihrer Stakeholder nach schnellen Ergebnissen. Das macht eine groß angelegte Neugestaltung von Geschäftsprozessen in der Praxis oftmals unmöglich. Letztlich spielen der Investitionsaufwand im Verhältnis zum erwarteten Wertbeitrag des Anwendungsfalls und die erwartete Amortisationsdauer eine entscheidende Rolle.

Ein weniger intuitives Ergebnis aus meiner Studie war, dass bei der Automatisierung von Geschäftsprozessen zunächst nicht zwingend künstliche Intelligenz bevorzugt werden sollte, sondern auf weniger intelligente Technologien wie robotergesteuerte Prozessautomatisierung (RPA). Das verringert die Komplexität der Initiative, spart Zeit und bietet Ihnen eine Grundlage, einen Orientierungspunkt für die zukünftige Optimierung mit KI-Methoden. Das bekräftigen übrigens einige meiner Gesprächspartner – sie sagen eindeutig: In einem frühen Stadium der KI-Reife sollte eine Neugestaltung von Prozessen aufgrund der Zeitkritikalität vermieden werden. Reengineering kann den Erfolg verzögern, gar verhindern, der gerade in der Anfangsphase der KI-Integration so entscheidend ist.

Dr. Prem Natarajan, Executive Vice President Enterprise Data und AI bei Capital One, ehemaliger Vice President Alexa bei Amazon, merkte hierzu an:[81]

> »Unternehmen sollten lieber klein anfangen und den Mehrwert von KI aufzeigen. Ein zu starker Fokus auf die Neugestaltung von Geschäftsprozessen würgt KI-Projekte ab, da es einfach zu lange dauert. Um erfolgreich zu sein, sollten Unternehmen eher Projekte finden, bei denen man die Prozesse gerade nicht neugestalten muss oder bei denen die Neugestaltung besonders leicht umsetzbar ist. Dann zieht man daraus seine Lehren und überträgt diese auf andere Anwendungsfälle. Ich befürworte sehr den Inkrementalismus für Manager, die sich neu mit KI beschäftigen. Ich denke, das größte Risiko [für KI] ist übermäßiger Enthusiasmus.«

Gern möchte ich die transformative Natur eines Anwendungsfalls hervorheben, denn sie gilt als wesentliches Kriterium für die Neugestaltung von Prozessen. Die Neugestaltung von Prozessen ist oft die einzige Option, wenn es um die Ermöglichung von transformativen Anwendungsfällen geht, die existierende Prozesse oder gar Geschäftsmodelle revolutionieren. In dem Zusammenhang möchte ich Sie dazu ermutigen, Design-Thinking-Methoden zu nutzen, um über die bestehenden Strukturen hinauszuschauen und sich entschlossen der Innovation von Prozessen und Geschäftsmodellen zu widmen. Die Entscheidung, ob ein Prozess neu gestaltet werden sollte, erfolgt letztendlich unter Beteiligung des Produktverantwortlichen und wichtiger Fachbereiche, und zwar auf Basis eines klaren Business Case. Bedenken Sie hier, dass die Data Scientists bereits früh in Diskussionen zur Neugestaltung von Prozessen einbezogen werden sollten. So können die Anforderungen der KI-Experten bereits in der Frühphase berücksichtigt werden, wodurch die Anwendbarkeit von künstlicher Intelligenz auf den neu gestalteten Prozess sichergestellt werden kann.

Die nächste strategische Entscheidung in Bezug auf die Integration von künstlicher Intelligenz ist die Wahl zwischen Eigen- und Fremdentwicklung von KI-Lösungen. Diese Entscheidung zwischen Eigenentwicklung und Fremdbezug ist eine zentrale Frage in der IT-Strategie vieler Unternehmen und somit auch in der KI-Strategie.

- Der Fokus auf der Eigenentwicklung erfordert den Aufbau von Data-Science-Ressourcen und -Fähigkeiten im eigenen Unternehmen und die Entwicklung von nicht unerheblichen technologischen Voraussetzungen.
- Der Fremdbezug externer Lösungen hingegen verlangt den Aufbau eines robusten Prozesses für die Auswahl und Integration von Drittanbieterlösungen in die eigene Systemlandschaft.

Eine Frage mag Ihnen auf der Seele brennen: Welcher Weg ist der richtige für mich und warum? Auf diese Frage gibt es keine universelle Antwort. Welche Entscheidung in Ihrem Fall die richtige ist, hängt von einer Vielzahl von Entscheidungskriterien ab, die sorgfältig berücksichtigt werden müssen.

Merke

Die Entscheidung zwischen Eigenentwicklung und Fremdbezug ist zentral und wird von mehreren Kriterien beeinflusst:

- der strategischen Relevanz von KI für das Unternehmen,
- dem Differenzierungspotenzial eines Anwendungsfalls.
- der erforderlichen Geschwindigkeit zur Markteinführung,
- der Besonderheit eines Anwendungsfalls und des notwendigen Fachwissens,
- der Reife der im Markt verfügbaren KI-Lösungen und
- den Kosten und dem Wertbeitrag der Lösung.

Wenn kognitive Technologien als besonders relevant für die strategische Positionierung eines Unternehmens erachtet werden, ist die Wahrscheinlichkeit größer, dass interne Investitionen in Bezug auf Personal, Technologie und Prozesse getätigt werden. Das muss aber nicht gleichermaßen für das gesamte Unternehmen gelten, sondern bezieht sich in der Regel auf ein Cluster von Anwendungsfällen, eine Unternehmensfunktion oder einen Geschäftsbereich.

Eng damit verbunden ist die Fähigkeit, das Angebot des Unternehmens durch die Entwicklung interner KI-Modelle vom Angebot anderer Anbieter abzuheben. Gerade bei Anwendungsfällen, für die es »State of the Art«-Lösungen gibt und die dem Unternehmen keinen Wettbewerbsvorteil durch die schnellere, bessere oder günstigere Ausführung bringen, sollten Unternehmen eher darauf verzichten, ihre kostbaren Data-Science-Ressourcen zu belasten. Stattdessen sollten sie sich darauf konzentrieren, am Markt bezogene Lösungen nahtlos in ihre bestehende Systemlandschaft zu integrieren.

Ein weiteres Entscheidungskriterium für oder wider die Eigenentwicklung wird stark vom Grad der KI-Reife eines Unternehmens im Vergleich zu seinen Wettbewerbern beeinflusst: die Bedeutung der Geschwindigkeit oder »Time to Market«. Gerade dann, wenn sich ein Unternehmen im Rückstand zu seinen Rivalen befindet, könnte es weise sein, die zeitintensive, interne Entwicklung von Lösungen zu überspringen und stattdessen einen schnellen Markteintritt durch die Nutzung von Technologieanbietern zu priorisieren, die bereits eine »schlüsselfertige« Lösung anbieten.

Um die Frage grundlegend zu beantworten, ob ein Unternehmen seine internen Data-Science-Ressourcen belasten sollte, statt gekaufte Lösungen nahtlos in seine bestehenden Systeme zu integrieren, mag ein weiteres Kriterium für Sie nützlich sein: die Besonderheit des Anwendungsfalls und die notwendige Fachkompetenz für dessen Umsetzung. Wenn Ihr Unternehmen zu den wenigen gehört, die sich mit einem spezifischen Optimierungsproblem befassen, und über die erforderlichen Daten sowie fachliche Expertise verfügt, kann es durchaus sinnvoll sein, eine interne Lösung zu entwickeln. In einem solchen Szenario ist es unwahrscheinlich, dass eine

Standardlösung vom Markt Ihren Anforderungen wirklich gerecht wird. Gerade in letzter Zeit spielt neben der Besonderheit des Anwendungsfalls auch der Aspekt der proprietären Daten eine immer wichtigere Rolle. Unternehmen scheuen sich davor, diese aus der Hand zu geben, und entscheiden sich auch aus diesem Grund eher für eine Eigenentwicklung als für den Fremdbezug, bei dem eine externe Lösung möglicherweise durch den Einsatz von Unternehmensdaten auch für andere Kunden des Anbieters weiterentwickelt wird.

Der Reifegrad technologischer Lösungen für eine Funktion oder Branche ist ebenfalls ein entscheidendes Kriterium für Unternehmen, wenn sie sich zwischen dem Aufbau eigener Lösungen oder dem Kauf von Standardsoftware entscheiden müssen. Derzeit bietet der Markt für Unternehmenssoftware als Dienstleistung (Software as a Service, SaaS) bereits viele etablierte und gebrauchsfertige Lösungen für spezifische Anwendungsfälle. In solchen Fällen kann es für Unternehmen vorteilhaft sein, Data-Scientist-Ressourcen in anderen Projekten einzusetzen und die Leistungen extern zu beziehen.

Schließlich ist es für Unternehmen wichtig, den Wertbeitrag im Verhältnis zu den Kosten zu bewerten, wenn sie die Argumente zwischen Kauf und Eigenentwicklung abwägen. Neben den zuvor genannten Faktoren sollte die Entscheidung von einem gründlich aufbereiteten Business Case getrieben sein, der eine betriebswirtschaftliche Bewertung zulässt. Dieser Business Case muss verschiedene Kosten- und Nutzenüberlegungen beinhalten, inklusive des Aufbaus, des Betriebs und der entgangenen Opportunitäten bei der Eigenentwicklung im Vergleich zu den Kosten, die durch den Erwerb, den regelmäßigen Kauf von Lizenzen und die Konfiguration und Integration von schlüsselfertigen Lösungen entstehen.

Trotz der Abwägung der Vor- und Nachteile erkennen viele Unternehmen die strategische Bedeutung der internen Entwicklung von KI-Fähigkeiten als essenzielle Kernkompetenz und Möglichkeit zur Differenzierung. Gerade bei einem geringeren Reifegrad oder bei unzureichenden Ressourcen und Fähigkeiten arbeiten sie gern mit externen Partnern und verfolgen einen Build-Operate-Transfer-Ansatz. Bei diesem Ansatz werden die Realisierung und der Betrieb eines Anwendungsfalls an einen Partner ausgelagert, während gleichzeitig die notwendigen Fähigkeiten intern entwickelt werden. Schließlich werden die KI-Modelle wieder an das Unternehmen übertragen. Ein smarter Ansatz, um von beiden Welten zu profitieren!

In Kapitel 10 werde ich versuchen, Ihnen weitere Orientierung zu geben für die Fälle, in denen Sie sich für einen Fremdbezug entscheiden. Denn auch wenn es in der Vergangenheit angemessen schien, den Großteil seiner Lösungen selbst zu entwickeln, zeigen gerade die digitalen Spieler, wie sie geschickt eigene Entwicklungen mit externen Lösungen verknüpfen und zu ihrem Vorteil einsetzen.

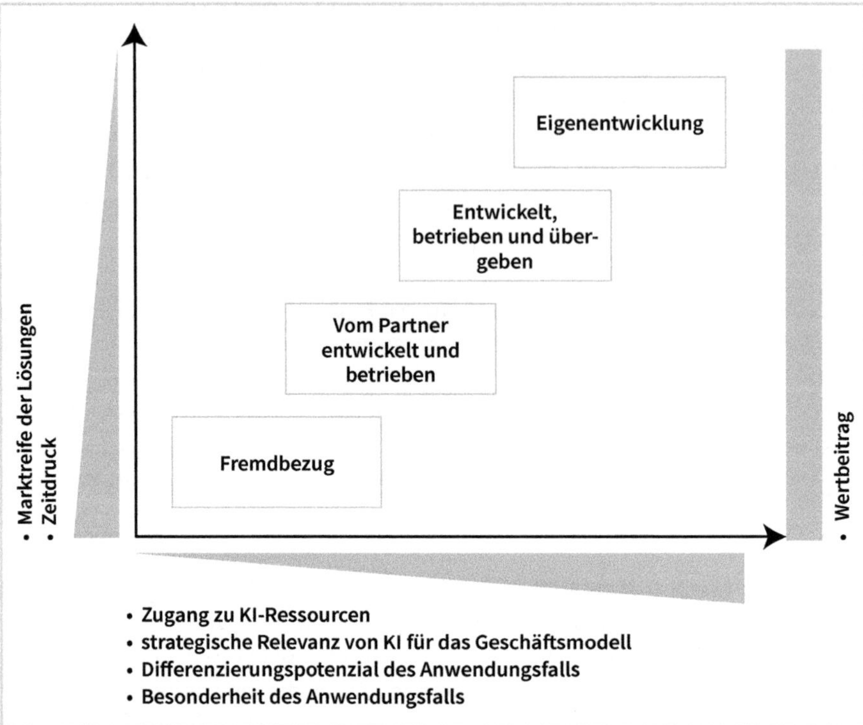

Eigenentwicklung oder Fremdbezug, eigene Darstellung

Erfolgsfaktor 5: Umfeld für die KI-Integration schaffen

Der Start des ersten Pilotprojekts ist gelungen. Nun stehen Sie vor der Aufgabe, den Einsatz künstlicher Intelligenz, mit einer Vision und konkreten Zielen verknüpft, langfristig in Ihrem Unternehmen zu etablieren. Ein Schlüsselfaktor für den Erfolg ist die Implementierung von routinierten Abläufen zur Messung des Fortschritts. Zunächst brauchen Sie ein Kennzahlengerüst für Ihre Entwickler und Data Scientists, das auf die Geschäftsziele des Unternehmens ausgerichtet ist. Nur so können Ihre Experten die übergreifenden Ziele auch wirksam verfolgen. Meist geht es bei diesen Kennzahlen z. B. um die Verbesserung der Warenverfügbarkeit oder die Erhöhung der Kundenloyalität. Die Messung des Fortschritts bei der Integration und Nutzung von KI-Modellen über eindeutig festgelegte Kennzahlen und Richtwerte gilt gleichermaßen für den beruflichen Alltag der Fachbereichsleiter. KI-Vorreiter gewährleisten die Akzeptanz und die wahrgenommene Bedeutung von künstlicher Intelligenz, indem sie Kennzahlen zur Messung der KI-Adoption und Automatisierungsraten heranziehen und diese Kennzahlen in ihren regelmäßigen Besprechungen auf die gleiche Stufe mit Umsatz und Gewinn stellen. Damit verdeutlichen sie die strategische Relevanz von KI und stellen sicher, dass ihre Organisation die Transformation hin zur KI-gestützten Zukunft konsequent vorantreibt. Diese Maßnahmen sind wiederum Teil der bereits erwähnten Change-Management-Initiativen zur Etablierung einer datengetriebenen Kultur, in der Entscheidungen auf allen Ebenen auf Daten und zu verifizierenden Annahmen getroffen werden – anstelle von Instinkt und Bauchgefühl.

Dieses Vorgehen wurde vom Vice President für Produktmanagement Supply Chain eines internationalen Online-Lieferdienstes bestätigt:[82]

> »Effizienzziele waren der Haupttreiber für uns. Effizienz in [unserem] Geschäft bedeutet, wie man die Anzahl der Bestellungen maximieren kann, die ein Fahrer pro Stunde ausliefern kann, um die Kosten pro Bestellung für das Unternehmen zu senken. Um diese hohe Effizienz zu erreichen, haben wir sehr früh begonnen, unsere eigenen KI-Modelle zu entwickeln. Gleichzeitig haben wir unsere ersten Data Scientists eingestellt, um mehrere Modelle zur Prognoseplanung zu erstellen, aber auch Algorithmen zur Zuweisung von Lieferungen an Fahrer. Mit der Zeit wurden immer mehr [Modelle] darauf basierend aufgebaut.«

Die breitflächige Einführung von KI in Geschäftsabläufe wird mit dieser Stringenz in der Kommunikation zu einem Erfolgsfaktor, unterstützt durch klare Ziele, die Überwachung ihrer Einhaltung und Anreizsysteme. Effizienzziele sollten auch in besonderem Maße die Zusammenarbeit zwischen den einzelnen Funktionen im Fachbereich und den Data Scientists fördern. Zum Beispiel wird empfohlen, nicht nur die Anzahl der KI-generierten Bestellungen, sondern auch das Volumen und den Wert von manuellen Überschreibungen nachzuhalten und deren Auftreten zu minimieren.

Neben der Etablierung eines integrierten Zielsystems für alle Beteiligten wird es mit zunehmender Reife immer wichtiger, klare Abläufe für die Priorisierung von Anwendungsfällen zu entwickeln. Es gibt mehrere Kriterien, die von führenden Unternehmen berücksichtigt werden.

Merke

Es gibt sechs zentrale Kriterien, die bei der Auswahl und Priorisierung von Anwendungsfällen herangezogen werden:

- Motivation im Fachbereich
- erwarteter Wertbeitrag und Geschäftsrisiko
- Häufigkeit der Wiederholung
- Datenverfügbarkeit und Messbarkeit
- technische Machbarkeit
- Fit zwischen KI und Optimierungsproblem

Die Motivation der Fachbereiche ist von unschätzbarem Wert, wenn es darum geht, einen Anwendungsfall erfolgreich umzusetzen – gerade wenn er das Potenzial hat, drängende Probleme zu lösen. In Isolation wird es nahezu unmöglich sein, eine Initiative zum Erfolg zu führen, insbesondere aufgrund des Mangels an fachlichen Einblicken. Dies unterstreicht erneut das zentrale Mantra, das ich immer wieder hervorhebe: Erfolg kann nur durch ein funktionsübergreifendes Team erreicht werden! Dieses Team vereint die technische Expertise mit den erforderlichen Fachkenntnissen und schafft so die Voraussetzungen für eine erfolgreiche Umsetzung.

Ein weiterer entscheidender Aspekt bei der Auswahl und Priorisierung von Anwendungsfällen ist der Wertbeitrag und der damit einhergehende kommerzielle Nutzen. Während die Entscheidung zwischen Eigenentwicklung und Fremdbezug den relativen Nutzen der beiden Beschaffungswege betrifft, liegt der Schlüssel zur Umsetzung eines KI-Projekts maßgeblich im Business Case begründet. Diese Überlegungen sind eng mit der Bewertung des geschäftlichen Risikos verknüpft. Insbesondere in den frühen Entwicklungsphasen lässt sich dieses Risiko durch die Bearbeitung von Anwendungsfällen, die nicht unmittelbar mit Kundeninteraktionen zusammenhängen, effektiv managen.

Der Nutzwert von künstlicher Intelligenz steigt mit der Häufigkeit der Wiederholung eines Arbeitsschritts, da historische Daten die Automatisierung erst ermöglichen und damit die Erschließung von Kosten oder Qualitätsvorteilen erlauben. Doch vor allem die Datenverfügbarkeit, die stark durch den Digitalisierungsgrad von Prozessen bestimmt wird, ist ein weiteres grundlegendes Kriterium für den Projekterfolg. Sie beschreibt die Vollständigkeit, Aktualität und Genauigkeit von Geschäftsdaten, die oft durch funktionale Silos behindert werden. Schließlich ist die Messbarkeit der Ergebnisse von großer Bedeutung, um entlang des Wegs sicherzustellen, dass die KI Ihre Geschäftskennzahlen optimiert und ständige Verbesserungen auf Basis dieser Rückkopplungen ermöglicht. Wenn wir davon ausgehen, dass Sie und Ihre Kollegen aus den Technologiebereichen bei der Auswahl Ihrer Anwendungsfälle die technische Machbarkeit berücksichtigt haben, wird eine erfolgreiche Umsetzung sehr viel wahrscheinlicher. Ich bin der Meinung, dass sich insbesondere Anwendungsfälle eignen, die in der Wissenschaft oder Praxis bereits erfolgreich gelöst wurden, gut verstanden und nicht übermäßig experimentell sind.

Darüber hinaus betonten die für dieses Buch interviewten Manager immer wieder, wie bedeutsam es ist, den Fit zwischen Problem und KI als geeigneter Technologie zu prüfen, anstatt KI um ihrer selbst willen einzusetzen. Denn manchmal neigen Unternehmen dazu, KI zu verwenden, obwohl eine andere Technologie besser geeignet wäre, oder sie suchen nach Problemen, die mit KI gelöst werden können, anstatt von tatsächlichen Geschäfts- oder Kundenproblemen im Hier und Jetzt auszugehen. Es ist entscheidend zu verstehen, dass KI nicht eine universelle Lösung für jedes

Optimierungsproblem ist. Stattdessen handelt es sich um eine Technologie, die mit Bedacht und maßgeschneidert auf den jeweiligen Kontext angewendet werden muss.

Laut Dr. Prem Natarajan, Executive Vice President Enterprise Data und AI bei Capital One, ehemaliger Vice President Alexa bei Amazon, ist die fehlende Passgenauigkeit von KI für ausgewählte Optimierungsprobleme ein Hauptgrund für das Versagen von Unternehmen bei der Integration und Skalierung der Technologie:[83]

> »Mein Verdacht ist, dass der Grund für das Scheitern vieler KI-Initiativen darin besteht, dass Menschen KI-Prototypen für Probleme entwickeln, die nicht unbedingt KI-Probleme sind, [und] bei denen es wahrscheinlich eine einfachere Lösung gibt. Aber es wird häufig nur technologieorientiert gedacht, anstatt sich von den Kundenbedürfnissen von vorne nach hinten zu arbeiten.«

Bleiben Sie also kritisch, ob der Anwendungsfall es tatsächlich wert ist, mit künstlicher Intelligenz optimiert zu werden. Behalten Sie die verfügbaren Ressourcen in Bezug auf Personal, Budget und Zeit ständig im Auge. Erst durch eine gründliche Priorisierung können Sie die Implementierungszeit der ersten Prototypen effektiv verkürzen.

Erfolgsfaktor 6: Technologische Kompetenzentwicklung

In einem Punkt sind sich nahezu alle Experten einig: Sie halten den Einsatz eines erfahrenen, leitenden Data Scientist oder eines Teams von Datenwissenschaftlern für essenziell. Niemand – kein Manager, kein Geschäftsführer – kann auf ihre wertvollen Erfahrungen aus abgeschlossenen Projekten verzichten, wenn er die KI erfolgreich in seinem Unternehmen etablieren will. Data Scientists konzentrieren sich auf das Wesentliche, und das ist das Liefern von greifbaren Geschäftsergebnissen. Sie verfügen über die notwendige Expertise, um KI-Modelle zu erstellen und gleichzeitig mit den Vermittlungsexperten zwischen Fachbereich und Technologie, den Brückenbauern, eng zusammenzuarbeiten. Allerdings gibt es eine Ausnahme. Sollten Sie sich gerade noch im Anfangsstadium Ihrer KI- Transformation befinden und auf eine Eigenentwicklung verzichten, dann reicht es zunächst aus, punktuell externe Partner und Systemintegratoren damit zu beauftragen, eine für Sie passende Lösung zu entwickeln, oder schlüsselfertige Lösungen in Ihre bestehende Infrastruktur zu integrieren. In solchen Fällen können Manager mit gutem technischen und analytischen Verständnis die Rolle des Brückenbauers übernehmen, während externe Anbieter die Data-Science-Rolle abbilden.

In beiden Szenarien ist es von großer Bedeutung, klare Prozesse zur Skalierung von künstlicher Intelligenz zu entwickeln und deren Integration in den operativen Betrieb sowie die Produktisierung, also den Prozess, bei dem ein KI-Modell von der Forschungs-

und Entwicklungsphase in ein marktreifes, kommerziell einsetzbares Produkt überführt wird, effizient zu gestalten. Dies schließt ein zentrales Data-Engineering-Team ein, das für Daten-Governance, Compliance und Sicherheit verantwortlich ist. Die Mitglieder dieses Teams stellen die kontinuierliche Verfügbarkeit und Qualität der erforderlichen Daten sicher, die für die Data Scientists unerlässlich sind. Zentrale Aufgabe des Data Engineerings ist es demnach, stetig die Datenqualität, -zugänglichkeit und -standardisierung zu steigern und damit die Effektivität bei der Entwicklung von KI-Modellen voranzubringen. Darüber hinaus möchte ich die zentralisierten »Plattformteams« als entscheidenden Erfolgsfaktor hervorheben. Sie stellen wiederverwendbare Tools, Blaupausen und Schulungen zur Verfügung, um sicherzustellen, dass die Anwendung von künstlicher Intelligenz über einzelne Bereiche hinaus im gesamten Unternehmen möglich ist.

Dies wurde vom Head of AI eines DAX-40-Unternehmens bestätigt:[84]

> »Wir organisieren und regulieren die [KI-bezogenen] Abläufe und Methoden im gesamten Unternehmen […]. Wir geben vor, was gute Praxis und was schlechte Praxis ist, bieten Leitplanken und Vorschläge zur Verbesserung der Produktivität der Teams. Wir verbinden auch verschiedene Teile der Organisation miteinander, um das Tempo unserer KI-Expansion aufrechtzuerhalten. Wir sind verantwortlich für die gesamte KI-Strategie und definieren Jobanforderungen, sodass verschiedene Data Scientists wissen, was von ihnen erwartet wird. Die eigentliche Arbeit an Anwendungsfällen und die Entwicklung von KI-Produkten erfolgt aber nicht in meinem Team, sondern in den funktionsübergreifenden Produktteams.«

Und doch möchte ich Ihnen einen kritischen Aspekt nicht vorenthalten: Es handelt sich um die Produktisierung von KI-Anwendungsfällen. Auch wenn sich das im ersten Moment sperrig anhört, ist die Produktisierung elementar für den Unternehmenserfolg. Das bedeutet einerseits, KI-Modelle für interne Kunden in den ihnen bekannten Anwendungen wie Enterprise-Resource-Planning(ERP)- oder Customer-Relationship-Management(CRM)-Systemen sofort nutzbar zu machen. Andererseits bedeutet es, das KI-Modell nahtlos in ein kommerziell nutzbares Produkt oder eine Dienstleistung für externe Kunden zu integrieren. Gerade bei Modellen, die unternehmensintern genutzt werden sollen, stellt das oft eine Herausforderung dar, weil die Produktisierung weniger im Fokus steht. Und so geschieht es immer wieder, dass den Mitarbeitern der Output der KI-Modelle in separaten Auswertungen an die Hand gegeben wird, die nicht in den bestehenden Ablauf integriert sind und daher auch das Risiko bergen, ignoriert zu werden. Oft fehlt den Data Scientists gerade diese kritische Fähigkeit zur Produktisierung, da sie in den Bereich der traditionellen Softwareentwicklung fällt. In der Softwareentwicklung ist das Testen, das Gewährleisten von Sicherheit und die Automatisierung einer Anwendung integraler Bestandteil des Softwareentwicklungslebenszyklus. Diese Arbeitsweise trägt entscheidend zur Verbreitung von künstlicher Intelligenz im Unternehmen bei.

Ein letzter wesentlicher Treiber für den KI-Erfolg in der Skalierungsphase reifer KI-Anwender ist die Demokratisierung von KI. Hier besteht das Ziel darin, Entwicklern und Business Analysts ohne tiefgehende KI-Kenntnisse das selbstständige Entwickeln von KI-Lösungen zu ermöglichen. Meine Untersuchung unterstreicht die Relevanz von schlüsselfertigen Lösungen, die von öffentlichen Cloud-Anbietern und unabhängigen Softwareherstellern angeboten werden. Sie ermöglichen es den Unternehmen, KI auch ohne umfangreiche Data-Science-Kenntnisse zu nutzen. Doch gerade auch reifen KI-Anwendern kann dieser Ansatz helfen, um mehr Business Analysts und Nutzer aus den Fachbereichen zu schulen, damit sie KI eigenverantwortlich einsetzen können. Diesen Vorteil gilt es zu bedenken, wenn Sie die KI in Ihrem Unternehmen zum Thema Nummer eins machen wollen.

Das betont auch Glenn González, Chief Technology Officer bei SAP Deutschland:[85]

> »Ehrlich gesagt, wenn wir in der IT-Branche weit zurückblicken, welche Dinge beginnen irgendwann abzuheben? Diejenigen, die jeder von selbst erledigen kann. Also, wenn zu einem Zeitpunkt in der Zukunft jeder in der Lage sein wird, KI genauso zu nutzen wie [Microsoft] Excel, dann wird die Akzeptanz viel höher sein, weil sich eine extrem große Anzahl von Menschen damit beschäftigen wird. Je einfacher ich es gestalte, dass jeder KI nutzen kann ohne tiefes Verständnis dafür, was unter der Oberfläche passiert […], desto schneller wird sich [KI] verbreiten.«

7 »Hands off the Wheel« oder Best Practices für die KI-Integration

Sollten Sie sich fragen, was »Hands off the Wheel« bedeutet, und sich wundern, dass Sie bislang noch nichts davon gehört haben, dann sind Sie damit nicht allein. Weder handelt es sich um eine angesagte Managementmethode noch um einen Fachbegriff auf dem Gebiet der künstlichen Intelligenz, den Sie kennen sollten. »Hands off the Wheel« ist vielmehr jener Name, den Amazon seiner KI-Initiative gab – und der in diesem Unternehmen seither zu einem geflügelten Wort geworden ist. Dabei schmunzeln bis heute die Verantwortlichen von damals, ich tue das auch. Denn hinter der Etablierung von KI bei Amazon verbirgt sich nicht die durchgängige Erfolgsgeschichte, die Sie vielleicht vermuten. Es ist eher die Story der holprigen Anfänge, Fehler und lehrreichen Stunden. Eigentlich ist es sogar der Name des Neuanfangs nach einem ehrgeizigen, aber gescheiterten Versuch, 2013 KI in zentralen Unternehmensfunktionen zu etablieren.[86] Warum ich Ihnen das erzähle? Um Ihnen die Möglichkeit zu geben, aus diesen Fehlern Ihre Lehren zu ziehen und um Ihnen den Druck des Gelingens zu nehmen und zu verdeutlichen: Rückschläge sind unvermeidbar bei diesem Integrationsprozess. Sie bieten uns Gelegenheiten zum Lernen, zur Reflexion und zur kontinuierlichen Verbesserung.

Kaum jemand würde heute, mehr als zehn Jahre später, daran zweifeln, dass Amazon weltweit zu den Vorreitern auf dem Gebiet der künstlichen Intelligenz zählt. Und doch begann auch diese Geschichte mit Herausforderungen. Um es vorwegzunehmen: Das damalige Management priorisierte hauptsächlich die Technologie mit ihren Modellen, wobei die Integration des mittleren Managements in den Fachabteilungen und die Mobilisierung des gesamten Unternehmens zur Unterstützung der KI-Integrationsziele durch ein effizientes Change-Management vernachlässigt wurden. Und das blieb nicht ohne Konsequenzen: Ohne ein klares Verständnis des übergreifenden Ziels und der Rolle, die jeder und jede Einzelne dabei spielt, fehlte die Richtung. Das mittlere Management musste deshalb sehr viel Energie in die Zielverfolgung stecken, sowohl im täglichen Handeln als auch in wöchentlichen und monatlichen Reviews mit der Geschäftsleitung. Ohne die Dynamik, die eine Neuerung mit sich bringt, und ihre vielversprechenden Möglichkeiten wurde die Initiative lediglich als eine unter vielen betrachtet und nicht als zentrale Priorität erkannt. Das wurde anfangs bei Amazon nicht bedacht. Das Topmanagement ging zunächst davon aus, dass die Entwicklung und erfolgreiche Anwendung der Algorithmen primär technologische Aspekte betreffen würde. Es wurden anfänglich weder Erklärungen noch Prioritäten, Aufgaben oder Ziele im Business kommuniziert. Obwohl es vage Vorgaben gab, fehlte die Vermittlung der zugrunde liegenden Bedeutung gegenüber Managern und Mitarbeitern in den

Fachbereichen. Jene Erfolgsfaktoren, die ich Ihnen im letzten Kapitel dargelegt habe, waren in dieser Pionierzeit noch weniger verbreitet als heute.

Rückblickend ahnten zwar einige von uns auf der Leitungsebene durchaus die langfristige Bedeutung der künstlichen Intelligenz, aber die Relevanz und das Potenzial, das ihr heute beigemessen wird, war damals nicht absehbar. Und wenn ich heute daran denke – zehn Jahre später und an Erfahrung gereift –, erkenne ich die Tragweite. Doch zum Glück steuerten wir als Unternehmen rechtzeitig um – und heute ist der Name der KI-Initiative – Hands off the Wheel – so etwas wie ein Versprechen, Mitarbeiter in den Fachbereichen nicht nur mit der Umsetzung zu betrauen, sondern sie auch von der Wichtigkeit ihrer Arbeit zu überzeugen und sie entsprechend der agilen Arbeitsweise stärker in die Entwicklung zu involvieren. Frei nach dem Motto: Lass einen Maurer keine Mauer bauen, sondern eine Kathedrale, und wecke so seinen Ehrgeiz, seinen Beitrag zu diesem wunderbaren Werk zu leisten.

Und während ich diese Zeilen schreibe, drängt sich mir der Gedanke auf, dass Jeff Bezos wahrscheinlich schon damals die Ambition hatte, in den Markt für selbstfahrende Autos einzusteigen, und der KI-Initiative daher diesen Namen gab. Denn »Hands off the Wheel« beschreibt treffend das Bestreben, Geschäftsprozesse zu automatisieren und den Systemen eine autonome Ausführung zu ermöglichen, ähnlich wie bei einem selbstfahrenden Auto. Gehen wir also zu den Anfängen dieser Erfolgsgeschichte zurück, die holprig begann und schließlich zu einem bedeutsamen Teil der weltweiten KI-Revolution wurde.

Erfolg braucht Methode

Wir schreiben das Jahr 2011. Kurz vor dem 20. Jahrestag von Amazon brach das Unternehmen alle Wachstumsrekorde. Denn zu dieser Zeit investierte Amazon mächtig in die Expansion. Man baute neue Versandzentren für das Handelsgeschäft und neue Rechenzentren für den Cloud-Bereich Amazon Web Services. Heute würde ich sagen: Es war ein aggressives Investment auf vielen Ebenen. Der Erfolg gab dieser Strategie recht. Der Nettoumsatz verzeichnete in diesem Jahr einen Anstieg von 41 Prozent auf 48 Milliarden US-Dollar! Die Anzahl der Lieferanten, Marktplatzhändler und Angebote explodierte förmlich und wurde weiter angetrieben vom Schwung des Amazon-Plattformmodells und der Anziehungskraft der Netzwerkeffekte. Man sah sich geradezu gezwungen, im Gleichschritt mit diesem Wachstum weitere Mitarbeiter und Mitarbeiterinnen einzustellen. Was hier vor aller Augen geschah, hatte bis zu diesem Zeitpunkt kein Händler, kein Unternehmen in solch einer Geschwindigkeit umzusetzen gewagt.[87]

Aber es gab auch einen gegenläufigen Effekt: Der operative Gewinn verringerte sich um 39 Prozent auf 862 Millionen US-Dollar im Vergleich zu 2010. Bevor das ertragsstarke Cloud-Geschäft prominente Aufmerksamkeit erlangte, belastete die aggressive Expansion das finanzielle Ergebnis, was Risiken für die Marktbewertung mit sich brachte. Doch der Erhalt des Vertrauens der Investoren und die Fähigkeit, langfristige Strategien zu verfolgen und in das Geschäft zu reinvestieren, waren entscheidend für den ungebrochenen Erfolg des Unternehmens. Allerdings wurden erste kritische Stimmen laut, denn das Versprechen, über das starke Wachstum von noch stärkeren Größeneffekten zu profitieren und stärker in die Gewinnzone zu kommen, schien sich vorerst nicht zu erfüllen.

Da stand man also, ausgestattet mit einem Datenschatz aus zwei Jahrzehnten an Transaktionen im Buch- und Nonfood-Online-Handel. Und nun? Die Führung um Jeff Bezos traf eine weitsichtige Entscheidung: Sie setzte massiv auf künstliche Intelligenz, die intern – halb im Scherz, halb im Ernst – »die Macht« genannt wurde, in Anspielung auf Star Wars, den dreiteiligen Science-Fiction-Klassiker, der sich bei Tech-Executives auch heute noch großer Beliebtheit erfreut. Was aber war das primäre Ziel dieses Einsatzes von künstlicher Intelligenz? Sie sollte wiederkehrende Prozesse automatisieren, Kosten senken und weiteres Umsatzwachstum über stärkere Personalisierung ermöglichen. Außerdem sollten komplexe und manuelle Prozesse so aufgestellt werden, dass sie zuverlässig skalieren konnten und dem Wachstum des äußerst profitablen Marktplatzgeschäfts nicht im Weg standen. Allgemeine Zustimmung wurde laut auf der Chefetage, und so nahm die Initiative tatsächlich im Jahr 2012 ihren Anfang. Man verpasste ihr den Codenamen »Yoda« – nach dem Jedi-Meister aus Star Wars, der allein durch die Macht seiner Gedanken erstaunliche Dinge bewirken kann.[88]

In diesem entscheidenden Moment holte Amazon den angesehenen KI-Experten Ralf Herbrich an Bord. Der hatte sich im Bereich künstliche Intelligenz aufgrund seiner Arbeit bei Microsoft und Facebook bereits einen Namen gemacht. Heute leitet Herbrich den Fachbereich KI und Nachhaltigkeit am Hasso-Plattner-Institut, kuratiert von einem der Gründer von SAP, dem einzigen deutschen Tech-Player mit globaler Bedeutung. Er erforscht am Campus in Potsdam, wie KI dazu beitragen kann, in sämtlichen Bereichen der Gesellschaft Energie zu sparen und gleichzeitig selbst energieeffizienter zu werden.[89] Vor seinem Engagement am Hasso-Plattner-Institut war Herbrich maßgeblich an der Entwicklung des KI-Bereichs bei Zalando beteiligt. Dort trug er auch dazu bei, Kunden die Auswahl von Bekleidung in passender Größe zu erleichtern und Retouren zu reduzieren. Zu jener Zeit entwickelte er gemeinsam mit seinem Team Modelle, um die Wahrscheinlichkeit von Rücksendungen vorherzusagen und den Kunden daraufhin präzisere Größenempfehlungen zu geben.[90] Dies war besonders bedeutend in einem Zeitraum, in dem Kunden – in einer ironischen Wendung – zu den verlässlichsten »Lieferanten« von Zalando zählten. Dank seines Modells nahm die Anzahl der Rücksendungen deutlich ab, was zur Steigerung der Profitabilität des Online-Händlers beitrug.[91]

Aber zurück zu Amazon und der dortigen Zusammenarbeit mit Herbrich. In den Jahren 2012 und 2013 baute er als Director of Machine Learning für Bezos schrittweise ein leistungsstarkes Team aus Data Scientists und Entwicklern an den Standorten Berlin-Mitte und Seattle auf. Sieben Jahre hatte der Wissenschaftler diese Funktion inne und in dieser Zeit gelang es allen Beteiligten, die hochmanuellen Prozesse in den Pilotbereichen Disposition, Marketing und Content-Erstellung, die zuvor stark auf menschlicher Arbeitskraft basierten und wenig automatisiert waren, auf das gewünschte Niveau zu heben. Das gelang wie folgt:

- Es wurde eine klare Zielsetzung zwischen Ralf Herbrich und Jeff Bezos' Senior-Leadership-Team, dem S-Team, abgestimmt.
- Es wurden jene Bereiche und Aufgaben ausgewählt, in denen der größtmögliche Einfluss durch künstliche Intelligenz angenommen wurde.
- Gestützt auf diese Zielsetzung begann Herbrich gemeinsam mit seinem spezialisierten Team mit der Entwicklung der Algorithmen und legte dabei robuste technische Standards für die Implementierung fest.

Diese Standards bezogen sich auf die bedeutsame Datenvalidierung und Datenbereinigung. Beides war verpflichtend! Denn die größte Herausforderung ergab sich aus unsauberen Stammdaten – entstanden durch falsche Datenpflege durch Amazon-Mitarbeiter, Lieferanten und die zahlreichen Händler auf dem Marktplatz. Die unklare Verantwortung und die schiere Zahl an Beteiligten führten zu Duplikaten für ein und dieselben Artikel oder falsche Bezeichnungen von Farben. Heute würde ich sagen: Was für ein Desaster, aber beileibe kein Einzelfall! Die fehlerhafte Datengrundlage erschwerte die Arbeit von Herbrichs KI-Modellen und war ein Impuls für den Ausbau zahlreicher »Item Data Quality«-Teams und -Initiativen in der Folgezeit zur Etablierung stabiler Prozesse und Standards. Herbrichs Modelle wurden mittels »Backtesting« einer stetigen Prüfung auf Genauigkeit unterzogen: Sie wurden mit Daten aus den vorherigen Jahren gefüttert, um den Absatz des letzten Jahres vorherzusagen – und das Ergebnis konnte dann mit den tatsächlichen Absätzen verglichen werden. Dies ermöglichte eine umfassende Überprüfung der Vorhersagegenauigkeit der Modelle. Sie merken es? Es mag der Vorläufer für spätere Modelle bei Zalando gewesen sein.[92]

2015 markiert das Jahr, in dem sich die Vorhersagegenauigkeit der Algorithmen in einigen Bereichen zusehends steigerte. Doch die gewünschte Qualität und Konstanz über alle Bereiche blieb noch aus. Auch schien sich die künstliche Intelligenz auf die Geschäftsentwicklung zunächst nicht spürbar auszuwirken. Die Personalintensität, der »Hunger« nach immer mehr neuen Mitarbeitern und die finanzielle Situation in den Quartalsberichten blieben unverändert und auch wenn das Vertrauen der Investoren weiterhin Bestand hatte, so blieben die Gewinne im Handelsgeschäft meist hinter den Erwartungen zurück. Doch woran lag das? Sie werden sich vielleicht wundern, wenn ich es Ihnen verrate: Die Technologie-Teams integrierten zwar die Algorithmen in die täglichen Anwendungen und Tools, jedoch wurden sie nicht immer konsequent genutzt. Es kam zu oft vor, dass die Teams in den Fachbereichen die vorgeschlagenen Prognosen mit einem Mausklick ignorierten. Das bremste den Fortschritt immens aus.

Vertrauen fördern, Bedenken nehmen

Damit komme ich zurück auf das »Kathedralenthema« des Kapitelanfangs: Wo das gute Gefühl einer sinnhaften Arbeit fehlt, da fehlen auch die Motivation und der Weitblick – es gibt keine Vision. Die Amazon-Mitarbeiter wussten 2015 nicht, dass ihr Einsatz Teil von etwas Großem ist, dass ihre tägliche Leistung dazu beitrug, die Arbeitswelt zu revolutionieren und der KI den Weg freizumachen. Ein Defizit lag darin, die Relevanz des Projekts »Yoda« für Amazon und seine Kunden nicht ausreichend zu kommunizieren. Hinzu kam, dass die schon häufig im Buch besprochenen agilen Methoden nicht konsequent umgesetzt wurden und die Mitarbeiter in den Fachbereichen zu wenig an der Weiterentwicklung der Modelle beteiligt waren. Daher konnten sie ihr Fachwissen auch nicht beisteuern, um die Modelle letztlich zur Reife zu bringen. Schließlich wurden die KI-Integration und ihre Ergebnisse nicht konsequent nachgehalten, sodass für mich und andere Manager auf der mittleren Führungsebene andere Projekte und Aufgaben oft wichtiger waren.

Ich erinnere mich gut daran, wie ich mit meinem Dispositionsleiter im Jahr 2014 die Zuverlässigkeit und Qualität der KI-generierten Absatzprognosen diskutierte. Obwohl die ersten Pilotprojekte im Bereich Medien angesiedelt waren, also bei Büchern, CDs und DVDs, bekam auch mein Team Zugang zu den Prognosen der Modelle, denn ich war zu dieser Zeit verantwortlich für Home & Garden Outdoor. In einer so saisonalen und wetterabhängigen Kategorie wie Garten, mit Grills, Gartenmöbeln und Mährobotern, stellte die Prognose eine besondere Herausforderung dar. Unter uns gesagt: Auch wir vertrauten nicht gänzlich den Algorithmen, erstellten parallel Excel-Tabellen und überschrieben die Berichte mit selbst errechneten Zahlen. Das war aufwendig – und leider fehleranfällig. Aber wir hatten Schwierigkeiten damit, die Prognosen nachzuvollziehen, und waren zu weit entfernt von den Entwicklern, um einfach nachfragen zu können. Obwohl gelegentlich Gespräche mit den Teams von Ralf Herbrich in Berlin und Seattle stattfanden, arbeiteten die Bereiche im Wesentlichen nebeneinander her. Die einen fütterten die KI-Modelle, die anderen arbeiteten nach probaten Methoden. Der Schwerpunkt des Managements im Fachbereich lag mehr auf den Hebeln, die wir wöchentlich diskutierten und optimierten: Umsatz, Marge, Preise, Sortiment und Warenverfügbarkeit. Einige Mitarbeiter bei Amazon hatten gar Bedenken bezüglich des Einsatzes von KI. Sie waren skeptisch, ob KI die Aufgaben wirklich besser oder zuverlässiger erledigen könne als sie selbst. Manchmal kam aber auch die Befürchtung auf, dass Maschinen mittelfristig Mitarbeiter ersetzen und ihre Arbeitsplätze überflüssig machen würden. Es fehlte schlichtweg die Aufklärung von oben! Aber das sollte sich sehr bald gänzlich ändern.

Etwa ein Jahr später, nämlich in besagtem Jahr 2015, rief der damalige Deutschland-Chef Ralf Kleber im größten Konferenzraum im Erdgeschoss der Amazon-Zentrale im Norden Münchens, in Schwabing, zum Meeting. An seiner Seite Ralf Herbrich, der sich den anwesenden Managern der ersten und zweiten Führungsebene vorstellte und seine ehrgeizigen Projekte präsentierte. Er gab dem bisherigen Projekt »Yoda« einen neuen Namen und läutete damit den Neustart ein: Hands off the Wheel. Im Vergleich zu »Yoda« bestand der Fokus dieser Initiative nun darauf, die Algorithmen mit Unterstützung der Fachbereiche zu trainieren und schließlich in Betrieb zu nehmen. Zudem sollte das Management in den Fachbereichen eine intensivere Überwachung des Einsatzes und der Erfolge der KI-Modelle gewährleisten. Herbrich stellte sich den bohrenden Fragen der anwesenden Manager und verließ München in Richtung Berlin sicher mit dem guten Gefühl, die Initiative erfolgreich auf den Weg gebracht zu haben. Es war die erste Kick-off-Veranstaltung für eine großflächige Implementierung einer der größten KI-Initiativen der Neuzeit. Und wir alle, die wir am Tisch saßen, sollten daran teilhaben. In wenigen Monaten wurden weltweit die Mitarbeiter informiert und abgeholt: Ihre Bedenken wurden mit Argumenten entkräftet, während ihre Vorfreude auf die bevorstehenden Veränderungen gezielt gefördert wurde. Parallel dazu wurden Prozesse etabliert, die der KI-Integration erst die notwendige Relevanz und Intensität verliehen. Bei Amazon werden sie als »Mechanismen« bezeichnet.

»Mechanismen« bei Amazon

Ein Mechanismus bei Amazon beschreibt einen systematischen Prozess, der den aktuellen Zustand in gewünschte Ergebnisse umwandelt. Das Ziel solcher Mechanismen ist es, Herausforderungen dauerhaft und strukturiert zu adressieren, indem skalierbare Abläufe etabliert werden. Diese Mechanismen bestehen aus drei zentralen Elementen: dem eingesetzten Werkzeug, der Adaption durch die Mitarbeiter und der regelmäßigen Überprüfung.[93]

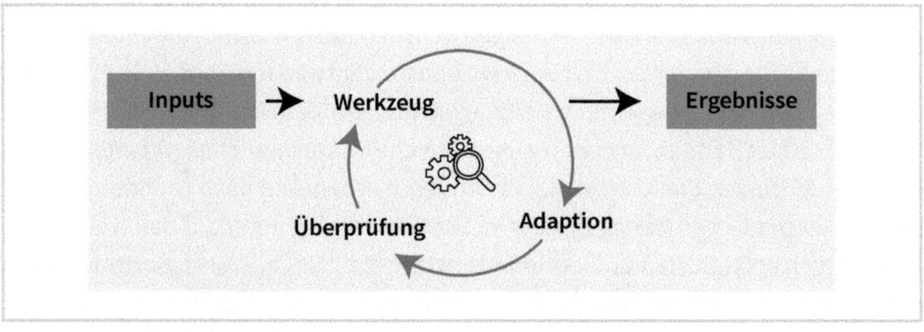

Funktionsweise von Mechanismen bei Amazon, eigene Darstellung, in Anlehnung an Amazon Web Services[94]

Ein Mechanismus ermöglicht es dem Management, definierte Ziele effektiv zu erreichen, indem er gute Absichten durch einen strukturierten und verbindlichen Prozess ersetzt.

Stellen Sie sich vor, Sie haben aus gesundheitlichen Gründen das Ziel, zehn Kilogramm Gewicht zu verlieren und dieses Gewicht dauerhaft zu halten. Der Input sind in diesem Fall Sie oder Ihr noch untrainierter Körper. Das »Werkzeug« könnte ein individuelles Trainingsprogramm mit einem Personal Coach und einem Ernährungsberater sein, da Sie zuvor bereits erfolglos verschiedene Diäten ausprobiert haben. Die »Adaption« wird sichergestellt, indem Sie sich für ein langfristiges Paket über mehrere Monate verpflichten und dafür bezahlen. Dies stellt eine erhebliche Investition dar, die Sie motiviert, das Programm zu nutzen, das regelmäßige Trainingssitzungen und persönliche Beratung per WhatsApp beinhalten kann. Die »Überprüfung« erfolgt wöchentlich, wenn Sie sich auf Ihrer neuen Körperfettwaage im Badezimmer und im Fitnessstudio unter den Augen Ihres Trainers wiegen. Haben Sie das gewünschte Ergebnis erreicht, halten Sie Ihr Zielgewicht durch die Fortführung des Prozesses.

Sie wiederholen diesen Prozess und machen ihn zu einer Gewohnheit: Werkzeug (Coach), Adaption (regelmäßige Trainingseinheiten) und Überprüfung (Gewichtskontrolle). Wenn Sie allein die Motivation verlieren könnten, erhöhen Sie den sozialen Druck, indem Sie sich gemeinsam mit Ihrem Partner oder einer Freundin diesem Prozess anschließen. Dadurch steigt die Wahrscheinlichkeit, dass Ihre Routine oder Ihr »Mechanismus« effektiv bleibt.

Energielevel halten, Energielevel steigern

Genau nach dem Vorbild der Mechanismen, die schon damals in vielen anderen Bereichen bei Amazon aktiv waren, wurde nun auch die Hands-off-the-Wheel-Initiative neu ausgerichtet. Das »Werkzeug« für diesen Mechanismus waren in diesem Fall die agilen Methoden und die enge Zusammenarbeit zwischen Fachbereich und den Technologie-Teams. Mein Dispositionsleiter vereinbarte mit den Produktmanagern und Data Scientists wöchentliche Calls, in denen Auffälligkeiten auf Artikel- oder Warengruppenebene diskutiert wurden. Wir mutmaßten in diesen Calls, warum die Vorhersage abwich und welche zusätzlichen Faktoren zu berücksichtigen seien – wie z. B. ein Feiertag in einem Bundesland oder das Wetter. Ziel war es, über diesen intensiven, funktionsübergreifenden Austausch die Algorithmen, die bis dato noch meist überschrieben wurden, nutzbar zu machen.

Die zunehmende Adaption der KI-Modelle durch die Beschaffungsleiter wurde dadurch erhöht, dass für jeden Override ab einem gewissen Betrag eine Freigabe von mir und der Geschäftsführung verlangt wurde. Und die »Überprüfung« bestand schließlich darin, dass wir in unseren wöchentlichen Business Reviews mit den Category Leadern, dem CFO und dem Geschäftsführer neben den herkömmlichen Kennzahlen wie Umsatz, Warenverfügbarkeit, Margen und Deckungsbeiträgen nun auch den Anteil der vollautomatischen Bestellungen kommentierten und rechtfertigten. Um das Energielevel aufrechtzuerhalten sowie im Amazon-Sinne von »Think Big« voranzukommen, hatte die Geschäftsführung die Verantwortung für den erfolgreichen Roll-out übernommen und das Ziel festgelegt, innerhalb von höchstens sechs Monaten tatsächlich vollständig auf manuelle Eingriffe zu verzichten. Das war eine Herausforderung! Denn während Bereiche mit einer relativ stabilen Nachfrage rasch auf die autonome Bestellung umsteigen konnten, lag vor allem in den saisonalen Geschäftsbereichen wie Garten und Mode noch ein ganzes Stück Arbeit vor uns. So diente diese Vorgabe als zusätzliche Motivation für uns und unsere Teams, eng mit den Tech-Teams zusammenzuarbeiten und die Algorithmen für die von uns betreuten Kategorien weiter zu verbessern.

Eine Veränderung ist nie eine leichte Aufgabe. Und ein neues Projekt ruft bei Mitarbeitern und in den Teams vermutlich nicht augenblicklich Jubel hervor. Es gibt immer anfängliche Bedenken hinsichtlich der Leistungsfähigkeit und Zuverlässigkeit der Prognosen. Bei Hands off the Wheel zum Beispiel war die Disposition besorgt, denn sie erkannten, dass ihre Arbeitsweise sich wandelte und weniger manuelle Eingriffe zugelassen wurden. Und auch Sie werden sich den Bedenkenträgern gegenübersehen, wenn Sie eine Veränderung im Unternehmen anregen. Besonders kognitive Technologien sind nach wie vor ein angstbesetztes Thema. Gehen Sie also davon aus, dass es Ihre Daueraufgabe sein wird, die Akzeptanz von KI zu erhöhen und gleichzeitig strukturierte und verbindliche Prozesse einzusetzen, um Ihre Initiative zum Erfolg zu bringen.

Vom Bedenkenträger zum Experten

Zur Unterstützung der Transformation wurden bei Amazon sogenannte »Subject Matter Experts« oder »Champions« nominiert – ein Ansatz, den ich auch Ihnen nahelegen würde. Diese besonders engagierten Mitarbeiter durchlaufen eine umfassende Schulung und fungieren als primäre Ansprechpartner neben den unmittelbaren Führungskräften. Sie dienen als Experten und Botschafter für das Programm in ihren jeweiligen Abteilungen. Bei Amazon sind wir noch weiter gegangen. Wir haben proaktiv kommuniziert, wie die zukünftige Rolle eines Disponenten aussehen könnte: weniger manuelle Tätigkeiten und mehr strategische Projekte, wie beispielsweise Kaizen-Initiativen in den Lagern, um strategische Beziehungen zu Lieferanten zu vertiefen und Liefer- und Verpackungsprozesse an E-Commerce-Standards anzupassen. Es wurden neue Karrierewege skizziert, die aufzeigten, wie ein Disponent auf die Rolle eines Product

Owners umsatteln kann, der zusammen mit Entwicklerteams spezifische Lösungen erarbeitet. Eigeninitiative blieb jedoch weiterhin entscheidend, um den geeignetsten Karrierepfad zu identifizieren. Mitarbeiter, die echten Ehrgeiz zeigten und beispielsweise interne Karrieremessen besuchten, erhielten besondere Unterstützung und Förderung.

Im Laufe der Zeit wurde Hands of the Wheel von den Mitarbeitern und dem Management immer mehr verinnerlicht. Man erkannte die Sinnhaftigkeit hinter der Integration von KI und akzeptierte sie als sinnvolle geschäftliche Entscheidung, auch wenn einige anfangs noch zurückhaltend waren. Dies zeugt von der erfolgreichen Begleitung des Wandels bei Amazon. Tausende von Arbeitsstunden, die für die Prognose der Nachfrage, die Gestaltung von Webseiten und Newslettern und das Verhandeln von Aktionsvolumina und Preisen verwendet worden waren, wurden nun durch Algorithmen erledigt.

Die Automatisierungsinitiative Hands off the Wheel ist auch heute noch allgegenwärtig bei Amazon. KI-Systeme unterstützen nun eine breite Palette von Tätigkeiten in einer Vielzahl von Bereichen, darunter die Disposition, die Preisgestaltung, den Kundenservice und die Bestandsplanung. Aber das ist noch nicht alles – sogar im Bereich Content-Marketing und bei Verhandlungen mit B- und C-Lieferanten hat künstliche Intelligenz weitreichende Verbreitung gefunden. Was einst als Initiative begann, hat sich zu einem fortlaufenden Programm entwickelt, das von Experten in der Entwicklung und in den Fachbereichen betreut wird. Sie stellen sicher, dass kontinuierlich neue Anwendungsbereiche identifiziert und Automatisierung und Personalisierung vorangetrieben werden. Auch wenn Algorithmen einzelne Tätigkeiten steuern, bleibt die Verantwortung für die Kennzahlen und das Geschäftsergebnis jedoch unverändert bei den Führungskräften. Es mag einige Zeit in Anspruch nehmen, diese Erkenntnis zu internalisieren: Während KI die Prozesse effizient unterstützt, liegt die ultimative Verantwortung stets bei Ihnen als Manager.

Für Sie und für mich bleibt die Einsicht: Amazons Erfolg mit »Hands off the Wheel« lässt sich maßgeblich durch die sechs Erfolgsfaktoren erklären. Dabei war die Unterstützung sowohl durch das Topmanagement als auch das mittlere Management entscheidend, ebenso wie die funktionsübergreifende Arbeit der Tech-Teams mit den Mitarbeitern in den Fachbereichen zur Perfektionierung der Algorithmen. Das Change-Management bei Amazon spielte auch eine zentrale Rolle: Das Verständnis der Mitarbeiter für den Mehrwert und den Zweck der Initiative hat dazu geführt, dass sie sich stärker eingebracht und mit dem Projekt identifiziert haben. Schließlich war die Festlegung klarer, ambitionierter Ziele und die Implementierung verbindlicher Mechanismen unerlässlich, um konsequent auf die Ziele hinarbeiten zu können.

Amazon hat rasch auf die anfänglichen Hürden bei der Integration von KI reagiert und seine Lehren gezogen. Mehr noch: Es ist im Laufe der Jahre gelungen, auch die Akzeptanz der Kunden für Automatisierung stetig zu erhöhen. Durch die umfassende Integration profitieren diese von einem personalisierten Einkaufserlebnis sowie präzisen Lieferversprechen. Etwas schwerer mit dieser Umstellung taten sich übrigens die Lieferanten und Händler auf der Plattform – insbesondere jene, die den direkten Kontakt zu den Managern bevorzugten. Im Zuge der Einführung der KI-basierten »Self-Service-Tools« von Amazon für Partner entstand eine völlig neue Branche von Agenturen. Diese sind darauf spezialisiert, ihren Geschäftskunden – den Händlern und Lieferanten – den Umgang mit den bereitgestellten Tools und Berichten zu erleichtern.

KI bei Amazon

Die Initiative »Hands off the Wheel« war bei Amazon der Startschuss für die breitflächige Einführung und Anwendung von künstlicher Intelligenz in den unterschiedlichsten Geschäftsfeldern – für personalisierte Filmempfehlungen bei Amazon Video, kassenloses Bezahlen in Amazon-Go-Supermärkten und den Aufbau einer KI-Infrastruktur und KI-Tools bei Amazon Web Services im Cloud-Geschäft. Heute ist künstliche Intelligenz zu einem Standardwerkzeug im Repertoire von Amazon-Produktteams geworden. Amazon verwendet die Technologie in verschiedenen Anwendungsfällen, um die Effizienz und das Kundenerlebnis zu verbessern und um komplette neue Geschäftsmodelle zu ermöglichen.

Hier sind einige Beispiele:

- KI-Werkzeuge für Firmenkunden: Bereitstellung eines umfassenden Werkzeugangebots für Unternehmen, das den gesamten Lebenszyklus des maschinellen Lernens abdeckt – von der Datenvorbereitung bis zur Modellbereitstellung – und eng in das gesamte Cloud-Ökosystem von AWS integriert ist.
- Sprachassistent Alexa: Amazon-Echo-Geräte, die von Alexa angetrieben werden, nutzen KI für natürliche Sprachverarbeitung und bieten den Benutzern die Möglichkeit, per Sprachbefehl auf Informationen und Dienste zuzugreifen.
- Produktempfehlungen: Amazon nutzt KI-Modelle, um personalisierte Produktempfehlungen für Kunden zu generieren, basierend auf deren Suchverlauf und Einkaufsgewohnheiten.
- Lieferoptimierung: KI wird verwendet, um Lieferungen zu optimieren, Routen zu planen und Lieferzeiten genauer vorherzusagen.
- Suchalgorithmus: Der Suchalgorithmus von Amazon wird durch maschinelles Lernen und KI kontinuierlich verbessert, um relevantere Suchergebnisse für die Kunden bereitzustellen.

Zehn Jahre später …

Die strategische Fragestellung »Wo beabsichtigt ihr, im kommenden Jahr künstliche Intelligenz einzusetzen?« bleibt bei Amazon zentral. Sie ist Bestandteil des jährlichen Strategiedokuments der Fachabteilungen und muss von jedem Vice President in Zusammenarbeit mit seinen Teams bearbeitet werden. Darüber hinaus lebt das Hands-off-the-Wheel-Programm weiter und begleitet den Roll-out von neuen KI-getriebenen Anwendungen in den Fachbereichen. Dies zeigt das anhaltende Engagement von Amazon für die Integration von KI in seine Geschäftsprozesse und die kontinuierliche Suche nach Möglichkeiten zur Effizienzsteigerung und Innovation. Derzeit plant der Online-Händler, das Einkaufserlebnis mithilfe von künstlicher Intelligenz vollständig zu überarbeiten, wobei der Kunde in der Lage sein soll, Fragen zu stellen und noch stärker personalisierte Empfehlungen zu erhalten. Das Ziel ist es, dem Kunden das Gefühl zu geben, mit einem echten Verkäufer zu interagieren.[95]

Und ich will Sie ermutigen, sich in einer ruhigen Stunde einmal zu fragen, wo Ihr Unternehmen in zehn Jahren wohl stehen wird, wenn Sie heute damit beginnen, künstliche Intelligenz und maschinelles Lernen breitflächig zu etablieren. Ich kann Ihnen versprechen, dass Sie mit einem ersten Schritt ein weites, sehr weites Feld betreten. Und Sie werden sich in bester Gesellschaft befinden, denn die, die den Wandel überleben, sind die Manager, die der Technologie gegenüber aufgeschlossen sind. Auch ich stelle mir hin und wieder die Frage, wie ich in weiteren zehn Jahren als Manager wohl agieren werde. Vermutlich werden ähnlich wie bei Amazon mehr und mehr Teilaufgaben von KI-Modellen übernommen, Co-Piloten werden uns die Navigation durch die Geschäftswelt erleichtern und wir als Manager in den Fachbereichen werden noch enger mit unseren Kollegen aus der Technologie daran arbeiten, die Anwendungsfälle immer weiter zu optimieren.

Ich stehe der KI offen gegenüber und sehe den Wandel als Chance – eine Perspektive, die ich auch meinem Team vermitteln möchte. Denn durch Hands off the Wheel habe ich gelernt, wie ungeheuer erfolgreich sich eine Transformation in der Geschäftsentwicklung niederschlägt. Durch dieses Programm konnte Amazon seine Geschäftsprozesse optimieren und seine Dienstleistungen erheblich verbessern. Diese Entwicklungen führten zu einer gesteigerten Kundenzufriedenheit, beschleunigten Lieferzeiten und reduzierten Lagerkosten. Trotz erheblicher Herausforderungen für globale Unternehmen in den vergangenen Jahren – z. B. internationale Handelskonflikte, der zunehmende Fachkräftemangel und die Covid-Pandemie – konnte Amazon auch dank seiner Fortschritte auf dem Gebiet der künstlichen Intelligenz kontinuierlich und profitabel wachsen. Das Unternehmen hat sich als Vorreiter in Sachen Kundenorientierung und Innovation etabliert. Der Nettogewinn von Amazon stieg in diesem Zeitraum von −0,24 Milliarden US-Dollar im Jahr 2014 auf +19,8 Milliarden US-Dollar; aufgelaufen bis Ende September 2023.[96] Besonders das Cloud-Geschäft, das von der stärkeren Ausrichtung auf künstliche Intelligenz profitierte, trug wesentlich zu diesem Erfolg bei.

Doch die Erfolgsgeschichte von Amazon spiegelt nicht nur finanzielle Höhenflüge wider, sondern auch eine nachhaltige Transformation und die Fähigkeit, sich an verändernde Marktbedingungen anzupassen. Gern zeige ich Ihnen im nächsten Kapitel, wie auch Sie Ihr Unternehmen – auf der Basis der vier Säulen der Innovation und der sechs Erfolgsfaktoren der KI – durch die Anfänge eines KI-Einführungsprojekts zum Ziel führen.

8 Einführung von KI: Plan und Start

Die Einführung von künstlicher Intelligenz im Unternehmen ist kein Sprint, sondern ein Marathon mit vielen Etappen. Nachdem ich zuvor die sechs Erfolgsfaktoren der KI-Integration aufgefächert und das Beispiel von Amazons Hands-of-the-Wheel-Initiative aufgeführt habe, steht nun die Umsetzung der Theorie in die Praxis an. Dieser Punkt markiert eine entscheidende Phase der KI-Integration. Hier verlassen wir das Terrain der Fallstudien und treten in die Welt des tatsächlichen Handelns ein. Dieses Kapitel dient Ihnen in dieser Übergangsphase, in der die sorgfältige Planung und der Start eigener Initiativen zur Transformation im Mittelpunkt stehen, als Kompass. Mit einer Methode, mit deren Hilfe Sie einen maßgeschneiderten Ansatz und eine Strategie entwickeln können, wird Ihr Unternehmen konkrete Schritte hin zu einer KI-Integration gehen. Hier lernen Sie, wie man einen realistischen, aber ambitionierten Plan für die ersten KI-Initiativen entwirft, wie man ein Team aufbaut, das diese Initiativen vorantreibt, und wie man ein Betriebsmodell mit Prozessen, Strukturen und den notwendigen Fähigkeiten auf Mitarbeiterseite schafft, das sowohl flexible Anpassungen als auch skalierbares Wachstum unterstützt.

Möglicherweise fehlen Ihnen für das Aufsetzen eines Plans Analysen zum Reifegrad Ihres Unternehmens oder die Koordinaten, die Ihnen Aufschluss darüber geben könnten, wo Sie aktuell stehen, wo Sie ansetzen sollten und in welche Richtung Sie dieser Ansatz führen kann. Vielleicht leiden Sie auch unter jener Bewegungslosigkeit, die entsteht, wenn die Wege unklar sind und die Vorbehalte lauter tönen als die Fakten. Hier ist es entscheidend, dass Sie sich von Emotionen lösen und sich auf die harten Fakten konzentrieren. Stellen Sie fest, wo Ihr Unternehmen steht: Ist KI für Sie aktuell nicht relevant, dann planen Sie eine erneute Bewertung für die Zukunft ein. Sollten die Daten hingegen nahelegen, dass eine externe Lösung vom Markt der richtige Schritt ist, dann können Sie diesen Weg beruhigt einschlagen.

Unabhängig von Ihrem Ansatz bleibt künstliche Intelligenz eine vordringliche Aufgabe im Management jedweder Branche – sie stellt in welcher Form auch immer das Modell der Zukunftssicherung dar.

Mit dem folgenden Leitfaden möchte ich Ihnen die Werkzeuge an die Hand geben, mit deren Hilfe Sie diese Herausforderung systematisch und erfolgreich bewältigen können.

Die Stufen des Reifegrads

Manager, die KI im Unternehmen etablieren wollen, verfolgen in der Regel drei unterschiedliche Zielsetzungen zu Beginn der Initiative:

- Steigerung der Effizienz
- Umsatzwachstum im bestehenden Geschäft
- Innovation neuer Geschäftsmodelle

In der Anfangszeit stehen Effizienzsteigerung und Umsatzwachstum im Kerngeschäft üblicherweise im Vordergrund. Doch mit fortschreitendem Reifegrad und zunehmender Erfahrung gewinnt die Geschäftsmodellinnovation immer mehr an Bedeutung. Sollte auch nur einer dieser Punkte auf Ihrer Agenda stehen, so bietet die folgende Aufstellung entsprechende Impulse, Ihre Situation genauer zu analysieren und eine Strategie zu entwickeln.

Doch am Anfang steht die Bestandsaufnahme. Ein entscheidendes Kriterium zur Feststellung des Reifegrads ist hierbei das aktuelle Level des KI-Einsatzes, und zwar sowohl in Bezug auf die Anzahl der KI-Anwendungsfälle, die Ihr Unternehmen bereits in Produktion hat, als auch auf den Anteil der Abteilungen und Geschäftsbereiche, die bereits routiniert mit KI-Modellen arbeiten. Neben diesen quantitativen Kriterien spielen auch qualitative Kriterien eine Rolle. Hierzu zählen Kriterien wie technische Kompetenzen und die Fähigkeit der Organisation, auf skalierbare Art und Weise Lösungen mithilfe von künstlicher Intelligenz zu entwickeln und systematisch und zuverlässig in Geschäftsprozesse einzubauen. Aber auch die aktuelle Bereitschaft der Organisation, Veränderungen umzusetzen, spielt eine Rolle. Letztlich stellt sich auch die Frage, ob es in Ihrem Unternehmen bereits gelungen ist, mit kognitiven Technologien zu messbaren Verbesserungen wichtiger Geschäftskennzahlen beizutragen, und ob bereits existierende KI-Initiativen gut in die übergeordneten Geschäftsziele und Strategien eingebettet sind. Denn je häufiger diese Verzahnung glückt und je mehr messbare Erfolge Sie vorweisen können, desto leichter fällt die kontinuierliche Integration der neuen Technologie im Unternehmen.[97]

Sie sollten sich zu gegebenem Zeitpunkt überlegen, welchen Reifegrad Sie ausgehend von Ihrer »Absprungbasis« innerhalb der kommenden ein, drei und fünf Jahre anstreben – im Einklang mit Ihren strategischen Zielen. Diese Überlegungen dürfen durchaus ambitioniert sein. Nach der Bestandsaufnahme folgt die Strategieentwicklung in Bezug auf künstliche Intelligenz. Doch setzen Sie sich nicht unter Druck. Wichtiger als eine überhastete Strategie sind erfolgreich in Produktion gebrachte Anwendungsfälle, ein Executive Sponsor und die Akzeptanz für das Thema über die Bereichsgrenzen hinaus.

Unter einer Strategie versteht man gemeinhin ein definiertes Ziel und den Weg, der dorthin führt. Sie ergibt sich aus den ehrlichen Antworten auf die folgenden Fragen:

- Auf welcher Stufe bin ich gerade entsprechend dem Modell der KI-Reifegrade?
- Was sind meine Ziele im Geschäftsbereich im Hinblick auf Kosteneinsparungen, Umsatzwachstum und Geschäftsmodellinnovation?
- Welche Fähigkeiten, Kompetenzen und Ressourcen benötige ich, um die nächsten Stufen des Modells zu erreichen?
- Welche organisatorischen Strukturen und Prozesse sind im Zeitverlauf nötig, um die Zielerreichung zu unterstützen?
- Was sind die Meilensteine auf diesem Weg (z. B. die Sensibilisierung für KI im Unternehmen und der Kompetenzaufbau, Technologie-Assessments und weitere Pilotprojekte)?

Die Antworten auf diese Fragen spiegeln Ihre Ziele und Maßnahmen. Sie helfen dabei, jene Bereiche zu identifizieren, die Sie weiter stärken müssen, um die erwarteten Mehrwerte mit künstlicher Intelligenz zu erreichen.

Um Ihren Reifegrad in Bezug auf die KI-Integration zu dokumentieren, eignet sich das folgende Modell der KI-Reifegrade im Unternehmen. Es orientiert sich am Stellenwert, den künstliche Intelligenz im Unternehmen hat, und bildet von der initialen Neugier bis zur höchsten Stufe, der KI-Exzellenz, die Schritte mit ihren jeweiligen Herausforderungen ab. Das Modell besteht aus fünf Stufen.[98]

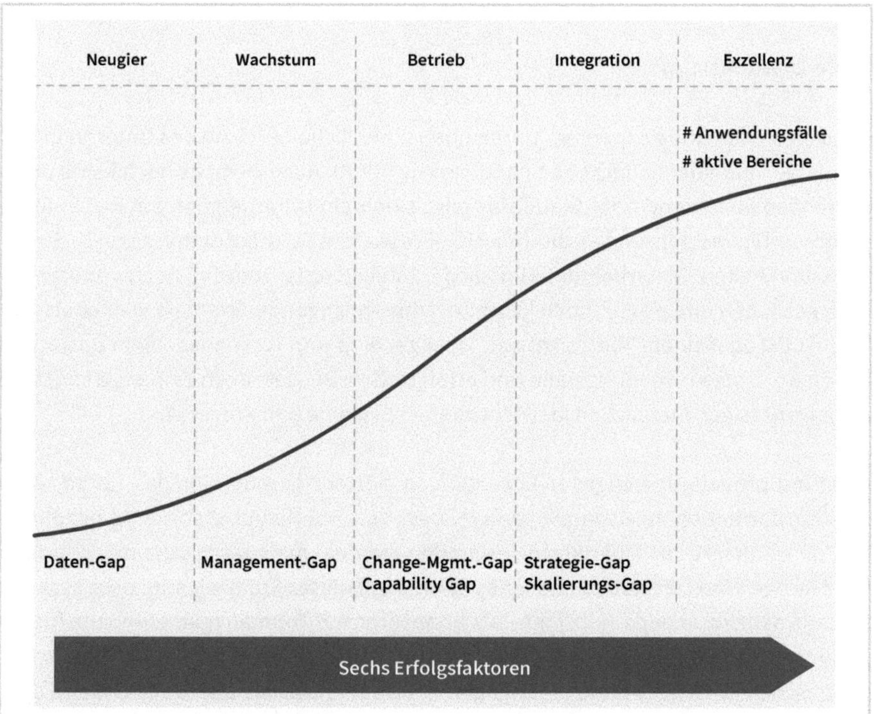

Modell der KI-Reifegrade, eigene Darstellung

Stufe 1: Neugier

Unternehmen auf dieser Stufe haben erste Kenntnisse über künstliche Intelligenz gesammelt, setzen sie jedoch außerhalb vereinzelter, loser Pilotprojekte noch nicht in größerem Umfang ein. Häufig starten die ersten ein, zwei Piloten bottom-up und werden von engagierten Individuen in der IT und in den Fachbereichen alleinverantwortlich gesteuert. Die Manager auf dieser Stufe sind oft begeistert von den Möglichkeiten, die künstliche Intelligenz und maschinelles Lernen mit sich bringen, informieren sich über die Anwendungsfälle und Erfolge am Markt – sei es bei Wettbewerbern oder Unternehmen anderer Branchen –, haben aber noch keine klare Projekt-Roadmap entwickelt oder eine Vision, wie sie KI in ihren Geschäftsprozessen einsetzen können, um die Effizienz zu heben oder Umsätze zu steigern.

Mit die größte Herausforderung in dieser frühen Phase ist die mangelnde Datenqualität und die fehlende Integration der Daten aus verschiedenen Bereichssilos für die ersten Modelle. Dies kann dazu führen, dass Piloten niemals in Produktion gehen.

Die meisten Unternehmen befinden sich heute auf Stufe eins des Reifegradmodells. Das bedeutet, dass sie zwar ansatzweise die Potenziale der künstlichen Intelligenz verstehen, aber bisher nur begrenzt von den Möglichkeiten der Technologie profitieren.

Stufe 2: Wachstum

Auf der zweiten Stufe experimentieren unterschiedliche Bereiche des Unternehmens weitestgehend unabhängig voneinander aktiv mit KI. Auch wenn es noch keine übergreifenden Strukturen oder Standards gibt, sammeln Unternehmen auf dieser Stufe schon wertvolle Erfahrungen, die ihnen für ihre weitere Reise auf dem Weg zur KI-Transformation helfen. Die Arbeit mit künstlicher Intelligenz ist zum Teil noch opportunistisch getrieben und es gibt noch keine zusammenhängende Strategie, gesteuert von einem CDO oder einem Plattformteam, oder gar eine vom Topmanagement bestätigte Roadmap. Erste Anwendungsfälle sind erfolgreich in Betrieb, doch es mangelt noch an der zuverlässigen Integration in die führenden Systeme und Prozesse.

Aufgrund oftmals überzogener Erwartungen besteht gerade hier das Risiko, dass die Transformation an Dynamik verliert, bevor sie überhaupt erst richtig begonnen hat, da es dauert, bis Mehrwerte geschaffen werden, die strategische Investitionen rechtfertigen. Aus diesem Grund ist es gerade auf dieser Stufe wichtig, dass sich das Management zusehends einbringt – als Sponsoren auf Topmanagementebene für die gesamte Initiative, aber auch als Sponsoren und Fürsprecher in den Fachbereichen für spezifische Projekte. Ein solches Engagement ist unerlässlich, um zu verhindern, dass die Transformationsbemühungen zu einer kraftlosen und unzusammenhängenden Initiative ohne jegliche Strategie verkommen.

Stufe 3: Betrieb

Unternehmen, die diese Stufe erreicht haben, haben üblicherweise erfolgreich eine erste Roadmap formuliert und damit begonnen, künstliche Intelligenz fest in ausgewählte Prozesse zu integrieren. Sie verfügen in der Regel über ein zentrales Data-Science-Team und in manchen Fällen sogar einzelne Data Scientists in Bereichen oder Gesellschaften, die besonders von kognitiven Technologien profitieren und daher eine Spezialisierung für die jeweilige Funktion oder den Geschäftsbereich erfordern. Agile Arbeitsweisen werden in diesen Bereichen schon routiniert eingesetzt. Außerdem sind häufig übergreifende Standards im Sinne von Tools und einer zweckmäßigen Dateninfrastruktur vorhanden. Der Fokus auf dieser Stufe liegt noch verstärkt auf Initiativen mit dem Ziel der Kostenoptimierung und ersten Projekten mit dem Ziel der Umsatzsteigerung, wohingegen der Bereich der Geschäftsmodellinnovation noch stark unterrepräsentiert ist.

Zentrale Herausforderung sind das Change-Management und der Kulturwandel. Insbesondere in den Fachbereichen ist umfangreiche Vorarbeit erforderlich, um eine agile und experimentelle Zusammenarbeit bei der Auswahl und Umsetzung von Anwendungsfällen über Bereichsgrenzen hinweg zu gewährleisten. Eine weitere wesentliche Herausforderung auf dieser Ebene ist die Etablierung entsprechender Kompetenzen in den Teams. Dies betrifft sowohl die Integration von Datenwissenschaftlern als auch die Bereitstellung von ausreichend qualifizierten Produkt- und Fachverantwortlichen mit Erfahrung in der Zusammenarbeit mit Tech-Teams oder Interesse daran. Zudem sind technologische Fähigkeiten für die Produktisierung von KI-Modellen für die Skalierung von KI-Anwendungen noch unzureichend ausgeprägt.

Stufe 4: Integration

Unternehmen auf dieser Stufe nutzen KI und maschinelles Lernen bereits auf innovative Weise, um Geschäftsprozesse zu optimieren und neue Geschäftsmodelle zu erarbeiten. Die Fachbereichsverantwortlichen nehmen die Verantwortung für die Integration von KI breitflächig wahr und kommunizieren proaktiv Best Practices. Die notwendige Infrastruktur und wichtige Standards sind etabliert und stabil, werden über Bereichsgrenzen hinweg genutzt und über fest etablierte Plattformteams zur Verfügung gestellt. Die Einhaltung der Standards wird überwacht. KI wird im Großteil der Geschäftsbereiche im Unternehmen eingesetzt, wobei einige Bereiche mehr Anwendungen in Betrieb haben und wiederum andere Bereiche weniger. Doch künstliche Intelligenz ist zu diesem Zeitpunkt bereits fester Bestandteil der Strategie vieler Geschäftsbereiche.

Auf dieser fortgeschrittenen Ebene der KI-Integration stellt die regelmäßige und gezielte Einbindung von Stakeholdern auf der Managementebene sowie die Entwicklung und konsequente Umsetzung einer von der Unternehmensspitze getragenen KI-Strategie einen wesentlichen Erfolgsfaktor dar. Für das schrittweise Erreichen von KI-Exzellenz ist es unabdingbar, Ziele festzulegen, die nicht nur mit den übergeordneten Geschäftszielen harmonieren, sondern auch die Rolle der KI bei der Erreichung dieser Ziele miteinbeziehen.

Ein Schlüsselelement hierbei ist die fortlaufende Optimierung einer dezentralisierten und skalierbaren Dateninfrastruktur. Diese soll fortschrittliche Analytik und KI-Technologien, einschließlich Echtzeit-Datenanalyse und Self-Service-Analytics-Tools, unterstützen, um datengetriebene Entscheidungen auf sämtlichen Unternehmensebenen zu ermöglichen. Weiterhin ist ein ausgefeiltes Konzept zur Förderung der Kompetenzen über den Kreis der Data Scientists hinaus bedeutsam. Dies beinhaltet die Demokratisierung der KI durch den Ausbau von Programmierkenntnissen bei Business Analysts in den verschiedenen Fachbereichen und die Adaption von Low-Code-/No-Code-Plattformen, die den Einsatz von KI ohne Programmierkenntnisse ermöglichen.

Schließlich ist die zunehmende Berücksichtigung ethischer Standards und Compliance-Richtlinien von wachsender Bedeutung, ebenso wie die systematische Erfolgsmessung durch KPI und Metriken, um die Auswirkungen der KI-Initiativen kontinuierlich und im Einklang mit anderen Geschäftskennzahlen zu überwachen und bei Bedarf gegenzusteuern.

Stufe 5: Exzellenz

Unternehmen auf dieser Stufe setzen KI in allen möglichen Unternehmensbereichen ein, um Mehrwerte zu schaffen. KI ist bereits ein zentraler Bestandteil des Angebots für ihre Kunden. Unternehmen auf dieser Stufe verlassen sich stark auf KI, um entscheidende Aufgaben in ihrem Geschäft zu bewältigen – sei es um Effizienzen zu heben, Umsatz zu steigern oder komplett neue Geschäftsmodelle zu entwickeln und erfolgreich zu betreiben. Sie stellen sich beständig die Frage, wie sie existierende Abläufe mit dem Einsatz von künstlicher Intelligenz verbessern könnten. Ihre Produktteams setzen kognitive Technologien geschickt und routiniert ein, wodurch sie ein wesentliches Element in ihrem Arsenal darstellen.

Nur wenige Firmen haben diese fünfte Stufe bereits erreicht. Beispiele hierfür sind Unternehmen wie die FAMANG oder führende Unternehmen in Europa wie Spotify.[99] Spotify ist bekannt dafür, agile Zusammenarbeitsmodelle auf ein neues Niveau gehoben zu haben.[100] Mittlerweile erstellt Spotify mithilfe von KI nicht mehr nur personalisierte Playlists[101], sondern übersetzt auch fremdsprachige Podcasts mittels generativer KI in andere Sprachen, um diesen lokalen Markt weiter zu globalisieren.[102] Alle diese Unternehmen nutzen maschinelles Lernen versiert, um Effizienzen zu heben, Angebote zu personalisieren und ihr Geschäftsmodell an neue Marktentwicklungen anzupassen.

Auf der letzten Stufe des KI-Reifemodells besteht die fortwährende Herausforderung darin, die sechs Erfolgsfaktoren konsequent zu verinnerlichen. Angesichts der raschen Entwicklungsfortschritte im Bereich der künstlichen Intelligenz ist es unerlässlich, ständig am Puls des Marktes zu bleiben. Dies erfordert eine strategische und vertrauensvolle Zusammenarbeit mit Technologieanbietern sowie Early Stage Venture Capital Fonds, um die Aktualität und Weiterentwicklung der KI-Strategie sicherzustellen. Parallel dazu ist es entscheidend, die vier Säulen der Innovationskraft beständig zu stärken und zu schärfen. Es gilt, potenziellen Risiken wie wirtschaftliche Unausgewogenheiten, Druck von Finanzmärkten oder Veränderungen in der Führungsebene, die unerwünschte Auswirkungen auf die Grundlage für kontinuierliche Innovationen und KI-Exzellenz haben könnten, aktiv zu begegnen. Das Ziel ist es, eine solide und dynamische Basis zu schaffen und zu erhalten, die es dem Unternehmen ermöglicht, im Bereich der künstlichen Intelligenz führend zu bleiben und sich stetig weiterzuentwickeln.

Keine Abkürzungen erlaubt

Das Reifegradmodell der künstlichen Intelligenz skizziert einen Entwicklungsprozess für Unternehmen, in dessen Verlauf sie lernen, KI effektiv in ihre Geschäftsabläufe zu integrieren. Eine Besonderheit des Modells ist, dass es keine Abkürzungen beim Aufstieg gibt, und ein stufenweiser Entwicklungsprozess festgelegt ist, da jede Stufe spezifische Fähigkeiten und Erfahrungen erfordert, die für den Übergang zur nächsten Stufe entscheidend sind. Die Erkenntnisse jeder Stufe liefern wertvolles Feedback für die nächste Stufe und ermöglichen es, aus Fehlschlägen zu lernen. Außerdem ist die Integration von KI in Unternehmen nicht nur eine technische oder strukturelle, sondern auch eine kulturelle Herausforderung. Erst die schrittweise Entwicklung ermöglicht es den Mitarbeitern und Führungskräften, sich mit der Technologie vertraut zu machen und sie schließlich in ihre täglichen Abläufe zu integrieren. Zuletzt gibt die stufenweise Entwicklung Unternehmen die Zeit, die notwendigen technischen und personellen Ressourcen aufzubauen. In der Anfangszeit, auf Stufe eins oder zwei des Reifegradmodells, ist eine umfassende KI-Strategie noch nicht ratsam. Hier geht es zunächst einmal darum, mit den ersten Anwendungsfällen Erfahrungen zu sammeln und im Unternehmen den Mehrwert von künstlicher Intelligenz zu belegen. Abhängig von der Wettbewerbssituation im Markt, den Unternehmenszielen und der Bedeutung von KI für die Branche kann es dann mit zunehmender Reife an der Schwelle von Stufe zwei zu Stufe drei sinnvoll sein, eine Daten- und KI-Strategie zu konzipieren, um Fähigkeiten, Prozesse und Strukturen zur Erreichung der Ziele transparent zu machen und den entsprechenden Zuspruch im Management sicherzustellen.

Den Grundstein legen

Doch wie genau setzen Sie die ersten Schritte, falls Sie sich auf einer der unteren Stufen des Reifegradmodells befinden sollten? Die Integration und Skalierung von künstlicher Intelligenz in einem Unternehmen erfordert einen methodischen Ansatz, der Anwendungsfälle, Technologie und das Betriebsmodell in Gestalt von Organisationsstruktur, Prozessen, Fähigkeiten und Kultur umfasst.

Der Prozess beginnt mit der Erkundung potenzieller Anwendungsfälle, oft gefolgt von ihrer konkreten Implementierung und schließlich der Etablierung von Prozessen und Strukturen entsprechend den sechs Erfolgsfaktoren, die im weiteren Verlauf eine effektive Skalierung Ihrer KI-Initiative ermöglichen. Jede Phase hat spezifische Ziele und Herausforderungen, die es zu bewältigen gilt, um die Vorteile von kognitiven Technologien optimal zu nutzen. Im Folgenden wird dieser dreiteilige Ansatz detailliert beschrieben.

	Discovery	Implementierung von Piloten	Skalierung
Use Cases	Discovery Workshop Identifizierung & Priorisierung von Use Cases	Iterative Entwicklung von POC/POV und MVP	Entwicklung einer mehrjährigen Roadmap Entwicklung der MVPs in Produkte
Technologie	Überblick über Tech-Stack/ IT-Infra / Abhängigkeiten / Blocker Bewertung der Umsetzbarkeit	Implementierung erster Lösungen inklusive Data Pipelines, Modellen und User Interface	Aufbau ML Operation Plattform Templates und Low-code-Lösungen für Skalierung in (Business-)Teams
Organisation, Prozesse & Kultur	Identifikation von Skill Gaps Schaffung personeller, prozessualer Voraussetzungen	Upskilling ausgewählter Teams durch Co-Building	Vorantreiben der Entwicklung von agilen Produktteams

Prozess zur Integration von KI im Unternehmen, eigene Darstellung

Am Anfang steht die **Discovery-Phase**, in der vielversprechende Anwendungsfälle in Design-Thinking-Workshops, gern auch unterstützt durch externe Berater oder

Technologieanbieter, identifiziert werden. Im Anschluss werden sie weiter priorisiert, wobei ihr Wertbeitrag und eine angemessene Komplexität zentrale Bedeutung haben. Es ist wichtig, die Fähigkeiten und die Grenzen der eigenen Technologieausstattung zu verstehen und technologische Hindernisse frühzeitig zu erkennen. Doch nicht nur die Technologie, auch der menschliche Faktor ist entscheidend. Daher sollten Sie besonders auf Kompetenzlücken achten und die erforderlichen personellen und prozessualen Voraussetzungen für den Erfolg gemeinsam definieren.

Der nächste Schritt umfasst die **Umsetzung von Pilotprojekten**. Im Zentrum steht die iterative Entwicklung von ersten Lösungen für zuvor ausgewählte Anwendungsfälle für künstliche Intelligenz. Ziel ist die Validierung der Machbarkeit oder des Mehrwerts eines Anwendungsfalls, bevor umfangreichere Ressourcen für die vollständige Entwicklung aufgewendet werden. Es ist in der Regel abhängig von der Komplexität des Anwendungsfalls und dem Zuspruch im Management, ob diese Stufe möglicherweise übersprungen und sofort ein Minimum Viable Product (MVP) entwickelt werden kann. Agile Teams achten hierbei gesamtverantwortlich auf die Datenversorgung und entwickeln KI-gestützte Modelle für Optimierungsprobleme interner und externer Kunden. Bieten Sie Fortbildungsmöglichkeiten für Ihr Team an und sichern Sie sich bei Bedarf die Unterstützung externer Technologiepartner und Berater.

Wenn Sie den vorherigen Schritt umgesetzt und erste Produkte tatsächlich in den operativen Betrieb überführt haben, erfolgt nach mehreren erfolgreichen Projekten in verschiedenen Bereichen die **Etablierung skalierbarer Prozesse**. Erstellen Sie zunächst eine Roadmap mit weiteren Anwendungsfällen zur Umsetzung in den nächsten Monaten und entwickeln Sie all Ihre Modelle zu vollwertigen Anwendungen, die nahtlos in die Anwendungslandschaft integriert sind, um ihre Nutzung im Tagesgeschäft sicherzustellen. Denn die große Gefahr besteht darin, dass Prototypen aufgrund mangelnder Datenqualität oder der komplexen Integration in bestehende Systeme niemals in Produktion gehen. Ein spezialisiertes Plattform-Team kann zu diesem Zeitpunkt damit beginnen, die Skalierung über verschiedene Bereiche mit Best Practices und Standards fördern.

Methodisch vorgehen

In Summe bietet dieser dreiteilige Ansatz – das Identifizieren von Anwendungsfällen, das Umsetzen von Pilotprojekten und schließlich das Etablieren skalierbarer Prozesse – einen strukturierten Weg zur Integration von künstlicher Intelligenz in Unternehmen. Er fördert die Verbreitung von Best Practices, sichert dadurch konsistente Erfolge und stellt überdies sicher, dass alle grundlegenden Schritte berücksichtigt werden. Durch diesen Ansatz können Unternehmen Risiken reduzieren: Das schrittweise Vorgehen erlaubt eine sorgfältige Prüfung und Validierung von

Prototypen im kleineren Rahmen, wodurch voreilige Großinvestitionen vermieden werden. Mit wiederholter Anwendung dieses Ansatzes und unter Einbeziehung der sechs Erfolgsfaktoren können Sie Ihre Strategie präzise gestalten und gemäß Ihrem eigenen Entwicklungstempo die gewünschte Stufe im Reifegradmodell erreichen.

Um die Passfähigkeit Ihres Ansatzes im Hinblick auf die Zielerreichung sicherzustellen, sollte seine Zweckmäßigkeit und Leistungsfähigkeit regelmäßig überprüft werden. Das hilft dabei, Fortschritte zu überwachen, frühzeitig Hindernisse zu identifizieren und gegebenenfalls Korrekturen vorzunehmen, um die Ziele, die auf Basis des Stufenmodells entwickelt wurden, auch zu erreichen. Maßnahmen, die bei der Korrektur unterstützen können, sind die regelmäßige Marktbeobachtung sowohl auf Technologieanbieter- als auch auf Wettbewerberebene, aber auch die Überprüfung des internen Fortschritts bei der Umsetzung der Erfolgsfaktoren wie strukturelle Anpassungen, Kulturwandel und Kompetenzaufbau. Ein Blick auf den Markt ermöglicht es Unternehmen, neue Technologietrends zu erkennen und den Weg zur Erreichung der Ziele gegebenenfalls anzupassen – z. B. durch neue Technologien wie die generative KI. Außerdem ist der Blick nach außen relevant, um abzusehen, welche neuen Anwendungsfälle außerhalb der Unternehmensgrenzen zur Reife gebracht werden und auch dem eigenen Unternehmen bei der Zielerreichung helfen könnten. Eine adaptive Herangehensweise ist daher eine wichtige Grundlage. Es geht also um die stetige Überprüfung der Wirksamkeit von priorisierten Anwendungsfällen, der eingesetzten Technologie und des gewählten Betriebsmodells in Bezug auf die Zielerreichung.

Ein weiterer zentraler Aspekt zur Unterstützung Ihres Aufstiegs durch die Stufen des Reifegradmodells sind langfristige strategische Partnerschaften, die insbesondere für Großunternehmen ein gängiger Ansatz sind. Kooperationen mit Acceleratoren, Universitäten, Technologieanbietern und Venture Capital Funds ermöglichen den Zugang zu aktuellen Forschungsergebnissen und Trends und ermöglichen die gemeinschaftliche Entwicklung von Problemlösungen. Die Zusammenarbeit mit diesen Partnern kann auch dabei helfen, das geeignete Personal für die Erreichung der KI-Strategie zu rekrutieren. Die Zusammenarbeit mit führenden Technologieanbietern und Start-ups kann eine willkommene Inspiration in Bezug auf innovative Arbeitsweisen darstellen. Sie kann Firmen auch helfen, weniger differenzierende Anwendungsfälle über den Kauf von schlüsselfertigen Lösungen abzubilden.

Die Rolle des Managers im Prozess der KI-Reife

Die erfolgreiche Integration künstlicher Intelligenz erfordert ein engmaschiges Netzwerk engagierter Stakeholder. An vorderster Front stehen innovationsfreudige Verantwortliche aus den Fachbereichen, die nicht nur als Sponsoren fungieren, sondern oft die echten Treiber von Pilotprojekten sind, um letztlich ihre Schmerzpunkte mit

Technologie zu lösen. Ihre Fachexpertise und ihr Engagement sind entscheidend für die praktische Implementierung und Anpassung von KI-Lösungen an spezifische Geschäftsanforderungen.

Auf strategischer Ebene spielen der Chief Information oder der Chief Technology Officer eine zentrale Rolle. Sie tragen die Verantwortung für die Technologie- und Produktorganisation und den Aufbau der Infrastruktur und technischen Fähigkeiten. Ihre Expertise, kombiniert mit einer engen Bindung zu den Fachbereichen, ermöglicht es ihnen, die Vorteile und Potenziale von künstlicher Intelligenz für Ihr Unternehmen frühzeitig zu erkennen und sich an die Spitze der Bewegung zu stellen. Im Zusammenwirken mit den Kollegen aus den Fachbereichen sollten sie die Entwicklung und Anwendung von KI-Technologien im Unternehmen maßgeblich vorantreiben.

Die herausragende Rolle des Topmanagements habe ich bereits beleuchtet, und auch an dieser Stelle möchte ich wiederholen: Diese Führungskräfte sind oft diejenigen, die die strategische Vision und Richtung des Unternehmens vorgeben. Wenn sie den Wert und das Potenzial von KI erkennen, können sie durch gezielte Impulse und Aufträge an ihre direkten Untergebenen aus IT und Business dazu beitragen, dass das Unternehmen auf dem Gebiet der KI Erfahrungen sammelt und diese Technologie als Wettbewerbsvorteil nutzt. Sie merken also: Es bedarf immer eines gemeinsamen Engagements über alle Ebenen hinweg, um die Transformation erfolgreich zu gestalten und die vielfältigen Möglichkeiten voll auszuschöpfen. Hakt es an einer Stelle, können die einzelnen Maßnahmen nicht ineinandergreifen – im schlimmsten Fall werden sie ins Stocken geraten.

Typische Fehler bei der Etablierung von KI

Sicherlich haben Sie schon herausgelesen, wie herausfordernd die Etablierung der KI in Unternehmen ist. Und es gibt besonders am Anfang eine Fehlerdichte, die sich vermeiden lässt, wenn die Perspektive auf Weitblick gestellt ist. Die typischen Fehler, die Ihnen als verantwortlicher Manager während der Etablierung von KI unterlaufen können, sind zum Teil Umkehrungen meiner Erfolgsfaktoren. Sie führen fast immer zu Misserfolgen. Deshalb zähle ich hier die hauptsächlichen Fehler auf, deren Vermeidung für Sie erste Priorität besonders während der Startphase haben sollte.

Fehler 1: Betreiben der KI-Initiativen maßgeblich aus der IT
Eine KI-Strategie, die hauptsächlich von der IT-Abteilung getrieben wird, vernachlässigt das Fachwissen und krankt an der fehlenden Unterstützung der einzelnen Geschäftsbereiche. Das Fehlen von spezifischen, kommerziellen Kenntnissen, die über die rein technologische Expertise hinausreichen, kann dazu führen, dass

KI-Anwendungen nicht optimal auf die Geschäftsanforderungen zugeschnitten sind und am eigentlichen Schmerzpunkt vorbeientwickelt werden.

Fehler 2: Wahl der falschen Anwendungsfälle für den Start
Die Auswahl von Use Cases, die entweder zu wenig Mehrwert liefern oder zu komplex sind, wird dem Momentum der Initiative schaden. Eine sorgfältige Auswahl und Priorisierung gemäß den beschriebenen Kriterien bleibt entscheidend.

Fehler 3: Zu enger Fokus auf nur einen Bezugsweg von KI-Lösungen bei der Umsetzung von Projekten
Sich ausschließlich auf die Eigenentwicklung oder den Fremdbezug von Lösungen zu konzentrieren, schränkt die Flexibilität ohne Not ein. Beide Ansätze haben ihre Vorteile und Nachteile und sollten Bestandteil jeder KI-Strategie sein.

Fehler 4: Unzureichende Datenqualität und unzureichendes Datenmanagement
KI-Modelle sind nur so gut wie die Daten, auf deren Basis sie trainiert werden. Datenarchitekturen, die schlecht verwaltete oder von vornherein mangelhafte Daten führen, können zu verzerrten Ergebnissen führen oder machen das Beschreiten des Wegs gar unmöglich.

Fehler 5: Fehlende Kommunikation bzw. fehlendes Change-Management
Wenn Mitarbeiter und Stakeholder nicht verstehen, wie und warum KI eingesetzt wird, kann dies zu Widerständen führen. Klare Kommunikation ist daher entscheidend.

Fehler 6: Unzureichende ethische und regulatorische Überlegungen
Besonders auf einer weiter fortgeschrittenen Stufe kann das Ignorieren von Datenschutzbestimmungen und ethischen Richtlinien wie die Diskriminierung von Mitarbeitern, Bewerbern oder Kunden auf Basis von Vergangenheitswerten zu Reputationsrisiken oder gar rechtlichen Risiken führen.

Fehler 7: Unzureichende Finanzierung und Ressourcenzuweisung bedingt durch mangelnden Topmanagement-Support
KI-Projekte erfordern oft erhebliche Investitionen in Technologie, Personal und Training. Unzureichende Ressourcen können den Erfolg verlangsamen oder gar verhindern.

Erfolgsgeschichten deutscher KI-Pioniere

Oft werde ich gefragt, welche Unternehmen aus unserer Region neben den FAMANG als KI-Vorreiter gelten. In meinen Augen haben vor allem vier Firmen bemerkenswerte Arbeit in diesem Bereich geleistet.

Merantix ist ein Inkubator und Company Builder für Start-ups, deren Wertschöpfungskern auf kognitiven Technologien beruht. Als Risikokapitalgeber geht Merantix über die finanzielle Unterstützung hinaus und schafft ein vielfältiges Ökosystem, das den Wissensaustausch unter Gründern sowie eine intensive Vernetzung mit KI-Forschern und einem breiten Spektrum an mittelständischen und großen Unternehmen fördert. Diese Verbindung aus Kapital, Ressourcen und Netzwerk stellt eine optimale Plattform dar, um KI-Start-ups effektiv zu unterstützen und deren Entwicklung voranzutreiben.[103]

Die Gründer von Merantix, Rasmus Rothe und Adrian Locher, konzentrieren sich auf die Entwicklung von KI-Anwendungen in unterschiedlichen Branchen wie dem Gesundheitswesen und der Automobilindustrie, um dort aufkommende drängende Herausforderungen zu lösen. Sie vereinen dabei Unternehmergeist mit technologischer Fachkenntnis in den Bereichen künstliche Intelligenz und maschinelles Lernen.[104] Eines ihrer Investments, das im September 2023 erfolgreich an SAP verkauft wurde, ist Kausa. Ihr KI-Modell ermöglicht die Durchführung einer schnellen Ursachenanalyse und vermittelt über einen Treiberbaum ein umfassendes Verständnis dafür, warum sich Kennzahlen verändert haben und mithilfe welcher Hebel ihre Geschäftskunden darauf reagieren können.[105] Ein weiteres Start-up aus ihrem Portfolio, Vara, führt automatisch Diagnosen von radiologischen Aufnahmen durch. Das Vara-Modell wurde mithilfe von über acht Millionen Röntgenbildern trainiert, unterstützt zuverlässig bei der Brustkrebsdiagnose und demokratisiert auf diese Weise den Zugang zu Gesundheitsversorgung für Frauen weltweit.

Auch **Siemens Healthineers**, der auf Medizintechnik spezialisierte Ableger des 1847 in Berlin gegründeten Technologiekonzerns Siemens, nutzt künstliche Intelligenz zur Früherkennung. Durch den Einsatz von Algorithmen zur Mustererkennung können Schädigungen im Gewebe auf Röntgenaufnahmen schneller und zuverlässiger identifiziert werden. Radiologen können dadurch effizienter arbeiten und Krankheiten früher erkennen.[106]

Und ein weiteres Beispiel möchte ich anfügen: Das Start-up **Aleph Alpha** aus Heidelberg gilt als Leuchtturm in der deutschen KI-Landschaft. Angeführt von seinem jungen Gründer Jonas Andrulis hat das Unternehmen in einer kürzlichen Finanzierungsrunde beeindruckende 500 Millionen Dollar Wagniskapital aufgenommen. Teil des Investorenkonsortiums sind renommierte Namen der neuen Deutschland AG wie

SAP, Bosch und die Schwarz-Gruppe. Sie liefern nicht nur Kapital, sondern sichern als Kooperationspartner und potenzielle Kunden auch die Anwendung der KI-Modelle in der Unternehmenspraxis. Ziel ist die beschleunigte Entwicklung ihrer »Large-Language-Modelle« und das Schaffen eines europäischen Konkurrenten für ChatGPT auf Augenhöhe mit den US-Tech-Giganten. Doch anders als ChatGPT konzentriert sich Aleph Alpha auf Anwendungen im B2B-Bereich. Einige davon sind bereits bei SAP in Produktion und verbessern dort die Visualisierung von Geschäftsprozessen zur Erkennung von Ineffizienzen. Dieser finanzielle Erfolg betont nicht nur die Marktstärke von Aleph Alpha, sondern sendet auch ein ermutigendes Signal an die gesamte deutsche KI-Branche. Der Tenor lautet: Das Potenzial ist beträchtlich, weil viele Unternehmen in Deutschland aufgrund von Datenschutzbedenken und des Wunschs nach mehr Datensouveränität eine lokale Alternative zu ChatGPT bevorzugen.[107]

Getrieben durch Ralf Herbrich, den geistigen Vater von Hands off the Wheel bei Amazon, muss schließlich auch das DAX-40-Unternehmen **Zalando** bei der Integration von künstlicher Intelligenz in alle relevanten Prozesse genannt werden. Zalando optimiert nicht nur seine Retouren über Größenempfehlungen auf Basis von maschinellem Lernen, sondern steuert auch seine Coupons und Marketingbotschaften personalisiert aus, um die Abwanderung von Kunden zu verhindern und anhand des Customer Lifetime Values zu optimieren. Zudem nutzt Zalando künstliche Intelligenz intensiv zur Prognose von Absätzen und optimiert auf diese Weise Lagerbestände für sich und seine Marktplatzpartner. Nicht zuletzt nutzt Zalando kognitive Technologien, um die lagerinterne Logistik und die Produktivität der Mitarbeiter zu erhöhen, und gilt aufgrund der Vielzahl an produktiven Anwendungsfällen[108] und der ausgeklügelten Kombination von schlüsselfertigen Lösungen und eigenen Modellen als Vorbild auf dem Gebiet der KI-Transformation.[109]

9 Treiber und Hindernisse

Inzwischen sollten Sie eine recht gute Vorstellung davon haben, warum künstliche Intelligenz auf Ihrer Agenda ganz oben stehen sollte, und vielleicht haben Sie sich schon einen Plan zurechtgelegt, wie Sie in Abhängigkeit von den aktuellen Strukturen, Fähigkeiten und Prozessen ein Zielbild entwickeln und es schrittweise umsetzen können. In diesem Kapitel möchte ich Sie nun gern mitnehmen und einmal aus dem reinen Unternehmenskontext herauszoomen, um die Treiber und Hindernisse für den Siegeszug der künstlichen Intelligenz zu beleuchten, und Ihnen damit einen umfassenderen Überblick geben, der die aktuelle Entwicklung in einen Gesamtkontext setzt.

Bis hierher habe ich vorwiegend den wachsenden Wettbewerbsdruck durch die digitale Konkurrenz erörtert, die gekonnt die Vorteile von Digitalisierung und künstlicher Intelligenz nutzt, unbeirrbar durch die konsequente Berücksichtigung der Erfolgsfaktoren auf dem Fundament der vier Säulen der Innovationskraft. Neben diesem gewichtigen Treiber habe ich auf die Pull-Effekte von Kundenseite hingewiesen, die sich aus den gestiegenen Ansprüchen der Konsumenten ergeben. Denn im aktuellen digitalen Marktumfeld sind Verbraucher an personalisierte Angebote und herausragenden Service gewöhnt und verlangen durchgängig diese hohe Qualität, was zunehmend auf das Geschäftskundenumfeld ausstrahlt. Unternehmen sind daher gefordert, beide Herausforderungen zu parieren, um in diesem dynamischen Umfeld langfristig erfolgreich zu bestehen.

Die zunehmende Konzentration vieler Entscheider auf kognitive Technologien rührt aber nicht zuletzt von mehreren Push-Faktoren: bedeutende technologische Entwicklungen, die in den vergangenen Jahren dazu geführt haben, dass niemand mehr an dieser Technologie vorbeikommt, sowie wirtschaftliche und soziale Einflussfaktoren. In meiner Darstellung habe ich bisher die kommerziellen Aspekte in den Vordergrund gerückt und technischen Details eine geringere Priorität zugewiesen. Das geschah mit der Absicht, die Einflussfaktoren und Hebel hervorzuheben, die in Ihrem direkten Gestaltungsbereich als Manager liegen. Dennoch ist es für ein umfassendes Bild unabdingbar, neben den marktseitigen Treibern auch die technologischen Einflussfaktoren zu betrachten – eine faszinierende Symbiose aus Daten, Hardware und Algorithmen.

Die technologischen Treiber von KI

Die KI-Integration im Unternehmen wird vor allem durch eine wahre Datenexplosion angetrieben, die in den 2000er-Jahren begonnen hat und bis heute nicht aufzuhalten scheint. Die Digitalisierung in allen Lebensbereichen hat unsere Alltagsgewohnheiten dermaßen umgekrempelt, dass Unternehmen von einer regelrechten Datenwelle erfasst werden.[110] Zwischen 2010 und 2020 ist das weltweite Datenaufkommen um mehr als 3.000 Prozent gestiegen – das entspricht einem jährlichen Wachstum von über 40 Prozent.[111] Doch es ist nicht allein das Datenvolumen, das von Bedeutung ist. Bei vielen Anwendungsfällen ermöglicht gerade die Geschwindigkeit der Datenanalyse in Echtzeit besondere Erkenntnisse. Ein Beispiel, das fast jeder aus seinem täglichen Leben kennt, sind Navigations-Apps, die die Fahrtzeit zum Ziel auf unterschiedlichen Routen prognostizieren, dabei Fahrzeugbewegungen, Stau und Wetterbedingungen berücksichtigen und flexibel darauf reagieren.[112] Neben der Bedeutung von Echtzeitdaten steigt die Datenvielfalt, etwa in Form von Social-Media-Beiträgen, Browserdaten und Transaktionsdaten, wodurch die Präzision der Modelle verbessert wird. Noch einmal, weil es derart gigantisch klingt: Die weltweite Datenmenge steigt jährlich um 40 Prozent!

Ein weiterer technologischer Katalysator war der enorme Anstieg der Rechenleistung, bedingt durch Hardware-Innovationen der letzten Jahre. Als das Feld der künstlichen Intelligenz in den 1950er-Jahren begründet wurde, war Rechenleistung noch Mangelware und ein Hauptgrund für den KI-Winter. So wurde das Einschlafen der Forschung aufgrund des Mangels an anwendungsorientierter Forschung und sichtbaren Fortschritten um 1970 herum gemeinhin bezeichnet.[113] Doch die Prognose von Gordon Moore, Mitbegründer von Intel, aus den 1960er-Jahren, dass sich die Rechenleistung von Mikroprozessoren, dem »Gehirn« der Computer, alle zwei Jahre verdoppeln würde, hat sich bis heute bewahrheitet, und dieses exponentielle Wachstum stellt nun einen weiteren zentralen Einflussfaktor für die Leistungsfähigkeit der KI-Modelle dar.[114] Die Einführung neuer Grafikprozessoren für KI, die ursprünglich ausschließlich für hochauflösende Spiele genutzt wurden, hat die Entwicklung auf Hardware-Ebene weiter vorangetrieben. Doch mehr zu der herausragenden Stellung der Mikrochips im folgenden Kapitel. Schließlich wurde der Zugang zu leistungsstarken Computern durch sofort verfügbare Cloud-Computing-Infrastrukturen mit flexiblen Pay-as-you-go-Preismodellen für Unternehmen aller Größen weiter erleichtert.[115]

Ein zentraler Durchbruch in der Evolution der künstlichen Intelligenz waren die Fortschritte im Bereich der Algorithmen. Ein visionäres KI-Forschungsteam schaffte es um 2010 im Rahmen eines Wettbewerbs, Objekte automatisiert in bis zu 1.000 verschiedene Kategorien zu klassifizieren, was zu dem Zeitpunkt noch niemandem so akkurat gelungen war. Hierbei kam ein Deep-Learning-Algorithmus für die Bilderkennung zum Einsatz, ein Ansatz, der bis dahin eher im Hintergrund anderer KI-Methoden gestanden hatte. Dieser Fortschritt läutete das Ende des sogenannten KI-Winters ein. Seitdem hat die Bedeutung solcher Algorithmen kontinuierlich zugenommen, ist heute verantwortlich für die meisten Durchbrüche im Bereich der KI und hat andere Teilbereiche in den Schatten gestellt.

Die Einführung generativer KI-Modelle, darunter ChatGPT, Anthropic oder Aleph Alpha, die alle auf eben diesen Deep-Learning-Algorithmen basieren, markiert ein vielversprechendes neues Kapitel in der Geschichte der künstlichen Intelligenz. Sie können teilweise mühelos von Endanwendern genutzt werden und auch in bestehende und neue Anwendungen von Unternehmen integriert werden. Das Besondere an generativer KI ist ihre Fähigkeit, auf der Grundlage umfangreicher Daten und Wahrscheinlichkeitsberechnungen gänzlich neue Inhalte zu kreieren – von Texten über Grafiken und Videos bis hin zu Sprache und Programmcode. Während konventionelle KI-Modelle meist für spezielle Aufgaben konzipiert sind, ermöglicht generative KI die Nutzung enormer Datenpools zur Generierung originärer und kreativer Inhalte für diverse Anwendungsgebiete. Sie gelten als sogenannte Foundation-Modelle, die alle Aufgaben vergleichbar auf dem Grundstudiumsniveau ausführen können und für Arbeiten auf Hauptstudiumsniveau auf spezielle Anwendungsbereiche im Unternehmen trainiert werden müssen. Generative KI bietet einen erheblichen Mehrwert durch die Minimierung manueller Datenaufbereitungsprozesse. Sie gleicht in der Welt der künstlichen Intelligenz einem vielseitigen Werkzeugkasten, der die notwendigen Instrumente für eine breite Palette an Arbeiten bereithält. Diese Technologien sind adaptiv, sie passen sich nahtlos an unterschiedlichste Erfordernisse an und werden in absehbarer Zeit zu einem unverzichtbaren Bestandteil in Unternehmen avancieren. Ihre Fähigkeit, komplexe Aufgaben mit wenig bis gar keinem menschlichen Eingriff zu bewältigen, verleiht ihnen den Charakter eines multifunktionalen Co-Piloten, der beständig an Relevanz gewinnt.[116]

Ein letzter, aber wesentlicher Katalysator für die Verbreitung von künstlicher Intelligenz sind Softwareanbieter. In Zusammenhang mit den sechs Erfolgsfaktoren hatte ich bereits darauf hingewiesen, dass sich Unternehmen zwischen der Eigenerstellung oder der Integration von schlüsselfertigen Lösungen entscheiden können – sei es für einzelne Anwendungsfälle oder besser: für komplette Cluster. Viele unabhängige Softwarehersteller, wie beispielsweise Salesforce oder Adobe, bieten Unternehmen Anwendungen an, die durch künstliche Intelligenz verbessert und nun fester Bestandteil ihrer neuesten Releases sind. Auf diese Weise können Unternehmen, die aufgrund ihres geringen Reifegrads, mangelnder Kapazitätsausstattung oder ihrer strategischen Ausrichtung keine eigenen Modelle erstellen können, von der Technologie profitieren, indem sie Softwarelösungen in ihre Infrastruktur integrieren, ohne anfangs sofort interne Kompetenzen aufbauen zu müssen. Hierbei unterstützen auch sogenannten Auto-Machine-Learning-Lösungen von führenden Cloud-Anbietern, die einen Großteil des Modelltrainings automatisieren. Das macht sie auch für Entwickler ohne tiefer gehende KI-Kenntnisse einfacher handhabbar als herkömmliche KI-Entwicklungstools. So tragen sie zur rascheren Verbreitung von künstlicher Intelligenz in Unternehmen bei.

Die wirtschaftlichen und sozialen Treiber der KI

Neben dem Marktdruck und den technologischen Entwicklungen sind es insbesondere wirtschaftliche und gesellschaftliche Trends, die eine zunehmende Integration der künstlichen Intelligenz begünstigen.

Ein zentraler Treiber für die verstärkte Hinwendung zu künstlicher Intelligenz in der Wirtschaft ist der zunehmende Kostendruck, dem Unternehmen ausgesetzt sind.[117] Ausgelöst wurde dieser Trend durch die COVID-19-Pandemie und die damit einhergehenden Regierungsmaßnahmen zur Eindämmung der Gesundheitskrise. Diese Situation führte zunächst zu Störungen in den Lieferketten und einer rohstoffbedingten Inflation. Der deutliche Anstieg der Großhandelspreise für wesentliche Inputfaktoren, gepaart mit steigenden Personalkosten, konfrontierte Unternehmen mit der Herausforderung, ihre Rentabilität und Wettbewerbsfähigkeit zu sichern. Verschärft wurde diese Lage durch den Krieg in der Ukraine und die daraus resultierende Energiekrise, die viele Industriestaaten in eine umfassende Rezession stürzten.[118] In diesem anspruchsvollen Umfeld eröffnet künstliche Intelligenz innovative Möglichkeiten, Geschäftsprozesse zu optimieren, Ressourcen effizienter einzusetzen und damit langfristig Kosten zu senken.

In Zeiten, in denen der Fachkräftemangel in vielen Branchen zum bestimmenden Thema geworden ist, rückt die künstliche Intelligenz als ein möglicher Lösungsansatz ebenfalls stärker in den Fokus.[119] Das japanische Modell und die Konzentration auf die Anwendung von KI und Robotik zur Automatisierung, um Herausforderungen wie die alternde Bevölkerung und den Arbeitskräftemangel zu kompensieren, kann hier auch für uns ein Vorbild sein. Besonders im Dienstleistungssektor ist dieser Mangel sowohl bei gering qualifizierten als auch bei hoch qualifizierten Profilen spürbar. Die Möglichkeiten, die KI bietet, sind dabei weitreichend: Sie ermöglicht nicht nur die Automatisierung routinemäßiger Prozesse, sondern dient auch als kognitive Unterstützung für Experten in hoch qualifizierten Berufen. So kann KI beispielsweise bei der Datenanalyse oder Mustererkennung als Co-Pilot fungieren, wodurch Wissensarbeiter zielgerichteter und produktiver arbeiten können. Diese Synergie aus Mensch und Maschine erlaubt es, die begrenzten personellen Ressourcen optimal zu nutzen und sich auf die wirklich kritischen und wertschöpfenden Aufgaben zu fokussieren.

In Anbetracht der Herausforderungen, mit denen der deutsche Arbeitsmarkt konfrontiert ist – insbesondere sprachliche Barrieren für hoch qualifizierte Zuwanderer, ein im internationalen Maßstab schwächelndes staatliches Bildungssystem und eine beträchtliche Einkommensteuerlast –, gewinnt die Integration von künstlicher Intelligenz an Bedeutung als vielversprechende Lösung.[120] Der gezielte Einsatz von KI kann dazu beitragen, diese Hürden zu überwinden, indem er Fachkenntnisse dort ergänzt, wo der Zugang zu Experten aus dem Ausland begrenzt ist, und somit die Attraktivität und Konkurrenzfähigkeit des Standortes Deutschland stärkt. Insbesondere kann KI zur Überbrückung von Kompetenzlücken beitragen und so die Wettbewerbsfähigkeit deutscher Unternehmen auf dem globalen Markt stärken.

Neben den genannten Triebkräften der künstlichen Intelligenz in Technologie und Wirtschaft schlagen auch eine Vielzahl von Hindernissen zu Buche, die es zu berücksichtigen gilt. Zum einen kann es Probleme mit der Akzeptanz auf Kundenseite geben, aber auch das regulatorische und politische Umfeld kann Unternehmen vor Herausforderungen stellen.

Unzureichende Akzeptanz als Hindernis

Die Akzeptanz von künstlicher Intelligenz in kundenorientierten Anwendungen stellt ebenfalls eine wesentliche Herausforderung dar. Insbesondere bei älteren Kunden kann eine geringere Technologieaffinität eine Barriere sein und automatisierte Interaktionen boykottieren. Unabhängig von Alter und Sozialisierung stehen der Akzeptanz von künstlicher Intelligenz auch oft psychologische Barrieren im Weg: Die wahrgenommene Komplexität, potenzielle Risiken und eine empfundene Aufdringlichkeit, insbesondere in Bezug auf den Datenschutz, erweisen sich für Unternehmen als Herausforderung.[121] Ihnen gilt es durch einen spezifischen Ansatz entgegenzuwirken, der das Sammeln von Daten ermöglicht, indem den Kunden beispielsweise der Mehrwert transparent kommuniziert wird.

Verbraucher schätzen zwar personalisierte Dienste, die auf ihren Daten basieren, fordern jedoch zunehmend, dass ihre Privatsphäre gewahrt bleibt. Dies erfordert von Unternehmen, dass sie wirksame Datenschutzmaßnahmen ergreifen und diese auch klar kommunizieren. Darüber hinaus können der empfundene oder auch nur vermutete Mangel an Empathie und die fehlende Authentizität von Algorithmen Ablehnung hervorrufen. Besonders dann, wenn das Produkt oder die Dienstleistung eine besondere Bedeutung für das Selbstwertgefühl eines Nutzers hat – wie bei der Verkaufsberatung für Premiumprodukte im Finanz- oder Konsumgüterbereich – oder wenn der Leistungsvorsprung nicht objektiv messbar ist, kann es auch zu Ablehnung von kognitiven Anwendungen auf Kundenseite kommen.

Mangelnde rechtliche Klarheit als Herausforderung

In der EU gab es lange keine spezifischen Vorschriften in Bezug auf die Nutzung künstlicher Intelligenz. Aus diesem Grund mussten Unternehmen bisher die Grundsätze der EU-Datenschutzgrundverordnung (DSGVO) berücksichtigen. Eine besonders enge Auslegung der DSGVO erschwert jedoch die erfolgreiche Entwicklung von KI-Initiativen in

Unternehmen. Besondere Konflikte ergeben sich durch die zentralen Prinzipien der Verordnung, d.h. die Zweckminimierung, die Datenminimierung, die Bedingung der menschlichen Beteiligung an kritischen Entscheidungen und die geforderte Transparenz in Bezug auf die Logik hinter den Algorithmen.

Enge Auslegung der DSGVO als Hindernis

Die sogenannte Zweckminimierung verlangt die Angabe konsistenter Gründe für die Nutzung personenbezogener Daten. Doch ein besonderer Mehrwert von Modellen liegt gerade darin, unerwartete Muster in erhobenen Daten zu entdecken und diese für Anwendungsfälle zu nutzen, die mit der ursprünglichen Absicht nichts zu tun haben.

Doch auch das Prinzip der sogenannten Datenminimierung widerspricht dem eigentlichen Charakter von KI-Modellen, deren Qualität und Prognosegenauigkeit mit der Berücksichtigung zusätzlicher Daten weiter zunimmt.

Das Prinzip der menschlichen Beteiligung an der Entscheidungsfindung birgt die Gefahr, die bereits im Buch erläuterten Potenziale autonomer KI-Modelle zu untergraben – gerade für repetitive Prozesse, die in hoher Schlagzahl ablaufen und bei denen es sinnvoll ist, nur die Ausreißer durch menschliche Mitarbeiter überprüfen zu lassen.

Die geforderte Transparenz in Bezug auf die Logik hinter KI-Modellen ist zwar wünschenswert, steht aber in Konflikt mit der hohen Komplexität von Deep-Learning-Modellen mit Tausenden Parametern und ist auch der Leistungsfähigkeit dieser Modelle abträglich. Nichtdestotrotz gibt es Ansätze, die Nachvollziehbarkeit von Modellen mithilfe neuer Modelle zu verbessern.[122]

Die Unzulänglichkeiten der DSGVO in der Regulierung von künstlicher Intelligenz wurden vom europäischen Gesetzgeber erkannt. Daher wurde, angetrieben von einer deutsch-französischen Allianz, der AI Act auf den Weg gebracht.[123] Dieses Gesetz stellt für die Verantwortlichen einen Balanceakt dar: Es gilt, Regelungen für diese leistungsstarke und sich schnell entwickelnde Technologie zu schaffen, die einerseits deren Entwicklung und Einsatz unter festgelegten Bedingungen ermöglichen und andererseits den Verbraucherschutz gewährleisten. Dabei muss sorgfältig darauf geachtet werden, dass die heimische Wirtschaft in der Nutzung von KI nicht behindert wird und dass sie im internationalen Wettbewerb, insbesondere gegenüber den USA und China, nicht ins Hintertreffen gerät.[124] Es bleibt also spannend, welche Rolle die Gesetzgebung auf dem Gebiet der künstlichen Intelligenz für Unternehmen spielen wird.

Was unser Staat noch tun kann

Ich möchte es in meinem Buch nicht versäumen, auf den Sinn und die unbedingte Notwendigkeit von Bildung und Migration für eine gelingende KI-Integration in deutschen Unternehmen hinzuweisen. Eine fundierte Bildung, insbesondere in den MINT-Fächern Mathematik, Informatik, Naturwissenschaft und Technik, ist für einen Rahmenplan der Schulen und Universitäten prioritär! Nur durch eine frühzeitige Förderung dieser Fachdisziplinen und die Stärkung von kritischen Analyse- und Problemlösungskompetenzen können Mitarbeiter in den Unternehmen zukünftig das volle Potenzial der KI ausschöpfen.

Auch in der Einwanderungspolitik sollten die Verantwortlichen den Fokus auf das Thema KI halten. Es wäre wichtig, Experten aus diesem Bereich den Zugang zum deutschen Arbeitsmarkt zu erleichtern und sie ggf. mit attraktiven steuerlichen Anreizen zu locken. Denn wir müssen für hoch qualifizierte internationale Talente anziehend bleiben, um die Innovationsfähigkeit des Landes zu erhalten.

Im Bereich der Wirtschaftsentwicklung und Förderung für angewandte Forschung spielt der Staat eine unterstützende Rolle. Durch Investitionen und Unterstützung von KI-Ökosystemen können Unternehmen ermutigt werden, sich intensiver mit KI auseinanderzusetzen. Bisher gibt es in Deutschland maßgeblich private Investitionen wie die des Lidl- und Kaufland-Eigentümers Dieter Schwarz, dessen Stiftung zwei Milliarden Euro in ein Ökosystem für Forschungsinstitute, Universitäten, Konzerne, Mittelständler und Start-ups investiert hat. Zu bedenken ist auch, dass ohne einen soliden Infrastrukturausbau, insbesondere in den Bereichen Glasfasernetz für schnelles Internet und Cloud-Services, das Potenzial der KI ungenutzt bleibt.

Gleichzeitig ist ein rechtlicher Rahmen auf europäischer Ebene erforderlich, der sowohl flexibel als auch zukunftsorientiert ist. Dieser sollte Innovationen wie autonomes Fahren ermöglichen und gleichzeitig durch ein ausgewogenes Verhältnis zwischen Regulierung und Innovationsförderung den Unternehmen Investitionssicherheit bieten. Abschließend gilt es, die praktische Umsetzung nicht aus den Augen zu verlieren. Positive Signale seitens der Regierung sind zwar ermutigend, doch sind konkrete, schnelle und zielgerichtete Maßnahmen notwendig, um im internationalen Wettbewerb weiterhin bestehen zu können – wie im Vorbildland in Sachen künstliche Intelligenz, in den USA.[125]

Ein Blick über Grenzen hinweg

Die USA gelten als eines der führenden Länder in der Entwicklung und Anwendung von künstlicher Intelligenz. Zu diesem Status haben mehrere Faktoren beigetragen.

Zum einen fördert das ergebnisorientierte Handeln der Manager dort die Etablierung und Nutzung von Innovationen im Allgemeinen. Zudem ist es in den USA recht unkompliziert, ein Start-up zu gründen. Der amerikanische Traum, bei dem Ideen und harte Arbeit den Weg zu Reichtum und Erfolg ebnen, ist bis heute in den Menschen verankert und jedem Manager und Gründer ein starker Antrieb. Zugleich haben die USA von der Einwanderung hoch qualifizierter Fachkräfte profitiert und ziehen nach wie vor Talente aus aller Welt an. Viele dieser Einwanderer haben an renommierten Universitäten studiert, um dann in den USA Unternehmen zu gründen oder sich führenden Technologieunternehmen anzuschließen. Die CEOs von Google und Microsoft – beide indischer Abstammung – stehen eindrucksvoll für diese Politik. Dieser Zustrom von Talenten und Leistungsträgern hat das KI-Ökosystem gestärkt – und tut es weiterhin.

Die USA sind für ihre deutlich geringere Risiko-Aversität bekannt. Während in anderen Ländern Fehlschläge oft stigmatisiert werden, werden sie in den USA häufig als Lernchancen betrachtet. In amerikanischen Unternehmen herrscht eine Kultur des Experimentierens und Scheiterns – beides wichtig, um voranzukommen. Eine solche Haltung ist für Innovationen im Bereich KI unerlässlich. Und wenn ich mir die Liste der staatlichen und privaten Investitionen im Bereich Forschung und Entwicklung ansehe, dann bin ich beeindruckt. Institutionen wie die Defense Advanced Research Projects Agency (DARPA) haben Pionierarbeit geleistet und wegweisende KI-Projekte finanziert. Die Rahmenbedingungen in den USA sind also günstig für das Wachstum und die Entwicklung von KI: von den Eliteuniversitäten und Forschungseinrichtungen bis hin zu einem dynamischen Start-up-Ökosystem und einer risikofreundlichen Investitionskultur. All diese Faktoren tragen dazu bei, dass die USA in der KI-Technologie voranschreiten.

Aber ich finde, auch Deutschland hat als Technologiestandort zahlreiche Stärken. Die historische Verwurzelung in Erfindergeist und Ingenieurskunst, gepaart mit einem kompromisslosen Streben nach Effizienz und Leistung, hat das Land oft schon zum Vorreiter gemacht. Es hat die Kraft und es hat das Know-how, auch in Sachen künstliche Intelligenz eine Vorreiterstellung einzunehmen. Denn der Standort Deutschland bietet mit seinem dualen Ausbildungssystem, einer engen Verzahnung zwischen Industrie und Wissenschaft und einer langen Ingenieurstradition die Möglichkeit, neue Erkenntnisse in die Praxis umzusetzen. Diese Kombination schafft ideale Voraussetzungen für den technologischen Fortschritt. Auch mag die noch immer robuste Wirtschaft ein Treiber sein – sie nämlich ist für technologische Innovationen offen. Dass die aktuelle Energiekrise und der anhaltende Reformstau in den Bereichen Arbeitsmarkt, Bürokratieabbau und Infrastruktur den Sektor zu einem Scheideweg geführt haben, lässt sich jedoch nicht verschweigen. Es wird also in den nächsten Jahren herausfordernd sein, trotz Krisen die errungenen Eigenschaften auszubauen, denn sie sind die fundamentalen Bausteine, die nötig sind, um Deutschland zu einem führenden Technologiestandort auszubauen. Dazu brauchen wir Manager mit einem offenen Mindset, mit Neugierde und Entschlossenheit.

10 Die KI-Wertkette: Was verschiedene Anbieter für uns leisten können

Ich könnte Ihnen von den KI-Programmiersprachen, Frameworks und ihrer Praxisanwendung erzählen, könnte versuchen, Ihnen die Welt der Data Scientists näherzubringen und Sie vielleicht sogar für die Dauer dieses Kapitels in die Werkzeuge eintauchen lassen, die KI-Modelle zum Leben bringen. Ich könnte es tun, aber ich werde es nicht, und das hat auch einen guten Grund: Jeder sollte in exzellenter Weise das leisten, was sein Tätigkeitsprofil vorsieht. Im Management sind das Aufgaben der Führung und das Steigern von Umsatz, Gewinn und Kundenzufriedenheit. Was ich Ihnen aber dennoch für die KI-Transformation mit auf den Weg geben möchte, ist Folgendes: Sie sollten wissen, wovon Sie reden, wenn Sie einem Experten gegenübertreten, wenn Sie einen Berater an Ihre Seite stellen oder wenn Sie vor Ihrem Bereich sprechen, um die unternehmerische Zukunft mit künstlicher Intelligenz zu erläutern. Sie müssen nicht in die Untiefen der Technologie abtauchen, aber Sie sollten verstehen, wie Sie Ihre Geschäftsziele erreichen. Ihnen diese Kenntnis zu vermitteln habe ich Ihnen in Kapitel 6 versprochen – hier löse ich mein Versprechen nun ein.

Es gibt in der KI-Landschaft zahlreiche nutzwertige Anbieter, die Sie unterstützen werden, wenn Sie um Hilfe bitten. Wichtig für Sie wird es sein, aus all den Angeboten das passende herauszufiltern. Denn es gilt stets, die unternehmerischen Belange im Blick zu halten. Niemand sollte Ihnen ein Zuviel oder ein Zuwenig an Werkzeugen verkaufen können. Niemand sollte Sie dazu überreden können, schneller voranzugehen, als Ihre Mitarbeiter folgen können. Überhaupt ist es ratsam zu wissen, wo die für Sie sinnvollen Technologien am Markt erhältlich und welche tatsächlich zu empfehlen sind. Aus diesen Gründen habe ich mich entschieden, Ihnen in diesem Kapitel ein tieferes Verständnis für das KI-Ökosystem zu vermitteln. Hierzu möchte ich Ihnen die KI-Wertkette erläutern. Sie beschreibt die grundlegenden Komponenten für die Erstellung und Bereitstellung von KI-basierten Lösungen und Diensten. Zwar werden Sie dadurch nicht zu einem KI-Experten, aber Sie erhalten den Überblick und auch das Gefühl für das, was für Ihr Unternehmen relevant ist, um die Zukunft effizient zu gestalten.

Ein Verständnis für die KI-Wertkette entwickeln

Letztendlich umfasst die Wertkette jene Bausteine, die erforderlich sind, um Daten in nutzbare Einblicke und autonome Entscheidungen zu verwandeln. Um die richtige aus den verfügbaren Technologien und Anwendungen zu wählen, benötigen Sie einen Kompass, der es Ihnen erlaubt, durch den Dschungel der Möglichkeiten zu navigieren.

Im gesamten Prozess – von der ersten systematischen Sammlung von Daten bis hin zur Einführung passgenauer KI-Modelle im operativen Geschäft – geht es immer wieder darum abzuwägen, welche Werkzeuge welcher Anbieter an welcher Stelle und zu welchem Zeitpunkt eingesetzt werden können. Meinen Beitrag sehe ich darin, Ihnen die Tragweite jeder Entscheidung transparent zu machen. Das mag am Anfang kompliziert anmuten. Wenn es Ihnen jedoch gelingt, die komplexe Technologie hinter der KI-Wertkette in klare, betriebswirtschaftliche Zusammenhänge zu übersetzen, werden Sie jedem Experten bald auf Augenhöhe begegnen können.

Wie immer bei einer komplexen Herausforderung kann ein Perspektivenwechsel hilfreich sein: Betrachten Sie nicht den ganzen Berg an Herausforderungen – denn schon der Gedanke daran, solche Schwierigkeiten überwinden zu müssen, könnte bei Ihnen Atemnot auslösen. Ich bitte Sie deshalb: Gehen Sie langsam, Schritt für Schritt, teilen Sie Ihre Strecke in Etappen. Niemand springt ohne Anstrengung zum Gipfel! Wer sich zu früh zu viel zutraut, macht schlichtweg schlapp, bevor er sein Ziel erreicht.

Sehen Sie sich zunächst einmal die kommerziellen Dimensionen Ihres Projekts an. Betrachten Sie das Wesentliche und setzen Sie es in einen zeitlichen Rahmen. So verschaffen sich Sie den Überblick, der es Ihnen ermöglicht festzustellen, wie die Anwendungen verschiedener Anbieter Ihnen auf Ihrem Weg zum Ziel helfen können. Ich habe mehrfach betont, dass die erfolgreiche Integration von KI in die Prozesse und Strukturen Ihres Unternehmens maßgeblich von Ihrer Führung abhängt. Konkret: Auch wenn sich im Herzen der aktuellen KI-Revolution die faszinierende Verschmelzung von Daten, Algorithmen und Technologie verbirgt, so sollten Sie Ihren Blick auf die Wertschöpfung halten. Versuchen Sie zu ergründen, mittels welcher Anwendungen Ihre Daten zu Einblicken, Entscheidungen und konkreten Aktionen werden, die es Ihnen letztendlich ermöglichen, Ihre Geschäftsziele zu erreichen. Mein Rat an dieser Stelle lautet: Bleiben Sie mit allen an der KI-Initiative Beteiligten im Gespräch! Reden Sie über Ihr Ziel. Auch jeder Austausch mit externen Beratern oder Experten hilft Ihnen dabei, Ihr Verständnis für künstliche Intelligenz zu erweitern. Gespräche mit Kollegen aus den Bereichen IT und Business Intelligence versetzen Sie in die Lage, wichtige technologische Entscheidungen für Ihr Unternehmen zu beeinflussen. Schritt für Schritt nähern Sie sich Ihrem Projekt, weil Sie Wissen sammeln.

Bevor wir die einzelnen Stufen der KI-Wertkette und deren Zusammenspiel untersuchen, ist es unerlässlich, einen Blick auf den Ursprung der Wertkette zu richten: den Mikrochip. Ohne diese winzigen Komponenten, die Kern der Cloud-Infrastruktur sind, wäre künstliche Intelligenz heute undenkbar.

Mikrochips & Co.: Was die KI antreibt

Ursprünglich waren Computerchips riesig, genau wie die Rechner, die sie betrieben. Sie waren ausschließlich nationalen Labors, Universitäten oder Großunternehmen vorbehalten. Doch das währte nicht lange: Bald schon führte die stetige Forschung zu einer exponentiellen Entwicklung in Bezug auf ihre Rechenleistung und die Chips wurden immer kleiner. Beides hat maßgeblich zu ihrer Bedeutung für den technologischen Fortschritt in unseren Volkswirtschaften beigetragen.

Heute sind die winzigen Strukturen auf Mikrochips kleiner als Bakterien und nur unter starken Mikroskopen sichtbar. Mit dieser Entwicklung wurden kleine Computer für den Heimgebrauch und viele andere Geräte erst möglich. Und wenn wir bedenken, dass Computerchips in diesem Kleinstformat allgegenwärtig sind – vom Smartphone über die Waschmaschine bis hin zur Drohne – und dass sie mit ihrer Rechenleistung verschiedene Analysen und hochauflösende Grafiken ermöglichen und KI-Modelle aller Art befeuern, dann darf hier gefragt werden: What's next? Nun, im Kapitel »Szenen aus der Zukunft« (Kapitel 4) habe ich Ihnen einen Einblick in den mikrochipgesteuerten Alltag gegeben. Aber bleiben wir noch einen Augenblick bei den kleinen Wunderwerken in der Gegenwart. Sehen wir hin, wie sie heute funktionieren. Und damit blicken wir nach Santa Clara in Kalifornien. Dort nämlich betreten wir die Welt von Nvidia.[126]

Die Mikrochips von Nvidia gelten als unschlagbar für KI-Anwendungen und spielen eine entscheidende Rolle im Wettlauf um die Vorherrschaft im Bereich der künstlichen Intelligenz. Die Tech-Giganten verlassen sich fast ausnahmslos auf Nvidia-Chips für ihre Hochleistungsrechner und KI-Modelle. Muss ich da noch erwähnen, dass der Börsenwert dieses Unternehmens wächst und wächst und im Jahr 2023 erstmals die Billionen-Dollar-Marke überschritten hat? Damit gehört Nvidia plötzlich zu den Top Ten der wertvollsten Unternehmen weltweit. Sie merken, ich gerate ins Schwärmen. Zu Recht, denn mittlerweile marschiert Nvidia auf Augenhöhe mit seinen wichtigsten Großkunden, den Tech-Giganten, und teilt sich die Welt der Halbleiter mit größtenteils taiwanesischen Anbietern wie TSMC oder Media Tek. Wer Zugriff auf diese hochspezialisierte und komplexe Technologie hat, besitzt im Grunde die Fähigkeit, das Schachspiel der Weltmächte zu dirigieren. Und dieser mutige Satz ist nicht übertrieben. Denn die Innovation hinter diesen Siliziumchips ist und bleibt ein modernes Ingenieurwunder – und deren Replikation selbst für das technologisch versierte China ein Mysterium.[127]

Die Volksrepublik steht nämlich vor großen Hindernissen bei dem Versuch, eine Chipindustrie auf Weltklasseniveau zu etablieren. Die Gründe dafür sind:

- hohe technologische Komplexität,
- Bedarf an langjährigem, spezialisiertem Wissen in der Halbleiterfertigung, aber auch
- Handelsbeschränkungen der USA, die China den Zugang zu notwendigen Technologien und Ausrüstungen erschweren.

Doch der chinesische Staat und seine Unternehmen geben nicht auf, investieren umso entschlossener und schmieden Pläne, um die heimische Halbleiterindustrie weiter voranzutreiben.[128] Das mag ein strategischer Schachzug sein, um die Dominanz der USA und ihrer Verbündeten auf den globalen Chipmärkten zu brechen. Obwohl der öffentliche Diskurs um Taiwan sich oft um Freiheit, Demokratie und Menschenrechte dreht, verbirgt sich hinter den Kulissen eben auch ein Ringen um die technologische Überlegenheit und die weltweite Vormachtstellung.[129]

Nvidia und die Simulationstheorie

Wir kennen die Erfolgsgeschichten von Apple, Amazon und Google. Von Nvidia kennen nur wenige Menschen den Anfang. Dabei wäre ohne dieses Unternehmen vermutlich die KI an einem anderen Punkt, die Welt der Technologie hätte die Geschwindigkeit, mit der sie heute voranschreitet, vermutlich noch nicht erreicht. Grund genug, einmal zurückzublicken.

Nvidia begann einst als Vorreiter in der Chip-Produktion für hochauflösende Internet-Spiele, einer Branche, die heute mit einem beeindruckenden Umsatz von 240 Milliarden Euro fast an den weltweiten Umsatz in der Pharmaindustrie heranreicht. Noch bevor Nvidia seine fast monopolartige Stellung im Markt für KI-Mikrochips erlangte, profitierte der Chiphersteller bereits in den Jahren zuvor erheblich vom Aufschwung der Kryptowährungen. Aufgrund ihrer hohen Leistungsfähigkeit waren die Grafikkarten des Unternehmens bei der Kryptowährung-Mining-Community äußerst beliebt, was Nvidia schon seit Längerem wirtschaftlichen Erfolg bescherte.[130] Doch diese Chips haben nicht nur den Gaming-Bereich und die Welt der Kryptowährungen erobert, sondern sind, wie Sie bereits wissen, die treibende Kraft hinter hochkomplexen KI-Algorithmen geworden.[131] Ein bemerkenswertes Beispiel ist, dass ChatGPT von mehr als 20.000 der leistungsstärksten Nvidia-Chips angetrieben wird.[132]

Im Jahr 2023 hat sich Nvidia über zahlreiche Deals seiner Wagniskapitaltochter NVentures zum weltweit größten Investor in KI-Start-ups aufgeschwungen. Zu seinem Portfolio gehören mit Inflection AI und Cohere nun zwei der größten ChatGPT-Konkurrenten sowie die aufstrebende Machine-Learning-Community-Plattform Hugging Face, ein Open-Source-Forum, das Entwicklern Zugang zu einer großen Bandbreite an vortrainierten KI-Modellen gibt und auf diese Weise die Entwicklung von KI-Anwendungen beschleunigt. Nvidias strategische Investitionen in KI-Start-ups, sei es in Form von Kapital oder Hardware, sind ein klares Signal: Das Unternehmen ist entschlossen, seine Marktführerschaft zu festigen und sein Kunden- und Partnernetzwerk weiter auszubauen. Denn durch die Förderung seiner Technologie in diesen Unternehmen steigert Nvidia nicht nur die Nachfrage nach seinen Produkten, sondern behauptet auch seine dominante Marktposition. Zusätzlich sichert sich der Chip-Hersteller durch die Investitionen eine Spitzenposition in der Welt der KI-Innovationen. Denn die enge Zusammenarbeit mit führenden Start-ups im Bereich KI-Forschung ermöglicht es Nvidia, sein Technologie- und Produktportfolio kontinuierlich den Marktanforderungen anzupassen und am Puls der Zeit zu bleiben. Aber das ist nicht alles: Diese Investitionen tragen auch finanzielle Früchte. Nvidia setzt auf potenzielle »Unicorns« – Neugründungen mit einer Bewertung von über einer Milliarde Dollar – und partizipiert somit an der Wertsteigerung vielversprechender KI-Unternehmen. Experten zufolge könnte Nvidia durch seine kluge und vorausschauende Strategie in die Fußstapfen von Apple treten, dem aktuell wertvollsten Unternehmen weltweit.[133]

Aber zurück zu den Online-Computerspielen. Die sind mittlerweile so verblüffend fotorealistisch und detailreich geworden, dass sie heute mit Filmen, in der Zukunft gar mit der Realität selbst in Konkurrenz treten könnten. Diese bahnbrechende Entwicklung hat nicht nur die Kreativität zahlreicher Wissenschaftler und Unternehmer angeregt, sondern ist auch die Grundlage für visionäre Denker, wenn sie sich fragen: Was wird unsere Welt morgen oder übermorgen spiegeln? Wird sie realistisch oder virtuell sein oder ein Bild suggerieren, das wir uns wünschen? Wird die Welt sich individuell auf Knopfdruck verändern können, sodass bereits in wenigen Jahrzehnten das Reale und Virtuelle zu einer KI-Welt verschmilzt?

Auf der einen Seite schwärmen diese Visionäre von einem Metaverse, einem virtuellen Universum, in das Menschen mithilfe von Virtual-Reality-Brillen eintauchen können und sich dieses Eintauchen lebensecht anfühlt. Das macht neugierig, das treibt die Gedanken in kreative Sphären, die wir bislang nicht betreten haben.

Doch die beeindruckenden Fortschritte der Rechenleistung von Nvidia und anderen Akteuren in der Gaming-Branche hat nicht nur die Neugier von Technologie-Visionären geweckt, sondern auch die von führenden Intellektuellen. Dazu zählen der Oxford-Philosoph und KI-Experte Nick Bostrom sowie der amerikanische Physiker Brian Greene von der renommierten Columbia-Universität. Sie spielen mit äußerst spannenden und höchst umstrittenen Spekulationen – der sogenannten Simulationshypothese. Diese Hypothese wirft die provokante Frage auf, ob unsere Realität womöglich gar nicht Teil eines physischen Universums ist, sondern vielmehr eine perfekte Simulation darstellt, gesteuert von einer hoch entwickelten Zivilisation. Diese KI-Simulation würde auf gigantischen Servern laufen und von der tatsächlichen Realität nicht zu unterscheiden sein.

Obwohl diese Vorstellung bisher weder bewiesen noch widerlegt wurde, birgt sie das Potenzial, einige bislang ungeklärte Phänomene im Bereich der Quantenphysik zu erklären. Während Endzeitszenarien vom Typ »Mensch gegen starke KI« eher düster aussehen, wird hier spekuliert, dass eine höhere Intelligenz, vergleichbar mit einer Gottheit, unsere Welt mithilfe von Technologie erschaffen hat und wir selbst eine Art künstliche Intelligenz aus Milliarden von Pixeln anstatt Fleisch und Blut sind. Klingt unglaublich? Absolut! Doch diese Spekulationen veranschaulichen, welch erstaunliche Möglichkeiten einige Wissenschaftler im Bereich der künstlichen Intelligenz der Technologie zutrauen und warum Nvidia als Herzstück der aktuellen Revolution nicht nur die Fantasie von Wissenschaftlern, sondern auch die der Anleger an der Wallstreet beflügelt.

Simulationstheorie

Die Simulationstheorie von Nick Bostrom besteht aus drei Thesen, von denen laut Bostroms Gedankenexperiment mindestens eine der Wahrheit entsprechen muss.[134]

- Alle denkbaren Zivilisationen im Universum auf unserem technologischen Entwicklungsgrad erreichen aufgrund ihrer Vernichtung durch Naturkatastrophen oder Kriege niemals ihre vollständige technologische Reife.
- Alle posthumanen Zivilisationen, die nicht vernichtet wurden, haben kein Interesse daran Lebenswelten zu simulieren – obwohl sie die Fähigkeit dazu haben –, da sie diese für unethisch oder uninteressant befinden.
- Wir leben mit hoher Wahrscheinlichkeit in einer Computersimulation.

Falls die ersten beiden Thesen des Simulation Arguments als unzutreffend erachtet werden und nur ein kleiner Teil intelligenter Spezies im Universum jemals die technologische Reife zur Erstellung von Simulationen erlangt, erhöht sich die Wahrscheinlichkeit zahlreicher existierender Simulationen. Dies verringert wiederum die Chance, dass wir uns in der Basisrealität befinden.

Obwohl diese Annahme höchst spekulativ ist und es an konkreten Beweisen mangelt, eröffnen die unerklärlichen Phänomene der Quantenphysik Interpretationsspielräume. Beispielsweise erinnert das unterschiedliche Verhalten von Quantenpartikeln bei Beobachtung und Nichtbeobachtung an das Prinzip des »Renderings« in Computerspielen. Ein weiteres Phänomen, die Quantenverschränkung, bei der zwei Teilchen unabhängig von ihrer Entfernung miteinander verbunden scheinen, könnte durch eine gleichbleibende Nähe aller Quanten zu einem hypothetischen zentralen Prozessor der Simulation erklärt werden.[135]

Aber genug der Spekulationen und Gedankenexperimente. Wir wollen uns wieder der KI-Wertkette zuwenden, die ich für Sie entworfen habe, und betrachten, wie Sie dieses Wissen praktisch anwenden können. Die Wertkette soll Ihnen eine Orientierungshilfe im Dickicht der Anbieterlandschaft sein. Ich hoffe, sie bietet Ihnen Unterstützung bei der grundlegenden Frage, ob Sie sich für die Eigenentwicklung Ihres Projekts oder für den Fremdbezug auf Anwendungsebene entscheiden sollten.

Die KI-Wertkette besteht generell aus vier zentralen Stufen. Auf jeder der Stufen gibt es zahlreiche Anbieter, die Sie nutzen können. Die unten stehende Tabelle verschafft Ihnen einen ersten Überblick über die einzelnen Stufen der Wertkette und die wichtigsten Anbieter.

Das KI-Ökosystem

Die Stufen Ihrer KI-Wertkette sind:

- Stufe 1: Cloud-Infrastruktur-Anbieter
- Stufe 2: Cloud-Datenbanksysteme
- Stufe 3: Machine-Learning-Plattformen
- Stufe 4: Software-as-a-Service-Anbieter (SaaS)

Ich habe sie in der folgenden Aufstellung für Sie aufgefächert, mit repräsentativen Anbietern auf jeder Ebene. Gern veranschauliche ich die Relevanz der unterschiedlichen Stufen der Wertkette anhand einer Analogie für Sie.

	Beschreibung	Bedeutung für Wertkette	Beispielhafte Anbieter
Cloud-Infrastruktur	Unter Cloud-Infrastruktur versteht man IT-Infrastruktur wie Rechenkapazitäten, Speicher und Netzwerkkomponenten, Software und Anwendungen, die über das Internet von Cloud-Anbietern bereitgestellt werden.	Sie sind unerlässlich für das Speichern großer Datenmengen und die Durchführung komplexer Berechnungen, die für das Trainieren von KI-Modellen erforderlich sind.	AWS, Microsoft Azure, Google Cloud
Cloud-Datenbanken	Cloud-Datenbanken sind Datenbanksysteme, die in der Cloud gehostet und verwaltet werden, wodurch sie das Speichern, Verarbeiten und Analysieren von Daten ermöglichen, ohne dass eine lokale Datenbankinfrastruktur erforderlich ist.	Cloud-Datenbanken stellen sicher, dass die Daten für die Modellentwicklung zugänglich und skalierbar sind.	Snowflake, Teradata, Oracle, Google Cloud, Microsoft Azure, AWS

	Beschreibung	Bedeutung für Wertkette	Beispielhafte Anbieter
ML-Plattformen	Machine-Learning-Plattformen bieten eine umfassende Umgebung für die Entwicklung und den Einsatz von KI-Modellen, indem sie Funktionen wie Datenverarbeitung, Modellierung, Training und Modellbereitstellung integrieren.	ML-Plattformen sind eng mit der Cloud-Infrastruktur verknüpft und erleichtern die Modellentwicklung durch die Automatisierung wiederkehrender Prozesse.	Databricks, Mathworks, H20.ai, Google Cloud, Microsoft Azure, AWS
SaaS-Lösungen	Software-as-a-Service Lösungen sind Cloud-basierte Softwareanwendungen, die Nutzern über das Internet zur Verfügung gestellt werden. Anstatt Software auf individuellen Computern oder Servern zu installieren, greifen die Nutzer auf diese Dienste online zu und profitieren von der erhöhten Flexibilität.	Sie erlauben es Unternehmen, schnell auf fortschrittliche Softwaretools zuzugreifen und sind oft auf die Integration mit der Cloud-Infrastruktur und Plattformen ausgerichtet.	Salesforce, Adobe Creative Cloud, Zoom, Hubspot, o9 Solutions, Workday

Stufen der KI-Wertkette

Kennen Sie noch Horatio Caine, den legendären Forensiker aus der Kultserie Crime Scene Investigation (CSI) Miami, der jeden Mordfall mit Köpfchen, seinem Expertenteam und der neusten Technologie seines Kriminallabors gelöst hat? Horatios Hightech-Labor repräsentiert die **Cloud-Infrastruktur** und ist der physische Schauplatz für forensische Untersuchungen. Hier glänzen hochmoderne Geräte, die seine Arbeit unterstützen. Hier wird sich zur Beweisführung spezieller Werkzeuge für verschiedene Arten von Untersuchungen bedient – wie DNA-Analysen, Toxikologie, Ballistik und digitale Forensik.

Innerhalb von Horatios Kriminallabor befindet sich ein umfassendes elektronisches Archivsystem, das alle relevanten Beweismittel wie DNA-Profile, Fingerabdrücke und anderen Informationen speichert. Diese Archivierung entspricht den **Cloud-Datenbanksystemen,** in denen Daten und Fakten sorgfältig organisiert und zugänglich sind. Das Archivsystem profitiert von der Infrastruktur des High-Tech-Labors – von den Sicherheitssystemen, der IT- und Kommunikationsinfrastruktur und der Stromversorgung im Gebäude. Unser Forensiker kann auf diese Archive zugreifen, um wichtige Informationen für seine Untersuchungen zu finden.

Horatio Caine arbeitet jedoch nicht allein, sondern gemeinsam mit einem Team von Experten, darunter forensische Wissenschaftler und Verhaltensanalysten, die ähnlich den Charakteren von CSI Miami besondere Fähigkeiten haben. Diese Experten repräsentieren die **Machine-Learning-Plattform** und bringen spezialisierte Werkzeuge und Techniken ein, um die Beweise für die Verbrechen aus der Datenbank zu analysieren, Muster zu identifizieren und die Ermittlungen voranzutreiben. Bei CSI sind das Experten für Schussverletzungen, Wasserstraftaten oder DNA-Analysen, die in der Serie über innovative Kameraeinstellungen und visuelle Techniken ihre forensischen Analyseergebnisse präsentieren.

Anstatt die Ermittlungen im eigenen Labor durchzuführen, könnte unser Forensiker auch auf externe Labors zurückgreifen, um seine Experten zu entlasten oder auf andere erfahrene Experten zuzugreifen. Diese externen Labors entsprechen der Idee von **KI-SaaS**-Lösungen. Alles in allem nutzt das Team von Horatio also die Infrastruktur eines Hightech-Kriminallabors (Cloud-Infrastruktur), greift auf eigene umfangreiche Datenbanken zu (Cloud Datenbanksysteme) und setzt eigene (ML-)Plattformen oder externe Expertenteams ein (SaaS), um effektive forensische Analysen durchzuführen. Zuverlässig präsentieren sie dann unserem Forensiker Horatio Caine die Erkenntnisse, und zwar perfekt aufbereitet für die polizeiliche Ermittlung und die Anklage der Staatsanwaltschaft.

Auf jeder Stufe gibt es etablierte Platzhirsche und aufstrebende Herausforderer. Erfahren Sie mehr über beeindruckende Anbieter, ihre führenden Köpfe und deren Entwicklung bis zum heutigen Tag.

Cloud Wars

Auf der ersten Stufe der Wertkette liefern sich drei Giganten der Technologiebranche – Amazon Web Services, Microsoft Azure und Google Cloud – ein erbittertes Gefecht um die Dominanz im hart umkämpften und hochprofitablen Cloud-Computing-Sektor. Diese Branche gleicht in ihrer Funktion und Bedeutung der Erfindung zentraler Kraftwerke für die Elektrizitätswirtschaft: Wechselstrom hat die Übertragung von Strom über lange Strecken ermöglicht und unternehmenseigene Kraftwerke von einem Tag auf den anderen überflüssig gemacht. Das Internet und die Cloud-Anbieter oder auch Hyperscaler haben für die Rechenzentren der Unternehmen einen ähnlich disruptiven Effekt. Denn Unternehmen aus verschiedenen Sektoren, die früher Finanzierung, Betrieb und Wartung ihrer Rechenzentren organisierten, greifen nun über weltumspannende Glasfasernetzwerke auf die umfassende Cloud-Infrastruktur dieser Anbieter zu. In ihren umfangreichen Serverfarmen stellen die Cloud-Dienstleister Tausende von Computern bereit, die für KI-Anwendungen fast ausnahmslos mit den neuesten Mikrochips von Nvidia ausgerüstet sind.

Doch die Cloud-Anbieter erschöpfen sich nicht nur in Infrastrukturdiensten wie Datenspeicherung und Datenverarbeitung. Sie erweitern ihr Angebot zunehmend auch auf spezialisierte Dienstleistungen entlang der gesamten KI-Wertkette. Ihr Ziel ist es, Kunden in ihr Ökosystem einzubinden und eine umfassende Palette von Lösungen aus einer Hand bereitzustellen. Die Beziehung zwischen den Cloud-Anbietern und den marktführenden Unternehmen auf nachgelagerten Stufen der Wertkette ist daher höchst ambivalent: Sie sind einerseits Geschäftspartner – da sämtliche Akteure auf eben diese Cloud-Dienste zurückgreifen – und andererseits Wettbewerber im Kampf um die Daten und Großaufträge der Kunden.

Die Stars der KI-Wertkette

Die folgenden Anbieter agieren jenseits der Hyperscaler – und doch sollte jeder Manager ihren Namen in einem Atemzug mit Amazon, Microsoft oder Google nennen. Allen voran möchte ich Ihnen Snowflake, Databricks und Salesforce vorstellen.

Gegründet von Ex-Mitarbeitern des Datenbank-Riesen Oracle gelang **Snowflake** im Jahr 2020 inmitten der durch die Covid-Krise ausgelösten Welle der Digitalisierung der bisher größte Börsengang eines Softwareunternehmens mit einer Anfangsbewertung von 3,4 Milliarden Dollar.[136] Mit einem aggressiven Wachstum und namhaften Kunden wie Kraft Foods, der Sport und Freizeitmarke Under Armour und AT&T, dem weltweit größten Telekommunikationskonzern, erfüllt Snowflake bisher fast durchgehend die hohen Erwartungen seiner Kunden und Investoren. Als Spezialist für Data Warehousing auf der Wertkettenstufe der **Cloud-Datenbanksysteme** konsolidiert Snowflake Unternehmensdaten aus den unterschiedlichsten Quellen, macht auf diese Weise Bereichssilos durchlässig und aggregiert die Daten an einer zentralen Schnittstelle. Durch anwenderfreundliche Werkzeuge zur Visualisierung und Analyse der Daten unterstützt Snowflake die Entscheidungsfindung in Unternehmen und bildet eine perfekte Grundlage für die Erstellung komplexer Modelle mit Werkzeugen, die auf späteren Stufen der Wertkette folgen. Gerade durch den Betrieb seiner Anwendung auf den führenden Cloud-Infrastrukturen erleichtert Snowflake die Integration von Daten aus den unterschiedlichsten Umgebungen. Außerdem ist Snowflake bekannt für seine hohe Verarbeitungsgeschwindigkeit und unterstützt Unternehmen dabei, ihre Daten besser zu nutzen.[137]

Databricks ist einer der Pioniere im KI-Sektor, angeführt von seinem beeindruckenden CEO Ali Ghodsi. Dieses innovative Unternehmen hat sich auf **Machine-Learning-Plattformen** spezialisiert und bietet Kunden das notwendige Werkzeug an, um Transformation mithilfe kognitiver Technologien voranzutreiben. In einer beeindruckenden Finanzierungsrunde hat Databricks jüngst mehr als eine halbe Milliarde Dollar eingesammelt und seine Bewertung auf astronomische 43 Milliarden Dollar katapultiert.[138] Mit Tech-Giganten wie Amazon und Microsoft als Investoren im Rücken bietet Databricks seinen Kunden die Möglichkeit, maßgeschneiderte Modelle mit unternehmenseigenen Daten zu entwickeln – präzise abgestimmt auf firmenspezifische Anforderungen und geschützt in einem selbst gewählten Rechenzentrum oder der bevorzugten Cloud-Umgebung. Was Databricks wirklich von anderen Marktbegleitern abhebt, ist seine spezielle Ausrichtung auf Datenanalyse und KI-Modelle – ein scharfer Kontrast zu den breit gefächerten Angeboten der Cloud-Giganten, die von allem etwas anbieten. Hinzu kommt eine besonders intuitive Benutzererfahrung, die die Demokratisierung dieser Technologie weit über Expertenkreise im Unternehmen hinaus begünstigt.[139]

Die Hintergrundgeschichte von Ali Ghodsi fügt dem Unternehmensprofil einen weiteren faszinierenden Aspekt hinzu. Als fünfjähriges Kind verließ er mit seiner Familie den Iran in Richtung Schweden, um nach der Kulturrevolution in der Heimat seiner Eltern ein neues Leben zu beginnen. Überragende Schul- und Studienleistungen führten ihn auf seinem Weg in die USA, wo er an der renommierten Universität von Berkeley im Silicon Valley studierte und eine akademische Laufbahn einschlug, bevor er zu einem der Gründer von Databricks wurde. Ursprünglich als Programmierer an Bord, stieg er auf, um das Unternehmen durch seine anfänglichen Turbulenzen zu navigieren, und korrigierte schließlich erfolgreich die strategische Ausrichtung der noch jungen Firma.[140] Mit einem beachtlichen jährlichen Umsatz von über einer Milliarde Dollar, einer stolzen Bewertung und einem Kundenstamm, der so renommierte Namen wie den Chemiegiganten Bayer, Hugo Boss und Rolls-Royce umfasst, beweist Databricks, dass es sich den Platz in der KI-Wertkette mehr als verdient hat.

Im Jahr 1999 starteten Marc Benioff, der heutige CEO von **Salesforce**, und seine Mitgründer in einer bescheidenen Wohnung in San Francisco eine Revolution im Bereich des Kundenbeziehungsmanagements. Sie schufen mit Salesforce ein Softwareangebot, das nicht lokal beim Kunden installiert, sondern über das Internet als Dienstleistung angeboten wurde. Das war zu dem Zeitpunkt eine revolutionäre Idee. Denn bis zu jenem Tag erfolgte der Verkauf von Unternehmenssoftware über langfristige »Knebelverträge« durch die direkte Installation auf den internen Servern und Computern der Großkunden. Das war nicht nur teuer, sondern auch äußerst aufwendig, weil Hardware nötig war und die Software oft monatelang an interne Prozesse angepasst werden musste. Doch das innovative Konzept, bekannt als **Software as a Service (SaaS)**, erlaubte es den Nutzern, gegen eine Abonnementgebühr direkt über das Internet auf Software zuzugreifen.[141] Das lässt sich mit Ihrem Spotify-Abonnement vergleichen, mit dem Komfort automatischer Updates.

Benioff, bekannt für seine markante Persönlichkeit und seine großen Visionen, erkannte das Potenzial der »Cloud-Software« weit vor den traditionellen Technologiegiganten wie Microsoft, SAP oder Oracle – und auch Jahre bevor Amazon 2006 die Infrastruktur schuf, um Software generell auf diese Weise bereitzustellen und zu nutzen. Durch kühne Marketingstrategien und strategische Zukäufe hat Salesforce sein Angebot in der Folgezeit kontinuierlich erweitert und seine Position im Markt ausgebaut.

Die neueste Innovationswelle von Salesforce ist die nahtlose Integration von künstlicher Intelligenz in all seine Anwendungen. Hier möchte ich Kunden wie Mercedes Benz, Ikea oder Kone Aufzüge nennen. Eine Reihe von KI-Werkzeugen und Features – darunter Chatbots, Sentiment-Analysen und Berechnungen der Kaufwahrscheinlichkeit von Kunden– steigern die Effizienz von Mitarbeitern in Callcentern, im Außendienst und im Key-Account-Management. Nicht zuletzt verbessern sie das Kundenerlebnis. Die Partnerschaft mit aufstrebenden Größen der Branche wie OpenAI oder auch etablierten Anbietern wie Amazon Web Services verstärkt die KI-Kompetenzen von Salesforce weiter. Doch diese neuen Funktionen in den Salesforce-Anwendungen erhöhen nicht nur die Produktivität, sie ermöglichen es seinen Großkunden, ihre Verkaufsanstrengungen durch gezielte Marketingmaßnahmen zu optimieren und Verkaufschancen zu maximieren. Es werden schlicht mehr Abschlüsse erzielt.[142]

Angebote von heute und die Trends von morgen

In der dynamischen Landschaft der künstlichen Intelligenz zeichnen sich – wie könnte es auch anders sein? – weitere Trends ab: Unternehmen setzen vermehrt auf Multi-Cloud-Strategien, die verschiedene Cloud-Dienste kombinieren, um sich von einzelnen Anbietern unabhängiger zu machen und damit die Flexibilität und Ausfallsicherheit erhöhen.[143] Parallel dazu wird künstliche Intelligenz demokratisiert. Mehr benutzerfreundliche Plattformen erleichtern es auch Nicht-Experten, Machine-Learning-Modelle zu trainieren und zu nutzen.

Schließlich wächst die Beliebtheit von Software-as-a-Service-Modellen. Diese Entwicklung wird vor allem durch den einfachen Zugang und die vergleichsweise schnelle Einsatzbereitschaft dieser Lösungen gefördert. Sie erlauben es Unternehmen, auf diese Weise rasch von den Vorteilen der KI zu profitieren. Während gerade Start-ups und andere technologisch reife Unternehmen in der Vergangenheit dafür bekannt waren, auf Eigenentwicklungen zu setzen, führt die schnelle Entwicklung im KI-Umfeld dazu, dass viele Manager zunächst externe Lösungen nutzen, um rasch in den Wettbewerb einzugreifen und Erfahrungen zu sammeln. Sie wollen Opportunitätskosten sparen, den Mehrwert für das eigene Geschäft maximieren und technische Schulden sowie Abhängigkeiten vermeiden.

Diese Entwicklung wird auch dadurch befeuert, da sich das Spektrum an branchenspezifischen KI-Anwendungen erweitert. Sie bieten maßgeschneiderte Lösungen für besondere Geschäftsanforderungen fern ab vom Standard und verbessern somit die Wettbewerbsposition ihrer Nutzer. Erst zu einem späteren Zeitpunkt versuchen Unternehmen, bewährte Lösungen nachzubauen und gegebenenfalls zu erweitern. Das Ergebnis ist eine IT-Landschaft, die von Anpassungsfähigkeit und Spezialisierung geprägt ist. Dabei ist es das Ziel, die perfekte Balance zwischen selbst entwickelten und extern bezogenen Innovationen zu finden.[144]

11 Bedrohte Jobs und Karrierestrategien

Unterhalte ich mich mit Managern zum Spektrum der künstlichen Intelligenz, höre ich manchmal ein Seufzen und Sätze wie: »Ja, ja, das betrifft vermutlich jeden von uns. Da gibt es keine Ignoranz.« »Das Thema dominiert die Wirtschaftsnachrichten und Podcasts. Studien überholen sich quasi im Wochentakt.« »Ich bin da übrigens noch nicht entschieden, ob es Fluch oder Segen ist …« Ich kann das Zögern der Manager verstehen und auch, dass sich dahinter oftmals die Befürchtung verbirgt, aufgrund der aktuellen Entwicklung in einer neuen Arbeitswelt aufzuwachen. Jeder Wandel, jedes noch nicht erfahrene Thema birgt eben ein Maß an Unsicherheit. Uns fehlen dann die Ansätze, mit diesem Neuen umzugehen. Und Manager – aber wem sage ich das? – sind per se ungeduldig. Warten ist nicht ihr Ding, eher sind sie die Macher im Unternehmen. Dass ein Beobachten, Experimentieren, ein Herantasten an diese neue Zeit die beste Lösung sein sollte, das ist kaum intuitiv.

In diesem Buch finden Sie meine Anleitung dazu, wie es Ihnen am besten gelingt, mit dieser spannenden, vor uns liegenden, neuen Zeit umzugehen. Lassen Sie also den Zweifel zu, aber fangen Sie bitte auch an zu handeln. Kalkulieren Sie Fehler und Rückschläge ein und freuen Sie sich über jeden noch so kleinen Erfolg Ihrer Transformation. Wo Neues entsteht, kann es noch keine Erfahrung geben. Das lehrt uns der Blick in die Vergangenheit. All die prägenden Innovationen der letzten Jahrhunderte beweisen es: Jeder Einzelne, jedes Unternehmen, wir als Gesellschaft müssen uns schrittweise darauf einstellen. Erst dann können wir ein Thema weiterentwickeln, können künstliche Intelligenz für unsere Zwecke im Unternehmen nutzen. Deshalb gehen Sie langsam, gehen Sie mit Bedacht voran, aber stehen Sie bitte nicht abwartend da.

Blicken wir zurück, sehr weit zurück auf die Zeit um 3.500 v. Chr., als das Rad erfunden wurde. Schlagartig verbreitete sich diese Erfindung in Europa und Asien. Handkarren und Wagen wurden gebaut, die den Transport, den Handel und das Reisen revolutionierten. Viel später folgten dann Spinnräder, Walzwerke, Fließbänder, Fahrzeuge. Die Erfindung des Rades hat die Menschheit reich gemacht an Geist und Fantasie, an Effizienz – die Erfindung wurde abgewandelt, wurde verfeinert bis ins Detail. Immer steht am Anfang die Idee, und es folgt der Mut, diese Idee umzusetzen.

Was also einst mit dem Rad begann, entwickelte sich im Laufe der Jahrhunderte über richtungsweisende Innovationen wie die Dampfmaschine, den mechanischen Webstuhl und die Eisenbahn zur industriellen Revolution und zu den technologischen Fortschritten der modernen Ära. Bislang hielt das Versprechen, dass die gesteigerte Produktivität zu mehr Beschäftigung, einer stärkeren Güternachfrage und einer deutlichen Verbesserung unserer Lebensbedingungen führt. Warum ich Sie auf diese Gedankenreise mitnehme? Um Ihren Blick auf die Vorteile, die Chancen zu lenken. Die

Lehre aus allem Wandel in der Menschheitsgeschichte zeigt uns: Auf kurze Sicht bringt eine technologische Umwälzung immer einen verunsichernden Strukturwandel mit sich. Auf lange Sicht haben diese Basistechnologien einen transformativen Effekt auf die Wirtschaft, indem sie neue Industrien schaffen, bestehende Sektoren umgestalten und das Wirtschaftswachstum fördern.[145]

Dieser Wandel wirkt sich zunächst tiefgreifend auf die am Arbeitsmarkt nachgefragten Qualifikationen und Profile aus. Aber sehen wir noch einmal zurück: In vergangenen Epochen beschränkte sich der Wandel hauptsächlich auf bestimmte Wirtschaftsbereiche wie das produzierende Gewerbe, wodurch vor allem Facharbeiter betroffen waren. In vielen Industrieländern führte dies mittel- bis langfristig zu einer Verschiebung von der Fertigung hin zum Dienstleistungssektor.

Der aktuelle Wandel jedoch erstreckt sich in erster Linie auf Wissensarbeiter. Heute ist künstliche Intelligenz noch am Anfang und eignet sich eher für repetitive Aufgaben. Daher sind viele Jobs vergleichsweise sicher und werden auf mittlere Sicht eher durch Co-Piloten bei ausgewählten Tätigkeiten unterstützt, was unsere Produktivität massiv erhöht. Mir haben befreundete Programmierer berichtet, dass Aufgaben, für die sie bisher eine Woche gebraucht haben, sich heute oft an einem halben Tag erledigen lassen, da sie lediglich den von der generativen KI vorgeschlagenen Code anpassen müssen.

Auch im Nachbarbereich der KI, der Robotik, machen Unternehmen große Fortschritte. Heute stößt die Disziplin noch an ihre Grenzen, da es den Maschinen schwerfällt, zentrale Arbeitsschritte wie das Greifen nach einem Gegenstand zuverlässig nachzuahmen. Doch die Fähigkeit zu greifen ist eine der am meisten benötigten Eigenschaften für ein voll funktionsfähiges Robotiksystem, ohne das sich zentrale Aufgaben nicht nachempfinden lassen. Firmen wie Boston Robotics und andere Anbieter beweisen, dass auch auf diesem Feld ständig neue Fortschritte gemacht werden und die Möglichkeit besteht, dass in Kombination mit der KI in einigen Jahren viele Handgriffe von Maschinen auch autonom ausgeführt werden können.

Angesichts der rasanten Fortschritte in den Bereichen künstliche Intelligenz und Automatisierung entbrennen nun viele Diskussionen über die zukünftige Rolle von Algorithmen, Robotik und menschlicher Arbeit. Wie sieht die Arbeitswelt der Zukunft aus, wenn Maschinen tatsächlich einmal in der Lage sein werden, nahezu alle Aufgaben besser und schneller zu erledigen, als Menschen es vermögen?

Chancengleichheit herstellen

Es muss in unser aller Interesse sein, den Wirtschaftskreislauf sowie unser soziales Miteinander intakt zu halten. Künstliche Intelligenz drängt sich in jeden Lebensbereich – den wirtschaftlichen, gesellschaftlichen und kulturellen. Das werden wir nicht verhindern können und im besten Fall werden alle Menschen von den aktuellen Entwicklungen profitieren. Diese Entwicklung sollte das Leben einfacher, spannender und sozialer gestalten, sie sollte die Chancen gerecht verteilen. Das Ziel muss also eine Verbesserung der Lebensverhältnisse aller Menschen sein, auch und gerade in einem Szenario, in dem starke KI vielleicht einmal unsere Lebenswirklichkeit bestimmt. Das wirft die Frage auf: Muss es zwingend sein, dass Maschinen in einer nicht allzu fernen Zukunft nahezu alle Aufgaben übernehmen?

Hier möchte ich die Wissenschaft bemühen: Die von dem britischen Ökonomen David Ricardo entwickelte Theorie der komparativen Vorteile analysiert die Arbeitsteilung zwischen Nationen und ihren Einfluss auf die Beschäftigung und den Wohlstand in einem Land. Ricardo zeigt auf, dass ein Land erfolgreich am globalen Handel teilnehmen kann, selbst wenn es in der Produktion aller Güter weniger effizient ist als andere Länder. Gleichzeitig ist es für effizientere Länder vorteilhaft, Handelsbeziehungen mit weniger wettbewerbsfähigen Ländern einzugehen und sich auf besondere Waren und Dienstleistungen zu konzentrieren, anstatt alles selbst zu produzieren. Diese Theorie liefert wichtige Erkenntnisse für die moderne Arbeitswelt, in der Menschen mit Algorithmen und Maschinen um Aufgaben konkurrieren. Die Bedeutung dieser Theorie spiegelt sich im weltweiten Handel wider, bei dem Länder vorwiegend jene Waren exportieren, die sie relativ effizient produzieren, und solche importieren, bei deren Herstellung sie weniger effizient sind.[146]

Komparative Vorteile

Um diesen Ansatz zu verdeutlichen, möchte ich Ihnen Frau Gutherz und Herrn Frühauf vorstellen. Sie leben als Nachbarn Haus an Haus. Frau Gutherz ist sowohl eine ausgezeichnete Gärtnerin als auch eine talentierte Bäckerin. Sie kann in einer Stunde mehr Gemüse ernten und mehr Brot backen als Herr Frühauf in derselben Zeit. Das heißt, Frau Gutherz hat in beiden Disziplinen einen absoluten Vorteil. Jedoch kann Herr Frühauf in einer Stunde, obwohl weniger effizient als Frau Gutherz, verhältnismäßig mehr Brot backen als Gemüse ernten. Er hat also einen komparativen Vorteil im Backen.

Nach Ricardos Theorie der komparativen Vorteile sollten sie trotzdem Handel treiben. Frau Gutherz sollte sich auf die Gartenarbeit konzentrieren, weil ihr Vorteil dort größer ist, und Herr Frühauf sollte backen. Selbst wenn Frau Gutherz in beiden Tätigkeiten besser ist als Herr Frühauf, maximiert der Handel ihre

Gesamtproduktivität. Herr Frühauf produziert und tauscht Brot, das er relativ effizienter herstellen kann, während Frau Gutherz sich auf das konzentriert, was sie absolut am effizientesten produzieren kann, nämlich Gemüse ernten. So erhöht sich die Menge an Brot und Gemüse, die beide durch einen Tausch genießen können, im Vergleich zu einer Situation, in der jeder für sich selbst produziert.[147]

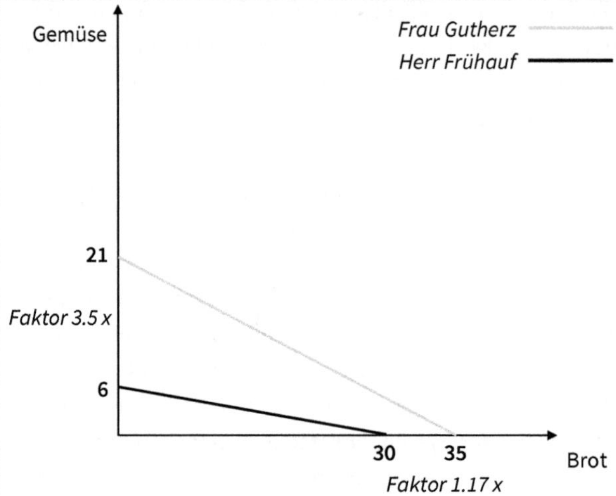

MAXIMALER OUTPUT	**Frau Gutherz**	**Herr Frühauf**
Gemüsekörbe	21	6
Laib Brot	35	30

Nutzung komparativer Vorteile zur Erhöhung der Gesamtproduktivität, eigene Darstellung

Angewendet auf das Verhältnis Mensch – Maschine würde das bedeuten: Selbst wenn Maschinen alles absolut effizienter erschaffen als wir Menschen, sollten sie dennoch bei den Waren und Dienstleistungen eingesetzt werden, bei denen sie verhältnismäßig produktiver sind, und die anderen Aufgaben uns überlassen, damit begrenzte Ressourcen wie Rechenkapazität und Energie bei diesen Aufgaben maximal effizient eingesetzt werden.

Sie merken, ich appelliere an Ihre Vorstellungskraft und bitte Sie, über eine zentrale Frage nachzudenken, die sich aus der bevorstehenden Revolution ergibt: Wie werden sich die Rollen von Mitarbeitern und Managern in der Welt von morgen gestalten? Wo liegt unser komparativer Vorteil in diesem neuen Kontext?

Doch die Theorie der komparativen Vorteile mag in einem Szenario, in dem Menschen irgendwann mit künstlicher Intelligenz konkurrieren, an ihre Grenzen stoßen.

Der ungleiche Zugang zu Bildung und der Reformstau im Bildungswesen könnte es dieses Mal erschweren, den Strukturwandel gut zu bewältigen. In der Vergangenheit konnten Menschen in neuen Berufsbildern mit starken komparativen Vorteilen ausgebildet werden. Die aktuelle Inflexibilität und der Mangel an hoch qualifizierten Arbeitskräften könnte jedoch eine weitere Automatisierung in eben diesen Bereichen fördern, wodurch der Strukturwandel verlängert und die Herausforderungen im Wettbewerb zwischen Mensch und künstlicher Intelligenz verschärft werden.

Gerade die Entwicklung von generativen KI-Modellen, die nicht auf spezifische Anwendungsfälle beschränkt sind, sondern als vielseitige Werkzeuge eingesetzt werden können, hat das Potenzial, auch solche Bereiche zu erobern, in denen Menschen bisher komparative Vorteile hatten. Selbst wenn bestimmte Aufgaben ursprünglich nur Nebenprodukte der primären Anwendung dieser KI-Systeme waren, könnten sie über kurz oder lang menschliche Fähigkeiten in diesen Feldern überflügeln.

Letztlich können marktführende Unternehmen mit Zugang zu riesigen, proprietären Datensätzen und performanten Modellen von Daten-Netzwerkeffekten profitieren und auch in den Branchen oder Funktionen Maschinen einsetzen, in denen traditionell der Mensch überlegen war. Insbesondere in Sektoren, die von wenigen, technologisch fortschrittlichen Spielern beherrscht werden, könnte auf lange Sicht bevorzugt künstliche Intelligenz zum Einsatz kommen.

Berufe, die wohl bald der Vergangenheit angehören werden

Vor diesem Hintergrund ergibt es Sinn, sich die langfristigen Konsequenzen der KI-Transformation vor Augen zu führen, um frühzeitig reagieren zu können. Fragen Sie sich:

- Wann sollte die KI als Co-Pilot fungieren?
- Wann sollte sie Aufgaben komplett übernehmen?

Beachten Sie hierzu: Durch die Integration von künstlicher Intelligenz könnten laut Expertenmeinung etwa 15 Prozent der Arbeitsplätze mit hohen Denkanforderungen und bis zu 50 Prozent der Routinetätigkeiten komplett ersetzt werden. Goldman Sachs geht gar von 300 Millionen Vollzeitstellen in den USA und Europa aus.[148]

Gemäß einer Studie des Fraunhofer Instituts sind Routineaufgaben besonders betroffen, wenn sie auf klaren Informationen basieren, sodass sie sich einfacher in Form von Heuristiken beschreiben lassen. Nicht routinemäßige Wissensarbeit umfasst komplexe Aufgaben, die sich nur schwer standardisieren lassen, da weder das Ziel noch der Weg dorthin fest vorgegeben sind. Solche Aufgaben erfordern ein besonderes Maß an Flexibilität und den Umgang mit Unsicherheiten und Mehrdeutigkeit, was ihre Automatisierung zumindest mittelfristig erschwert. Bei der Interaktionsarbeit, die auf die Beeinflussung von Verhalten und Empfinden anderer abzielt, ist menschliche Interaktion unerlässlich. Insbesondere emotional geprägte Interaktionsarbeit, wie sie bei der Zusammenarbeit mit Menschen im Vordergrund steht, bleibt von der Digitalisierung mittels künstlicher Intelligenz weitgehend unberührt.[149] Denn in Bereichen, in denen menschliche Arbeit einen hohen Mehrwert schafft, wie in der Unternehmensberatung oder im Geschäftskundenvertrieb, kann künstliche Intelligenz die Aufgaben nicht komplett übernehmen. Hier wird künstliche Intelligenz eher eine unterstützende Rolle als Co-Pilot spielen, um die Produktivität und den Output der menschlichen Arbeitskraft zu steigern.

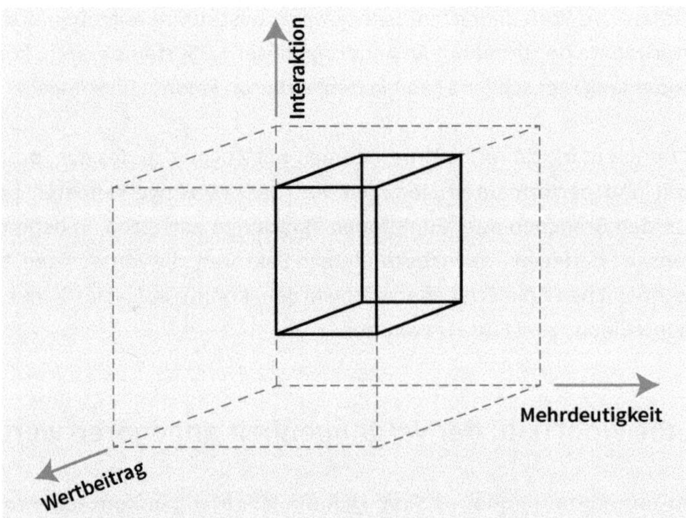

Mögliche Positionierung menschlicher Arbeitskraft, eigene Darstellung

KI wird also den Arbeitsmarkt signifikant verändern. Während in der Vergangenheit vor allem klassische Blue-Collar-Jobs durch Automatisierung und technologischen Fortschritt betroffen waren, stehen heute auch Büroberufe im Fokus. In allererster Linie handelt es sich um Berufe mit einem hohen Anteil an Routinetätigkeiten oder klar definierbaren Abläufen, die zuerst durch KI unterstützt und perspektivisch ersetzt werden könnten – das sind etwa Redakteure, Übersetzer, Architekten, Finanzanalysten und Wirtschaftsprüfer. Insbesondere für Berufseinsteiger in Prestigeberufen, wie in juristischen Kanzleien oder Unternehmensberatungen, wird es zukünftig immer schwieriger, Fuß zu fassen. Denn gerade hier werden Absolventen anfangs häufig mit typischen, unterstützenden Tätigkeiten wie Recherchearbeiten oder der Zusammenfassung von Texten betraut, die durch KI einfach zu übernehmen sind.[150] Doch gerade junge Menschen in Schulen und Universitäten oder Young Professionals haben jetzt die Möglichkeit, den Umgang mit KI-Tools und der neuen Arbeitswelt zu perfektionieren und ihr Profil für einen veränderten Arbeitsmarkt zu schärfen.

Von der KI gestreift, aber nicht ersetzt: Berufe der Zukunft

Es wird viel diskutiert, welche Berufe besonders vom Einsatz der KI betroffen sein werden. Auch ich bin der Meinung, dass es einige Berufsbilder schon in wenigen Jahren nicht mehr geben wird. Routineaufgaben können effizienter durch die KI erledigt werden. Was aber ist mit solchen Berufen, in denen emotionale Intelligenz verknüpft mit Fachwissen gefragt ist? Ich denke zum Beispiel an medizinische und juristische Berufe und an all jene, die von der menschlichen Vorstellungskraft geprägt sind, wie die der Wissenschaftler.[151]

Medizinische Fachkräfte wie Ärzte und Chirurgen kombinieren ihr umfangreiches Fachwissen mit der Kompetenz, empathisch und schnell in unsicheren Situationen zu entscheiden. Zwar gibt es beachtliche Entwicklungen in der roboterassistierten Chirurgie – wie bei den Systemen von Intuitive Surgical, die bei minimalinvasiven Operationen unterstützen und als chirurgische Co-Piloten fungieren. Diese Systeme führen durch kleine Einschnitte Instrumente und Kamera ein und finden heute schon in verschiedenen chirurgischen Disziplinen Anwendung, unter anderem bei der Tumorentfernung.[152] Doch die Übernahme der Verantwortung für komplexe Eingriffe und das Urteilsvermögen in vielschichtigen und zeitkritischen Situationen, bei denen es um Leben und Tod geht, wird weiterhin in Menschenhand liegen.

Ebenso sind Lehrer und Bildungsfachkräfte unersetzlich, wenn es um die persönliche Förderung und Betreuung von Schülern geht, wobei emotionale Intelligenz und Anpassungsfähigkeit an die individuellen Lernbedürfnisse im Mittelpunkt stehen. Künstliche Intelligenz stellt hier eher eine große Chance dar, noch individueller auf persönliche Interessen, Fähigkeiten und Schwächen einzugehen und die Lehrer dabei zu unterstützen, Kinder noch effektiver zu unterrichten. Auch wenn Sympathie und Antipathie zwischen Lehrern und Schülern eine Rolle spielen, kann hier die Neutralität der KI von Vorteil sein. Mobbing durch Lehrkräfte und der Missbrauch der Autoritätsposition wäre kaum möglich und auch das subjektive und mitunter ungerechte Erteilen von Noten. Das aber sei nur am Rande erwähnt. Wichtiger scheint mir folgender Faktor zu sein: Durch Selbststudium und KI-basierte Unterstützung und Leistungsmessung kann es gelingen, dass auch unterprivilegierte Schüler ähnlich gute Bildungschancen wie geförderte Schüler erhalten. Da nämlich käme die Bildung in Form von Apps und als maßgeschneiderte Pädagogik ins Haus.

Wenden wir uns den Wissenschaftlern zu, die durch komplexe Experimente, sorgfältige Datenanalysen und umfassende Forschung die Entwicklung neuer Theorien vorantreiben und somit maßgeblich zum Erkenntnisgewinn und wissenschaftlichen Fortschritt beitragen. Ich wage die Behauptung, dass Wissenschaftler mit ihrer Tätigkeit die Grenzen aktueller algorithmischer Möglichkeiten überschreiten. Dennoch findet KI bereits verstärkt Anwendung in der Forschung. Besonders in der Pharmaindustrie spielen kognitive Technologien zunehmend eine entscheidende Rolle. Maschinelles Lernen treibt die Entdeckung neuer Wirkstoffe voran und man verspricht sich aus Millionen von Kandidaten auf Basis der Prognosen eben diejenigen Moleküle herausfiltern zu können, die bei der Behandlung verschiedener Krankheiten zum Durchbruch führen.[153]

Im juristischen Sektor erfordern die Tätigkeiten von Anwälten und Richtern ein profundes Verständnis für menschliche Motivationen und gesellschaftliche Normen. Sie müssen Rechtsnormen in oft mehrdeutigen Situationen interpretieren und vertreten. Obwohl KI bereits Unterstützung in Rechtswesen und Strafverfolgung bietet, werfen solche Praktiken ethische Fragen auf. Der sehenswerte Science-Fiction-Klassiker »Minority Report« mit Tom Cruise hat diese problematische Idee schon vor vielen Jahren thematisiert. Hier wurden Personen für vorhergesagte, aber noch nicht begangene Verbrechen bestraft und eingesperrt. In der Realität nutzen US-amerikanische Gerichte heute bereits Algorithmen, um die Wahrscheinlichkeit von Rückfällen zu prognostizieren und Entscheidungen über vorzeitige Haftentlassungen zu treffen, was zu kontroversen Diskussionen führt.[154] Doch auch im zivilrechtlichen Bereich lässt sich künstliche Intelligenz weniger kontrovers als unterstützender Co-Pilot nutzen, der Anwälten bei der Formulierung von Rechtsansprüchen und der Aushandlung von Vergleichen assistiert. Auch wenn unser Manager im Kapitel »Szenen aus der Zukunft« seiner Tochter vehement von ihrem Vorhaben, Anwältin zu werden, abrät, so denke ich doch, dass Recht nicht von Maschinen gesprochen werden kann, dass Taten nicht allein durch Daten interpretiert werden sollten, sondern dass menschliche Überlegungen und Umstandsbetrachtung nötig bleiben.

Künstler und Schriftsteller zeichnen sich durch ihre Gabe aus, Werke zu schaffen, die tiefe Emotionen auslösen, die uns über Grenzen führen, die zu übertreten wir uns allein nicht getraut hätten. Sie verfügen über Fähigkeiten, die tief in der menschlichen Erfahrung verwurzelt sind und bislang von KI-Systemen nicht nachgeahmt werden können. Und doch führt generative KI zu einer enormen Zunahme an Inhalten, indem sie zum Beispiel einzigartigen Content auf der Basis tausender Texte, Bilder und Videos generiert.[155] Dies hebt das allgemeine Niveau der Kunst kräftig an, erhöht die Effizienz Einzelner und erlaubt selbst weniger Begabten, passable Inhalte zu kreieren. Dennoch kann KI heute noch keine echte Kreativität entfalten, sondern lediglich kreativen Output imitieren. Deshalb werden Spitzenkräfte in diesen Feldern ihre besondere Stellung bis auf Weiteres behalten.

Diese Berufe setzen eines voraus: persönliches Urteilsvermögen, moralische Überlegungen und die Fähigkeit, mit menschlichen Gefühlen und komplexen sozialen Situationen umzugehen – etwas, das künstliche Intelligenz bisher nicht leisten kann. Möchten Sie wissen, wie ich den Status der Manager in der Zukunft einschätze?

Generell denke ich, dass Manager weiterhin ihren Verantwortungsbereich wahrnehmen werden, wenngleich auf eine andere Art. Jegliche Routine wird automatisiert, damit Raum und Zeit für Kreativität und komplexe Entscheidungen bleibt. Manager dürfen sich freuen, wenn sie sich zukünftig auf ihre Kernkompetenzen konzentrieren dürfen, nämlich auf all die strategischen Aufgaben, für die sie einst angetreten sind. Da kommen spannende Zeiten auf Sie zu! Sie werden sich kaum noch verzetteln, werden nicht mehr mit all den Aufgaben jonglieren, sondern in einer geordneten, KI-gestützten Weise den Tag gestalten.

Key Account-Manager im IT- und Großanlagenvertrieb beeinflussen vielverzweigte und oft undurchsichtige Entscheidungsprozesse und damit weitreichende Investitionen im Sinne ihrer Unternehmen – eine Aufgabe, die kaum zu automatisieren ist. Business Developer, die mit strategischem Weitblick, vielfältigen Methoden und Innovationsgeist die Zukunft eines Unternehmens gestalten, sind kaum zu ersetzen. Doch auch Projektmanager bringen häufig komplexe Initiativen mit einer Mischung aus Organisationstalent, Führungsstärke und Kreativität zum Erfolg, die sich in keinem Fall auf Algorithmen reduzieren lässt. Schließlich gibt es die schon häufiger erwähnten Product Owner, die ihre Strategien flexibel an sich ändernde Marktsituationen und Kundenbedürfnisse anpassen – ein Spagat zwischen technischer Expertise und adaptivem Management.

Im Kapitel »Szenen aus der Zukunft« habe ich überspitzt aufgezeigt, wie ein Algorithmus ans Ruder eines Unternehmens gesetzt wird, was nach allem, was wir wissen, auf absehbare Zeit höchst unwahrscheinlich ist. Denn auf der höchsten Führungsebene verbinden Topmanager und hochrangige Manager, die an sie berichten, ein profundes Verständnis für die Dynamik in der Unternehmenswelt mit der Fähigkeit, komplexe Beziehungen zu verschiedenen Anspruchsgruppen wie Lieferanten, Geschäftskunden, Banken und Investoren zu pflegen. Diese Kombination von Fähigkeiten sichert ihre Rolle im Unternehmen und erlaubt es ihnen, die durch KI erreichbare erhöhte Produktivität und verbesserte Entscheidungsfindung zu ihrem Vorteil zu nutzen.

Neue Profile braucht das Land

Neue Berufsprofile werden der Arbeitswelt hinzugefügt, und es entstehen Jobs, die wir heute schon erahnen können. Neben den bereits aufgeführten Rollen, die aufgrund des besonderen Anforderungsprofils auf absehbare Zeit nicht zu ersetzen sind, gibt es tatsächlich diese spezifischen Profile, die man sich hinter vorgehaltener Hand zuraunt. Die aktuelle Revolution in den Unternehmen wird kurzfristig die Bedeutung dieser Profile weiter erhöhen. Und es freut mich, Ihnen bereits jetzt sagen zu können, dass diese Jobs attraktiv für Schüler, Studenten und junge Berufstätige sein werden, die sich weiterbilden oder umorientieren möchten. Wenn Sie hier weitere Informationen wünschen oder gar den Wunsch hegen, eine Karriere zu starten, dann sprechen Sie mich gern an. Es ist gar nicht so lange her, da war auch ich in dieser Situation: Ich hatte gerade die Uni verlassen und das weite Feld der Möglichkeiten lag vor mir. Ich hatte damals das Glück, Mentoren an meiner Seite zu wissen. Ich habe Berater und Förderer gewinnen können – und gebe von diesen günstigen Erfahrungen gern ein Stück weiter.

Was ich hier schon andeuten kann: Es wird für jedes Unternehmen unumgänglich sein, sich juristischen Rat einzuholen. Denn der zunehmende Einsatz von KI im Unternehmen führt vermehrt zu rechtlichen Fragestellungen. Unternehmen sollten mit juristischem Beistand sicherstellen, dass die Art, wie Kunden- und Mitarbeiterdaten gesammelt und genutzt werden, gesetzeskonform und dennoch zweckmäßig ist. Juristen beschäftigen sich bereits intensiv mit Themen wie zum Beispiel der Haftung von Unternehmen bei fehlerhaften Entscheidungen durch KI-Systeme. Besonders in Bereichen wie dem Recruiting können durch sogenannte Bias von KI-Systemen arbeitsrechtlich relevante Herausforderungen entstehen, vor denen sich Unternehmen schützen müssen und die zu vermeiden sind, um vorhandene Vorurteile nicht zu manifestieren. Denn wenn aktuell viele Männer in einem Unternehmen eine bestimmte Tätigkeit ausführen, würde die KI auf Basis der Vergangenheitswerte wiederum männliche Kandidaten bevorzugen. Urheberrechtliche Aspekte sind ebenfalls zu beachten – insbesondere im Kontext generativer KI, die oft auf urheberrechtlich geschütztem Material basiert. Diese rechtlichen Aspekte spielen eine zunehmend wichtige Rolle und erfordern spezialisiertes Wissen, um den erfolgreichen und konformen Einsatz von KI zu gewährleisten.[156]

Auch die typisch technischen Profile sind en vogue – es sind die des Data Scientists und des Data Engineers. Diese entwickeln die dringend benötigte Datengrundlage und sorgen für den Datenfluss im Unternehmen. Sie ermöglichen es durch ihre Arbeit, große Mengen an Daten zu säubern, abzurufen und zu verarbeiten. Sie verwenden fortgeschrittene analytische Methoden und gewinnen aus Daten wertvolle Erkenntnisse, die über Prognosen die Entscheidungsfindung unterstützen. Diese Profile erfordern einen Hintergrund in der klassischen Informatik oder anderen MINT-Fächern.

Ein anderes, vergleichsweise neues Profil, das gerade im Zusammenhang mit generativer künstlicher Intelligenz einen Aufschwung erlebt hat, sind sogenannte Prompt Engineers. Sie sind spezialisiert auf die Entwicklung und Verfeinerung von Anweisungen oder »Prompts«, die dazu verwendet werden, die gewünschten Ergebnisse von

KI-Sprachmodellen zu erhalten. Diese Rolle erfordert ein tiefes Verständnis dafür, wie KI-Modelle auf Inputs reagieren, und eine kreative Herangehensweise, um die Modelle effektiv anzuleiten.[157] Da generative KI-Modelle zusehends intuitiver zu bedienen sein werden, wird sich dieses Profil wohl in Richtung der Problemformulierung entwickeln. Prompt Engineers werden also in Zukunft nicht nur die richtige sprachliche Eingabe erstellen, sondern müssen die Probleme auch verstehen, definieren und mittels KI einen Lösungsansatz erarbeiten.[158]

In Zukunft wird die Nachfrage nach Unternehmensberatungen, die sich auf die Integration künstlicher Intelligenz in Unternehmen spezialisieren, deutlich steigen. Diese Berater bringen wertvolle praktische Erfahrungen aus der digitalen Transformation mit, oft basierend auf Einsichten, die sie aus erster Hand innerhalb von Unternehmen gewonnen haben. Ihr Expertenwissen kombinieren sie mit fundierten Kenntnissen in methodischer Beratung und Projektmanagement. Dadurch sind sie in der Lage, ihre Klienten effektiv zu unterstützen, Geschäftsprozesse zielgerichtet zu optimieren und die Grundlagen für die KI-Transformation durch die Implementierung erster Pilotprojekte zu legen. Sie verstehen es, KI-Lösungen so zu gestalten, dass sie sowohl technisch realisierbar als auch wirtschaftlich vorteilhaft sind.[159]

Ein entscheidendes Berufsprofil in der heutigen Geschäftswelt ist das des »Brückenbauers«, der sowohl ein tiefes Verständnis für die Möglichkeiten der Technologie als auch für geschäftliche Prozesse mitbringt. Diese Fachkräfte agieren als Bindeglieder zwischen den Fachabteilungen und den Data-Science-Teams bei der Einführung und Skalierung von KI in Unternehmen. Sie fungieren als Vermittler, die die technische Welt der Datenwissenschaft und die geschäftlichen Bedürfnisse des Unternehmens zusammenführen. Ein erfolgreicher Brückenbauer beherrscht die Sprache beider Welten und ist in der Lage, Anwendungsfälle zu identifizieren und sie gemeinsam mit technischen Teams in Lösungen zu übersetzen. Seine Aufgabe ist es sicherzustellen, dass die entwickelten analytischen Lösungen und Erkenntnisse tatsächlich den Geschäftszielen entsprechen, in der Praxis umsetzbar sind und die Basis für eine erfolgreiche Transformation schaffen.

12 Schlusswort: Ein Blick in die Zukunft

Nun sind wir am Ende meines Buches angekommen – und doch haben Sie und ich noch einen weiten Weg zu gehen. Die künstliche Intelligenz wird uns fordern, begleiten, in vielen Belangen wird sie entlastend sein – in anderen wird sie uns noch schlaflose Nächte bereiten. Wie immer im Leben wird ein persönliches Gelingen oder ein Scheitern von der Perspektive abhängen, die Menschen einnehmen. Deshalb bleibt mir, Ihnen ein offenes Mindset zu wünschen und die Neugierde auf jeden einzelnen Schritt in diese neue Zeit.

Für mich persönlich hat künstliche Intelligenz einen großen Wert. Ich schätze ihre Alltagsrelevanz und den Komfort, den ihr Einsatz mit sich bringt. Als Liebhaber guter Musik und Filme freue ich mich darüber, wie sie mir jeden Tag die Songs hörenswerter Interpreten auf die Playlist setzt und den privaten Kinoabend mit meiner Familie auf dem Wohnzimmersofa mit passgenauen Tipps bereichert. Selbst die kleinen Annehmlichkeiten wie empfohlene Komplementärartikel beim Kauf einer Matschhose für die Kleinen im digitalen Warenkorb empfinde ich als angenehm, denn es spart die wichtigste Ressource, die wir im Leben teilen dürfen: Zeit.

Doch das alles ist nur der Anfang. Es ist das Trippeln vor dem großen Start! Ich freue mich auf das, was in den nächsten Jahren kommt, was die künstliche Intelligenz für uns bereithält. Eines steht fest: Sie wird Ihnen und mir geistigen Ballast abnehmen. Wir werden mehr Freizeit genießen, werden Lästiges abgeben dürfen. Ich wünsche uns, dass wir mit dieser gewonnenen Zeit das Richtige anfangen. Was wäre das Richtige? Nun, nicht bequem zu werden, sich nicht berieseln zu lassen, nicht die Verantwortung für die eigenen Träume und Sehnsüchte abzugeben an etwas, das über uns schwebt. Wenn wir die Zeitersparnis durch die KI dazu nutzen, um uns auf die großen Aufgaben zu konzentrieren, und unsere Quality Time schätzen, dann werden wir die Sieger sein, dann werden wir die KI dirigieren – und nicht umgekehrt.

Während meiner jahrelangen Erfahrung mit KI – angefangen bei der Integration in alle möglichen Prozesse bei Amazon bis heute – konnte ich spannende Einblicke in die Leistungsfähigkeit künstlicher Intelligenz gewinnen. Es ist keine Übertreibung zu behaupten, dass sie das Leben von Mitarbeitern und Kunden verbessert und die Unternehmensergebnisse dort, wo sie zum Einsatz kommt, deutlich gesteigert hat.

Wir alle befinden uns inmitten einer Revolution. Inmitten der sechsten Innovationswelle, getrieben durch kognitive Technologien und Robotik, und wir werden in den kommenden Jahren miterleben, wie sie unser Leben und unsere Arbeitsweise weiter verändert.

Auch wenn es Risiken und Unsicherheiten im Umgang mit KI gibt und wir darauf achten müssen, dass Vorurteile aus der Vergangenheit nicht die Algorithmen der Zukunft bestimmen, so glaube ich fest daran: Für die Zukunft unserer Kinder und somit für die Arbeitswelt von morgen bleibt sie ein Chancenbereiter! Denn die Möglichkeiten und Einsatzgebiete der Technologie gehen weit über unseren persönlichen Bereich und unser alltägliches Wirken hinaus. Künstliche Intelligenz wird der Forschung auf allen möglichen Gebieten einen Mega-Schub versetzen. Sie wird die Wissenswelt bestimmen, sie wird Menschen verbinden und bilden.

Was passieren würde, wenn übermäßige Regulierung, die unsachgemäße Anwendung der Technologie und schlechte öffentliche Wahrnehmung oder einfach das Verpassen dieser Innovationswelle die Entwicklung bei uns hemmt? Nun, ich sage es einmal so: eine verpasste Chance.

Ich hoffe, es ist mir gelungen, Sie mit meiner Begeisterung für die Möglichkeiten dieser faszinierenden Technologie anzustecken und einen ersten Funken zu legen. Wenn das Buch nun vor Ihnen liegt mit Eselsohren, mit Textmarker unterstrichenen Passagen und Sie einige Anekdoten im Kopf behalten haben, dann wünsche ich Ihnen jetzt die Energie und den Schwung, sich selbst an die Spitze der Bewegung in Ihren Unternehmen zu setzen. Packen Sie es an, denn die Zeit wird nicht warten!

Danke

Ich möchte an dieser Stelle allen danken, die zur Erstellung dieses Buches beigetragen haben. Mein besonderer Dank gilt meinem Doktorvater Professor Martin Fassnacht und meinem Zweitbetreuer Professor Arnd Huchzermeier, deren umfassende Unterstützung während meiner Dissertation, die das Fundament dieses Buches bildet, unerlässlich war. Ebenso gilt mein Dank allen aktuellen und ehemaligen Kollegen, Wegbegleitern und Geschäftskunden, die mich inspiriert und unterstützt haben, wie auch den zahlreichen Experten, die ich für meine Studie befragen durfte.

Ich danke auch Maria Ronniger für ihr akribisches Lektorat sowie Mirjam Gabler und Jessica Sonnenberg vom Haufe-Verlag für ihre professionelle Betreuung, ebenso wie Gabriele Borgmann für ihre Mithilfe bei der Entwicklung des Buchkonzepts.

Ein ganz besonderer Dank gebührt meiner Frau Lucina und unseren wunderbaren Kindern Malia, Aron und Henry, deren unermüdliche Unterstützung und Geduld mir immer wieder Kraft und Zuversicht gegeben haben.

Endnoten

1 McKinsey (2018); https://www.mckinsey.com/featured-insights/artificial-intelligence/notes-from-the-ai-frontier-modeling-the-impact-of-ai-on-the-world-economy

2 Holtermann, F. (2023); https://www.handelsblatt.com/technik/ki/kuenstliche-intelligenz-warum-die-usa-den-europaeern-bei-ki-investments-den-rang-ablaufen/29247542.html

3 Jahn, T.; Scheppe, M. (2023); https://www.handelsblatt.com/technik/forschung-innovation/handelsblatt-umfrage-iphone-moment-70-prozent-der-dax-konzerne-sagen-dass-ki-ihr-geschaeftsmodell-veraendert/29222240.html

4 McKinsey (2019); https://www.mckinsey.com/~/media/McKinsey/Featured%20Insights/Artificial%20Intelligence/Global%20AI%20Survey%20AI%20proves%20its%20worth%20but%20few%20scale%20impact/Global-AI-Survey-AI-proves-its-worth-but-few-scale-impact.pdf

5 Fountaine, T.; McCarthy, B.; Saleh, T. B. (2019): Getting AI to scale. Harvard Business Review, 99(3), 2021

6 Stanford University (2023); https://aiindex.stanford.edu/wp-content/uploads/2023/04/HAI_AI-Index-Report_2023.pdf

7 Statista (2023b); https://www.statista.com/chart/29174/time-to-one-million-users/

8 Naidu, R.; Coulter, M.; Lange J. (2023); https://www.reuters.com/technology/chatgpt-fever-spreads-us-workplace-sounding-alarm-some-2023-08-11/

9 Palantir (2023); https://www.youtube.com/watch?v=x-Yue1ZpJFo

10 Odoi, T. (2023): Artificial Intelligence in Retail: Drivers, Use Cases and Success Factors. Doctoral Thesis. WHU – Otto Beisheim School of Management, Vallendar, Germany

11 Tabrizi, B. (2023); https://hbr.org/2023/02/how-microsoft-became-innovative-again

12 Kantrowitz, A. (2020a): Always Day One: How the Tech Titans stay on top. Penguin Business, New York

13 Berinato, S. (2017); https://hbr.org/2017/07/inside-facebooks-ai-workshop

14 Scheuer, S.; Kerkmann C. (2023); https://www.handelsblatt.com/technik/it-internet/das-microsoft-prinzip-wie-sich-microsoft-mit-ki-neu-erfunden-hat/29254740.html

15 Scheuer, S. (2023a); https://www.handelsblatt.com/technik/it-internet/tech-konzern-apple-ceo-deutet-neue-ki-produkte-an-und-spricht-von-wichtigen-investitionen/29297404.html

16 Amazon Web Services (2023a); https://aws.amazon.com/de/sagemaker/customers/

17 Marr, B. (2019b); https://www.forbes.com/sites/bernardmarr/2019/12/16/the-10-best-examples-of-how-ai-is-already-used-in-our-everyday-life/?sh=58b9d5771171

18 Anthropic (2023); https://www.anthropic.com/index/anthropic-amazon

19 Bass, D. (2023); https://www.bloomberg.com/news/articles/2023-06-22/amazon-is-spending-100-million-to-teach-cloud-customers-about-ai#xj4y7vzkg

20 Statista (2023c); https://www.statista.com/statistics/967365/worldwide-cloud-infrastructure-services-market-share-vendor/

21 Kantar (2021); https://www.kantar.com/de/inspiration/technology/netflix-und-amazon-prime-ziehen-neue-abonnenten-an

22 Statista (2023d); https://www.statista.com/statistics/263264/top-companies-in-the-world-by-market-capitalization/

23 Statista (2023d); https://www.statista.com/statistics/263264/top-companies-in-the-world-by-market-capitalization/

24 Amazon (2019); https://www.aboutamazon.de/news/arbeiten-bei-amazon/unsere-leadership-principles

25 Amazon (2019); https://www.aboutamazon.de/news/arbeiten-bei-amazon/unsere-leadership-principles

26 Gallo, C. (2001): The Innovation Secrets of Steve Jobs. McGraw-Hill, New York

27 Schumpeter, J. (2020): Kapitalismus, Sozialismus und Demokratie. UTB, 10. Auflage, Stuttgart

28 Christensen, C. M.; Bower, J. L. (1995): Disruptive Technologies: Catching the Wave. Harvard Business Review. 73(1), S. 43–53

29 Mcnish, J. (2016): Losing the Signal: The untold story behind the extraordinary rise and spectacular fall of Blackberry. Flatiron Books, New York

30 Skelton, M.; Pais, M. (2019): Team Topologies, IT Revolution. Portland

31 Amerland, A. (2020); https://www.springerprofessional.de/agile-methoden/leadership/wie-agile-methoden-innovationen-befeuern/10810008

32 Hoory, L.; Bottorff, C. (2022); https://www.forbes.com/advisor/business/agile-vs-waterfall-methodology/

33 Liker, J. K. (2003): The Toyota Way, McGraw Hill, New York 2003

34 Skelton, M.; Pais, M. (2019): Team Topologies, IT Revolution. Portland

35 Forbes (2016); https://www.forbes.com/sites/forbestechcouncil/2016/05/09/the-benefits-of-using-agile-software-development/?sh=1ce751a4b0f8

36 Rigby, D.; Sutherland, J.; Takeuchi, H. (2016); https://hbr.org/2016/05/embracing-agile

37 Jeff Paton & Associates (2008); https://jpattonassociates.com/dont_know_what_i_want/

38 Du Plessis, A. (2022); https://malen-lernen.org/das-maedchen-mit-dem-perlenohrring/

39 Amazon (2019); https://www.aboutamazon.de/news/arbeiten-bei-amazon/unsere-leadership-principles

40 Jung, C. (2023); https://towardsdatascience.com/from-data-lakes-to-data-mesh-a-guide-to-the-latest-enterprise-data-architecture-d7a266a3bc33

41 Deghani, Z. (2020); https://martinfowler.com/articles/data-mesh-principles.html

42 Deghani, Z. (2022): Data Mesh. Delivering data-driven value at scale. O'Reilly Media, Sebastopol

43 Goasduff, L. (2021); https://www.gartner.com/en/articles/the-4-trends-that-prevail-on-the-gartner-hype-cycle-for-ai-2021

44 McBride, S. (2023); https://fortune.com/2023/10/17/ai-funding-vc-venture-capital-tech-slumps/

45 Hanfeld, M. (2023); https://www.faz.net/aktuell/feuilleton/medien/bild-zeitung-entlaesst-mehr-als-200-mitarbeiter-ki-haelt-einzug-18974856.html

46 Postinett, A. (2023); https://www.handelsblatt.com/politik/international/streiks-in-der-traumfabrik-hollywood-autoren-wehren-sich-gegen-ki-konkurrenz-/29184718.html

47 Zöttl, I. (2022); https://www.capital.de/wirtschaft-politik/wie-die-dotcom-blase-im-jahr-2000-platzte-und-die-new-economy-mit-sich-riss

48 Neufeld, D.; Ma, J. (2021); https://www.visualcapitalist.com/the-history-of-innovation-cycles/

49 Brynjolfsson, E.; Hitt, L. M. (2000): Beyond Computation: Information Technology, Organizational Transformation and Business Performance. Journal of Economic Perspectives, 14(4)

50 Hammer, M.; Champy, J. (1993): Reengineering the Corporation. Harper Collins, 10. Auflage, New York

51 Goldratt, E. (1990): The Theory of Constraints. North River Press, Great Barrington

52 Agrawal, A.; Gans, J.; Goldfarb, A. (2022): Power and Prediction: The disruptive Economics of Artificial Intelligence. Harvard Business Press, Boston

53 McKinsey (2019); https://www.mckinsey.com/featured-insights/artificial-intelligence/global-ai-survey-ai-proves-its-worth-but-few-scale-impact

54 Butler, T.; Espinoza-Limón, A.; Seppälä, S. (2021): Towards a capability assessment model for the comprehension and adoption of AI in organisations. Journal of AI, Robotics & Workplace Automation, 1(1)

55 McKinsey (2019); https://www.mckinsey.com/featured-insights/artificial-intelligence/global-ai-survey-ai-proves-its-worth-but-few-scale-impact

56 McKinsey (2019); https://www.mckinsey.com/featured-insights/artificial-intelligence/global-ai-survey-ai-proves-its-worth-but-few-scale-impact

57 Bostrom, N. (2014): Superintelligence. Oxford University Press, Oxford

58 Dilmegani, C. (2023); https://research.aimultiple.com/artificial-general-intelligence-singularity-timing/

59 Knight, W. (2023); https://www.wired.com/story/fast-forward-elon-musk-letter-pause-ai-development/

60 Hart, R. (2023); https://www.forbes.com/sites/roberthart/2023/09/21/elon-musk-says-neuralink-could-slash-risk-from-ai-as-firm-prepares-for-first-human-trials/?sh=4982e9852956

61 Anger, H.; Klöckner, J.; Gillmann, B.; Herwartz, C.; Stiens, T. (2023); https://www.handelsblatt.com/politik/international/kuenstliche-intelligenz-warum-ki-unternehmen-strengere-gesetze-fordern-und-die-politik-nicht-liefert/29195396.html

62 McKinsey (2023b); https://www.mckinsey.com/capabilities/mckinsey-digital/our-insights/the-economic-potential-of-generative-ai-the-next-productivity-frontier#introduction

63 The Data Incubator (2021); https://www.thedataincubator.com/blog/2021/08/19/how-netflix-uses-data-to-go-beyond-content-recommendations/

64 Goodwin, T. (2019): Digitaldarwinismus: Das Überleben der Stärksten im Zeitalter der Disruption. Plassen Verlag, Kulmbach

65 Parker, G. G.; van Alstyne, M. W.; Choudary, S. P. (2017): Platform Revolution. WW Norton & Company, New York

66 Gregory, R. W.; Henfridsson, O.; Kaganer, E.; Kyriakou, H. (2021): The Role of Artificial Intelligence and Data Network Effects for Creating User Value. Academy of Management Review, 46(3)

67 Amazon (2021); https://www.amazon.science/latest-news/the-history-of-amazons-forecasting-algorithm

68 Herrman, J. (2020); https://www.nytimes.com/2020/02/11/style/amazon-trademark-copyright.html

69 Amazon Web Services (2018);

https://www.youtube.com/watch?v=yNVmUevq04I

70 Forristal, L. (2023); https://techcrunch.com/2023/08/02/tinder-tests-new-ai-photo-selection-feature/

71 Parker, G. G.; van Alstyne, M. W.; Choudary, S. P. (2017): Platform Revolution. WW Norton & Company, New York

72 Brad Stone (2013): The Everything Store. Bantam Press, London

73 Bäuchle, C. (2021); https://www.automobilwoche.de/bc-online/autoscout24-setzt-auf-ki

74 Zalando (2023); https://corporate.zalando.com/de/marken-handelspartner/plattformportale-und-tools/zdirect-das-partnerprogramm-portal-von-zalando

75 Höpner, A. (2023); https://www.handelsblatt.com/unternehmen/industrie/industrie-siemens-will-den-anteil-der-software-und-digitalgeschaefte-langfristig-verdoppeln/29061830.html

76 Odoi, T. (2023): Artificial Intelligence in Retail: Drivers, Use Cases and Success Factors. Doctoral Thesis. WHU – Otto Beisheim School of Management, Vallendar, Germany

77 Odoi, T. (2023): Artificial Intelligence in Retail: Drivers, Use Cases and Success Factors. Doctoral Thesis. WHU – Otto Beisheim School of Management, Vallendar, Germany

78 Odoi, T. (2023): Artificial Intelligence in Retail: Drivers, Use Cases and Success Factors. Doctoral Thesis. WHU – Otto Beisheim School of Management, Vallendar, Germany

79 Odoi, T. (2023): Artificial Intelligence in Retail: Drivers, Use Cases and Success Factors. Doctoral Thesis. WHU – Otto Beisheim School of Management, Vallendar, Germany

80 Odoi, T. (2023): Artificial Intelligence in Retail: Drivers, Use Cases and Success Factors. Doctoral Thesis. WHU – Otto Beisheim School of Management, Vallendar, Germany

81 Odoi, T. (2023): Artificial Intelligence in Retail: Drivers, Use Cases and Success Factors. Doctoral Thesis. WHU – Otto Beisheim School of Management, Vallendar, Germany

82 Odoi, T. (2023): Artificial Intelligence in Retail: Drivers, Use Cases and Success Factors. Doctoral Thesis. WHU – Otto Beisheim School of Management, Vallendar, Germany

83 Odoi, T. (2023): Artificial Intelligence in Retail: Drivers, Use Cases and Success Factors. Doctoral Thesis. WHU – Otto Beisheim School of Management, Vallendar, Germany

84 Odoi, T. (2023): Artificial Intelligence in Retail: Drivers, Use Cases and Success Factors. Doctoral Thesis. WHU – Otto Beisheim School of Management, Vallendar, Germany

85 Odoi, T. (2023): Artificial Intelligence in Retail: Drivers, Use Cases and Success Factors. Doctoral Thesis. WHU – Otto Beisheim School of Management, Vallendar, Germany

86 Kantrowitz, A. (2020b); https://hbr.org/2020/09/how-amazon-automated-work-and-put-its-people-to-better-use

87 Amazon (2012); https://s2.q4cdn.com/299287126/files/doc_financials/annual/269317_023_bmk.pdf

88 Kantrowitz, A. (2020a): Always Day One: How the Tech Titans stay on top. Penguin Business, New York

89 Hasso Plattner Institut (2022); https://hpi.de/pressemitteilungen/2022/ki-spitzenforscher-ralf-herbrich-wechselt-ans-hasso-plattner-institut.html

90 Guigourès, R.; Ho, Y. K.; Koriagin, E.; Sheikh, A.-S.; Bergmann, U.; Shirvany, R. (2018): A hierarchical bayesian model for size recommendation in fashion. Proceedings of the 12th ACM Conference on Recommender Systems, S. 392–396. DOI: 10.1145/3240323.3240388

91 Manager Magazin (2023); https://www.manager-magazin.de/unternehmen/handel/zalando-modehaendler-steigert-gewinn-deutlich-hoeher-als-erwartet-a-5b23974a-6961-4dc7-8975-cc910d357665

92 Kantrowitz, A. (2020a): Always Day One: How the Tech Titans stay on top. Penguin Business, New York

93 Bryar, C.; Carr, B. (2021): Working Backwards: Insights, Stories and Secrets from Inside Amazon. St. Martins Press, New York

94 Amazon Web Services (2023b); https://docs.aws.amazon.com/wellarchitected/latest/operational-readiness-reviews/building-mechanisms.html

95 Kim, E. (2023); https://www.welt.de/wirtschaft/plus247914600/Amazon-Der-perfekte-Verkaeufer-So-raffiniert-veraendert-sich-die-Produktsuche.html

96 Amazon (2023b); https://ir.aboutamazon.com/quarterly-results/default.aspx

97 Butler, T.; Espinoza-Limón, A.; Seppälä, S. (2021): Towards a capability assessment model for the comprehension and adoption of AI in organisations. Journal of AI, Robotics & Workplace Automation, 1(1)

98 Gartner (2020); https://www.gartner.com/en/documents/3982174

99 Heaven, W. D. (2023); https://www.technologyreview.com/2023/04/04/1070885/complex-math-counterfactuals-spotify-predict-finance-healthcare/

100 Kniberg, H. (2014); https://blog.crisp.se/2014/03/27/henrikkniberg/spotify-engineering-culture-part-1

101 Spotify (2020); https://engineering.atspotify.com/2020/01/for-your-ears-only-personalizing-spotify-home-with-machine-learning/

102 Roush, T. (2023); https://www.forbes.com/sites/tylerroush/2023/09/25/spotify-will-translate-podcasts-into-other-languages-using-ai/?sh=1eee1eba22ee

103 Banze, S. (2023); https://www.manager-magazin.de/lifestyle/start-ups-von-wissenschaftlern-die-neuen-rockstars-unter-den-gruendern-a-aa18b9c4-b6fa-430a-b7b4-472eb8e42397

104 Gläsemann, A. (2021); https://www.forbes.at/artikel/ki-made-in-europe.html

105 Merantix (2023); https://www.merantix.com/portfolio

106 Siemens Healthineers (2019); https://www.siemens-healthineers.com/de/news/kuenstliche-intelligenz-in-produkten.html

107 Holzki, L. (2023); https://www.handelsblatt.com/technik/ki/kuenstliche-intelligenz-500-millionen-dollar-deal-fuer-aleph-alpha-/29482284.html

108 Marr, B. (2019a); https://www.forbes.com/sites/bernardmarr/2019/09/20/the-amazing-ways-retail-giant-zalando-is-using-artificial-intelligence/?sh=6bba8cad4d93

109 Zalando (2022); https://engineering.zalando.com/posts/2022/04/zalando-machine-learning-platform.html

110 Thamm, A.; Gramlich, M.; Borek, A. (2020): The Ultimate Data and AI Guide. Data AI Press, München

111 Statista (2021); https://www.statista.com/statistics/871513/worldwide-data-created/

112 Google (2021); https://blog.google/intl/de-de/produkte/suchen-entdecken/google-maps-101-kuenstliche-intelligenz/

113 Lee, K.-F. (2018): AI Superpowers China. Silicon Valley and the New World Order. Houghton Mifflin Harcourt, Boston

114 Intel (2021); https://www.intel.de/content/www/de/de/history/museum-gordon-moore-law.html

115 Thompson, N.; Greenewald, K.; Lee, K.; Manso, G. (2020); https://ide.mit.edu/wp-content/uploads/2020/09/RBN.Thompson.pdf

116 Amazon (2023a); https://www.aboutamazon.com/news/aws/generative-ai-is-the-future

117 Statista (2023a); https://www.statista.com/statistics/747775/worldwide-reasons-for-adopting-ai/

118 Handelsblatt (2022); https://www.handelsblatt.com/politik/konjunktur/iw-studie-corona-und-ukraine-krieg-kosten-deutsche-wirtschaft-420-milliarden-euro/28783044.html

119 McKinsey (2023a); https://www.mckinsey.com/de/news/presse/wie-genai-die-arbeitswelt-in-deutschland-veraendert

120 Stelter, D. (2021): Ein Traum von einem Land. Campus Verlag, Frankfurt a. M.

121 Luo, X.; Tong, S.; Fang, Z.; Qu, Z. (2019): Frontiers: Machine vs. Humans – The Impact of Artificial Intelligence Chatbot Disclosure on Customer Purchases. Marketing Science, 38(6), S. 937–947

122 Gausling, T. (2020): KI und DS-GVO im Spannungsverhältnis. In: Graf Ballestrem, J.; Bär, U.; Gausling, T.; Hack, S.; Oelffen, S. (Hrsg.), Künstliche Intelligenz. Rechtsgrundlagen und Strategien in der Praxis. Springer Gabler, Wiesbaden

123 Holzki, L.; Klöckner, J.; Volkery, C.; Waschinski, G. (2023); https://amp2.handelsblatt.com/technik/ki/technologie-deutschland-und-frankreich-wollen-ki-allianz-schmieden/29426792.html

124 Bomke, L.; Holzki, L.; Kerkmann, C. (2023); https://www.handelsblatt.com/technik/ki/ai-act-warum-die-naechsten-14-tage-ueber-deutschlands-ki-zukunft-entscheiden/29519594.html

125 Gillmann, B.; Klöckner, J. (2023); https://amp2.handelsblatt.com/politik/deutschland/kuenstliche-intelligenz-aktionsplan-der-forschungsministerin-stoesst-auf-skepsis-/29348460.html

126 Miller, C. (2022): Chip War: The Fight for the World's most critical Technology. Scribner, New York

127 Gallagher, D. (2023); https://www.wsj.com/tech/ai/how-nvidia-got-hugeand-almost-invincible-da74cae1

128 Wall Street Journal (2023); https://www.wsj.com/video/series/u.s.-vs.-china/us-vs-china-the-race-to-develop-the-most-advanced-chips/6F2E219F-28E7-43BF-88B8-CE785ACB359B

129 Miller, C. (2022): Chip War: The Fight for the World's most critical Technology. Scribner, New York

130 Chipolina, S. (2023); https://www.ft.com/content/f5afce53-0496-462d-a5bd-f9ebd6333f5b

131 Gallagher, D. (2023); https://www.wsj.com/tech/ai/how-nvidia-got-hugeand-almost-invincible-da74cae1

132 Carr, A.; King, I. (2023); https://www.bloomberg.com/news/features/2023-06-15/nvidia-s-ai-chips-power-chatgpt-and-multibillion-dollar-surge#xj4y7vzkg

133 Bradshaw, T.; Levingston, I. (2023); https://www.ft.com/content/25337df3-5b98-4dd1-b7a9-035dcc130d6a

134 Bostrom, N. (2003): Are you living in a computer simulation? Philosophical Quarterly, Volume 53

135 Virk, R. (2019): The Simulation Hypothesis. Bayview Books, New York

136 Council, J. (2020); https://www.wsj.com/articles/behind-snowflakes-debut-rising-data-demands-11600728414

137 Rogojan, B. (2021); https://medium.com/coriers/what-is-snowflake-and-why-you-should-use-it-for-your-cloud-data-warehouse-199c62b0a09e

138 Saul, D. (2023); https://www.forbes.com/sites/dereksaul/2023/09/14/top-ipo-prospect-databricks-scores-43-billion-valuation-thanks-to-500-million-funding-round-including-ai-titan-nvidia/?sh=3113117f6bce

139 Scheuer, S. (2023b); https://www.handelsblatt.com/technik/ki/kuenstliche-intelligenz-ki-spezialist-databricks-steigert-bewertung-auf-43-milliarden-dollar/29394718.html

140 Martin, F. (2022); https://background.tagesspiegel.de/digitalisierung/ali-ghodsi

141 Benioff, M. (2009): Behind the Cloud. Jossey Bass, San Francisco

142 Scheuer, S. (2023c); https://www.handelsblatt.com/technik/ki/kuenstliche-intelligenz-salesforce-will-mit-ki-den-rivalen-sap-abhaengen/29389906.html

143 Hohpe, G. (2020): Cloud Strategy. Self-Published

144 Hohpe, G. (2021); https://d1.awsstatic.com/executive-insights/en_US/ebook-why-build-or-buy-might-be-the-wrong-question.pdf

145 Kindberg-Hanlon, G. (2021); https://blogs.worldbank.org/developmenttalk/technology-employment-trade-industry-automation-and-income-effects

146 Krugman, P.; Melitz, M.; Obstfeld, M. (2021): International Economics. Pearson, London

147 Economics Online (2020); https://www.economicsonline.co.uk/global_economics/comparative_advantage.html/

148 Goldman Sachs Research (2023); https://www.goldmansachs.com/intelligence/pages/generative-ai-could-raise-global-gdp-by-7-percent.html

149 Fraunhofer-Institut für Arbeitswirtschaft und Organisation (2023); https://www.handelsblatt.com/downloads/29230800/6/ki-studie_fraunhofer_iao.pdf

150 Götsch, A. (2023); https://www.manager-magazin.de/harvard/strategie/ki-wird-vor-allem-fuer-berufseinsteiger-zur-konkurrenz-a-34f22f24-d3c4-4ba8-b733-70aee54d9947?sara_ref=re-so-app-sh

151 McKinsey (2017); https://www.mckinsey.com/featured-insights/future-of-work/jobs-lost-jobs-gained-what-the-future-of-work-will-mean-for-jobs-skills-and-wages

152 Telgheder, M. (2022); https://www.handelsblatt.com/technik/medizin/medizintechnik-wenn-der-roboter-das-skalpell-haelt-smarte-chirurgie-technik-boomt/28425054.html

153 Schulte, A. (2022); https://www.handelsblatt.com/technik/medizin/neue-medikamente-pharmaindustrie-nutzt-kuenstliche-intelligenz-zur-arzneimittelforschung/28161478.html

154 Heaven, W. D. (2020); https://www.technologyreview.com/2020/07/17/1005396/predictive-policing-algorithms-racist-dismantled-machine-learning-bias-criminal-justice/

155 Doppelgänger Tech Talk (2023); https://www.doppelgaenger.io/info/besten-tools/ai-cheat-sheet/

156 Telser, F. (2023); https://www.handelsblatt.com/karriere/bis-zu-300-000-euro-gehalt-fuenf-top-ki-jobs-der-zukunft/29222122.html

157 Telser, F. (2023); https://www.handelsblatt.com/karriere/bis-zu-300-000-euro-gehalt-fuenf-top-ki-jobs-der-zukunft/29222122.html

158 Acar, O. A. (2023); https://hbr.org/2023/06/ai-prompt-engineering-isnt-the-future

159 Telser, F. (2023); https://www.handelsblatt.com/karriere/bis-zu-300-000-euro-gehalt-fuenf-top-ki-jobs-der-zukunft/29222122.html

Literaturverzeichnis

Acar, O. A. (2023): AI Prompt Engineering Isn't the Future. Harvard Business Review Online. https://hbr.org/2023/06/ai-prompt-engineering-isnt-the-future

Agrawal, A.; Gans, J.; Goldfarb, A. (2022): Power and Prediction: The disruptive Economics of Artificial Intelligence. Harvard Business Press, Boston.

Amazon (2012): 2011 Annual Report. https://s2.q4cdn.com/299287126/files/doc_financials/annual/269317_023_bmk.pdf

Amazon (2019): Unsere Leadership Principles. https://www.aboutamazon.de/news/arbeiten-bei-amazon/unsere-leadership-principles

Amazon (2021): The history of Amazon's forecasting algorithm. Amazon Science. https://www.amazon.science/latest-news/the-history-of-amazons-forecasting-algorithm

Amazon (2023a): Why this AWS VP believes generative AI has the potential to transform our lives. Aboutamazon.com, https://www.aboutamazon.com/news/aws/generative-ai-is-the-future

Amazon (2023b): Investor Relations – Quarterly Results. https://ir.aboutamazon.com/quarterly-results/default.aspx

Amazon Web Services (2018): AWS re:Invent 2018: [REPEAT] Deep Dive on Amazon Rekognition, ft. Tinder & News UK (AIM307-R). Youtube.com, https://www.youtube.com/watch?v=yNVmUevq04I

Amazon Web Services (2023a): Amazon-Sagemaker-Kunden. https://aws.amazon.com/de/sagemaker/customers/

Amazon Web Services (2023b): Building Mechanisms. https://docs.aws.amazon.com/wellarchitected/latest/operational-readiness-reviews/building-mechanisms.html

Amerland, A. (2020): Agile Unternehmen sind noch Zukunftsmusik. https://www.springerprofessional.de/agile-methoden/leadership/wie-agile-methoden-innovationen-befeuern/10810008

Anger, H.; Klöckner, J.; Gillmann, B.; Herwartz, C.; Stiens, T. (2023): Warum KI-Unternehmen strengere Gesetze fordern und die Politik nicht liefert. Handelsblatt, 10.06.2023, https://www.handelsblatt.com/politik/international/kuenstliche-intelligenz-warum-ki-unternehmen-strengere-gesetze-fordern-und-die-politik-nicht-liefert/29195396.html

Anthropic (2023): Company Announcements. Expanding access to safer AI with Amazon. https://www.anthropic.com/index/anthropic-amazon

Banze, S. (2023): Die neuen Rockstars unter den Gründern. Manager Magazin, https://www.manager-magazin.de/lifestyle/start-ups-von-wissenschaftlern-die-neuen-rockstars-unter-den-gruendern-a-aa18b9c4-b6fa-430a-b7b4-472eb8e42397

Bass, D. (2023): Amazon Is Spending $100 Million to Teach Cloud Customers About AI. Bloomberg, https://www.bloomberg.com/news/articles/2023-06-22/amazon-is-spending-100-million-to-teach-cloud-customers-about-ai

Bäuchle, C. (2021): Autoscout24 setzt auf KI. Automobilwoche, https://www.automobilwoche.de/bc-online/autoscout24-setzt-auf-ki

Benioff, M. (2009): Behind the Cloud. Jossey Bass, San Francisco.

Berinato, S. (2017): Inside Facebook's AI workshop. Harvard Business Review Online, https://hbr.org/2017/07/inside-facebooks-ai-workshop

Bomke, L.; Holzki, L.; Kerkmann, C. (2023): AI-Act: Warum die nächsten 14 Tage über Deutschlands KI-Zukunft entscheiden. Handelsblatt, 23.11.2023, https://www.handelsblatt.com/technik/ki/ai-act-warum-die-naechsten-14-tage-ueber-deutschlands-ki-zukunft-entscheiden/29519594.html

Bostrom, N. (2003): Are you Living in a Computer Simulation? Philosophical Quarterly, Volume 53, S. 243–255.

Bostrom, N. (2014): Superintelligence. Oxford University Press, Oxford.

Bradshaw, T.; Levingston, I. (2023): Nvidia emerges as leading investor in AI companies. Financial Times, https://www.ft.com/content/25337df3-5b98-4dd1-b7a9-035dcc130d6a

Bryar, C.; Carr, B. (2021): Working Backwards: Insights, Stories and Secrets from Inside Amazon, St. Martins Press, New York.

Brynjolfsson, E.; Hitt, L. M. (2000): Beyond Computation: Information Technology, Organizational Transformation and Business Performance. Journal of Economic Perspectives, 14(4), S. 23–48.

Butler, T.; Espinoza-Limón, A.; Seppälä, S. (2021): Towards a capability assessment model for the comprehension and adoption of AI in organisations. Journal of AI, Robotics & Workplace Automation, 1(1), S. 18–33.

Carr, A.; King, I. (2023): How Nvidia Became ChatGPT's Brain and Joined the $1 Trillion Club. https://www.bloomberg.com/news/features/2023-06-15/nvidia-s-ai-chips-power-chatgpt-and-multibillion-dollar-surge

Chipolina, S. (2023): Crypto Miners try to harness Nvidia Hype. Financial Times, https://www.ft.com/content/f5afce53-0496-462d-a5bd-f9ebd6333f5b

Christensen, C. M.; Bower, J. L. (1995): Disruptive Technologies: Catching the Wave. Harvard Business Review, 73(1), S. 43–53.

Council, J. (2020): Behind Snowflake's Debut: Rising Data Demands. Wallstreet Journal, https://www.wsj.com/articles/behind-snowflakes-debut-rising-data-demands-11600728414

Deghani, Z. (2022): Data Mesh. Delivering data-driven value at scale. O'Reilly Media, Sebastopol.

Deghani, Z. (2020): Data Mesh Principles and Logical Architecture. https://martinfowler.com/articles/data-mesh-principles.html

Dilmegani, C. (2023): When will singularity happen? 1700 expert opinions of AGI [2023]. https://research.aimultiple.com/artificial-general-intelligence-singularity-timing/

Doppelgänger Tech Talk (2023): Das Zeitalter der Effizienz. OMR Conference Keynote, https://www.doppelgaenger.io/info/besten-tools/ai-cheat-sheet/

Du Plessis, A. (2022): Das Mädchen mit dem Perlenohrring – Komplette Werkanalyse. Dein Ratgeber rund ums Malen und Zeichnen. https://malen-lernen.org/das-maedchen-mit-dem-perlenohrring/

Economics Online (2020): Comparative Advantage. https://www.economicsonline.co.uk/global_economics/comparative_advantage.html/

Forbes (2016): The Benefits of Using Agile Software Development. Forbes Magazine. https://www.forbes.com/sites/forbestechcouncil/2016/05/09/the-benefits-of-using-agile-software-development/?sh=1ce751a4b0f8

Forristal, L. (2023): Tinder tests AI photo selection feature to help users build profiles. Tech Crunch, https://techcrunch.com/2023/08/02/tinder-tests-new-ai-photo-selection-feature/

Fountaine, T.; McCarthy, B.; Saleh, T. (2019): Getting AI to scale. Harvard Business Review, 99(3), 2021, S. 116–123.

Fraunhofer-Institut für Arbeitswirtschaft und Organisation (2023): Einfluss der Künstlichen Intelligenz auf Arbeitstätigkeiten und Berufsbilder. https://www.handelsblatt.com/downloads/29230800/6/ki-studie_fraunhofer_iao.pdf

Gallagher, D. (2023): How Nvidia Got Huge – and Almost Invincible. Wall Street Journal, https://www.wsj.com/tech/ai/how-nvidia-got-hugeand-almost-invincible-da74cae1

Gallo, C. (2001): The Innovation Secrets of Steve Jobs. McGraw-Hill, New York.

Gartner (2020): Artificial Intelligence Maturity Model. https://www.gartner.com/en/documents/3982174

Gausling, T. (2020): KI und DS-GVO im Spannungsverhältnis. In: Graf Ballestrem, J.; Bär, U.; Gausling, T.; Hack, S.; Oelffen, S. (Hrsg.), Künstliche Intelligenz. Rechtsgrundlagen und Strategien in der Praxis. Springer Gabler, Wiesbaden.

Gillmann, B.; Klöckner, J. (2023): »Äußerst schwammig formuliert«: KI-Aktionsplan der Forschungsministerin stößt auf Skepsis. Handelsblatt, 23.08.2023, https://amp2.handelsblatt.com/politik/deutschland/kuenstliche-intelligenz-aktionsplan-der-forschungsministerin-stoesst-auf-skepsis-/29348460.html

Gläsemann, A. (2021): KI made in Europe. Forbes.at, https://www.forbes.at/artikel/ki-made-in-europe.html

Goasduff, L. (2021): The 4 Trends That Prevail on the Gartner Hype Cycle for AI, 2021. Gartner. Retrieved January 01, 2022, from https://www.gartner.com/en/articles/the-4-trends-that-prevail-on-the-gartner-hype-cycle-for-ai-2021

Goldman Sachs Research (2023): Generative AI could raise global GDP by 7 %. https://www.goldmansachs.com/intelligence/pages/generative-ai-could-raise-global-gdp-by-7-percent.html

Goldratt, E. (1990): The Theory of Constraints. North River Press, Great Barrington.

Goodwin, T. (2019): Digitaldarwinismus: Das Überleben der Stärksten im Zeitalter der Disruption. Plassen Verlag, Kulmbach.

Google (2021): Google Maps 101: Die Rolle künstlicher Intelligenz. https://blog.google/intl/de-de/produkte/suchen-entdecken/google-maps-101-kuenstliche-intelligenz/

Götsch, A. (2023): Rivale KI. Wenn dir der Bot den ersten Job wegschnappt. Manager Magazin, 30.05.2023, https://www.manager-magazin.de/harvard/strategie/ki-wird-vor-allem-fuer-berufseinsteiger-zur-konkurrenz-a-34f22f24-d3c4-4ba8-b733-70aee54d9947?sara_ref=re-so-app-sh

Gregory, R. W.; Henfridsson, O.; Kaganer, E.; Kyriakou, S. H. (2021): The Role of Artificial Intelligence and Data Network Effects for Creating User Value. Academy of Management Review, 46(3), S. 534–551.

Guigourès, R.; Ho, Y. K.; Koriagin, E.; Sheikh, A.-S.; Bergmann, U.; Shirvany, R. (2018): A hierarchical bayesian model for size recommendation in fashion. Proceedings of the 12th ACM Conference on Recommender Systems, S. 392–396. DOI: 10.1145/3240323.3240388

Hammer, Michael; Champy, James (1993): Reengineering the Corporation. Harper Collins, 10. Auflage, New York.

Handelsblatt (2022): IW-Studie. Corona und Ukraine-Krieg kosten deutsche Wirtschaft 420 Milliarden Euro. https://www.handelsblatt.com/politik/konjunktur/iw-studie-corona-und-ukraine-krieg-kosten-deutsche-wirtschaft-420-milliarden-euro/28783044.html

Hanfeld, M. (2023): Springer baut Redaktion ab: Bei »Bild« fallen mehr als 200 Stellen weg. Frankfurter Allgemeine, 19.06.2023, https://www.faz.net/aktuell/feuilleton/medien/bild-zeitung-entlaesst-mehr-als-200-mitarbeiter-ki-haelt-einzug-18974856.html

Hart, R. (2023): Elon Musk Says Neuralink Could Slash Risk From AI As Firm Prepares For First Human Trials. Forbes Magazine, https://www.forbes.com/sites/roberthart/2023/09/21/elon-musk-says-neuralink-could-slash-risk-from-ai-as-firm-prepares-for-first-human-trials/?sh=4982e9852956

Hasso Plattner Institut (2022): KI-Spitzenforscher Ralf Herbrich wechselt ans Hasso-Plattner-Institut. https://hpi.de/pressemitteilungen/2022/ki-spitzenforscher-ralf-herbrich-wechselt-ans-hasso-plattner-institut.html

Heaven, W. D. (2020): Predictive policing algorithms are racist. They need to be dismantled. MIT Technology Review, 17.06.2020. https://www.technologyreview.com/2020/07/17/1005396/predictive-policing-algorithms-racist-dismantled-machine-learning-bias-criminal-justice/

Heaven, W. D. (2023): The complex math of counterfactuals could help Spotify pick your next favorite song. MIT Technology Review, 04.04.2023. https://www.technologyreview.com/2023/04/04/1070885/complex-math-counterfactuals-spotify-predict-finance-healthcare/

Herrman, J. (2020): All Your Favorite Brands, From BSTOEM to ZGGCD – How Amazon is causing us to drown in trademarks. New York Times, https://www.nytimes.com/2020/02/11/style/amazon-trademark-copyright.html

Hohpe, G. (2020): Cloud Strategy. Eigenverlag, Singapur.

Hohpe, G. (2021): Why »Buy or Build?« Might be the Wrong Question. Amazon Web Services Executive Insights. https://d1.awsstatic.com/executive-insights/en_US/ebook-why-build-or-buy-might-be-the-wrong-question.pdf

Holtermann, F. (2023): Warum die USA den Europäern bei KI-Investments den Rang ablaufen. Handelsblatt, 12.07.2023, https://www.handelsblatt.com/technik/ki/kuenstliche-intelligenz-warum-die-usa-den-europaeern-bei-ki-investments-den-rang-ablaufen/29247542.html

Holzki, L. (2023): 500-Millionen-Dollar-Deal für Aleph Alpha. Handelsblatt, 08.11.2023, https://www.handelsblatt.com/technik/ki/kuenstliche-intelligenz-500-millionen-dollar-deal-fuer-aleph-alpha-/29482284.html

Holzki, L.; Klöckner, J.; Volkery, C.; Waschinski, G. (2023): Deutschland und Frankreich wollen KI-Allianz schmieden. Handelsblatt, 05.10.2023, https://amp2.handelsblatt.com/technik/ki/technologie-deutschland-und-frankreich-wollen-ki-allianz-schmieden/29426792.html

Hoory, L.; Bottorff, C. (2022): Agile vs. Waterfall: Which Project Management Methodology Is Best For You? Forbes Magazine, https://www.forbes.com/advisor/business/agile-vs-waterfall-methodology/

Höpner, A. (2023): Siemens will den Anteil der Software- und Digitalgeschäfte langfristig verdoppeln. Handelsblatt, 12.04.2023, https://www.handelsblatt.com/unternehmen/industrie/industrie-siemens-will-den-anteil-der-software-und-digitalgeschaefte-langfristig-verdoppeln/29061830.html

Intel (2021): Moore's Law and Intel Innovation. Retrieved January 01, 2022, from https://www.intel.de/content/www/de/de/history/museum-gordon-moore-law.html

Jahn, T.; Scheppe, M. (2023): »iPhone-Moment« – 70 Prozent der DAX-Konzerne sagen, dass KI ihr Geschäftsmodell verändert. Handelsblatt, 26.06.2023, https://www.handelsblatt.com/technik/forschung-innovation/handelsblatt-umfrage-iphone-moment-70-prozent-der-dax-konzerne-sagen-dass-ki-ihr-geschaeftsmodell-veraendert/29222240.html

Jeff Paton & Associates (2008): Don't Know What I Want, But I Know How to Get It. https://jpattonassociates.com/dont_know_what_i_want/

Jung, C. (2023): From Data Lakes to Data Mesh: A Guide to the Latest Enterprise Data Architecture. Towardsdatascience, https://towardsdatascience.com/from-data-lakes-to-data-mesh-a-guide-to-the-latest-enterprise-data-architecture-d7a266a3bc33

Kantar (2021): Netflix und Amazon Prime ziehen neue Abonnenten an. https://www.kantar.com/de/inspiration/technology/netflix-und-amazon-prime-ziehen-neue-abonnenten-an

Kantrowitz, A. (2020a): Always Day One: How the Tech Titans stay on top. Penguin Business, New York.

Kantrowitz, A. (2020b): How Amazon Automated Work and Put Its People to Better Use. Harvard Business Review Online, https://hbr.org/2020/09/how-amazon-automated-work-and-put-its-people-to-better-use

Kim, E. (2023): Der perfekte Verkäufer? So raffiniert will Amazon seine Suche verändern. Die Welt, 11.10.2023, https://www.welt.de/wirtschaft/plus247914600/Amazon-Der-perfekte-Verkaeufer-So-raffiniert-veraendert-sich-die-Produktsuche.html

Kindberg-Hanlon, G. (2021): The technology-employment trade-off: Industry, automation, and income effects. Worldbank, https://blogs.worldbank.org/developmenttalk/technology-employment-trade-industry-automation-and-income-effects

Kniberg, H. (2014): Spotify Engineering Culture (part 1). https://blog.crisp.se/2014/03/27/henrikkniberg/spotify-engineering-culture-part-1

Knight, W. (2023): Six Months Ago Elon Musk Called for a Pause on AI. Instead Development Sped Up. Wired, https://www.wired.com/story/fast-forward-elon-musk-letter-pause-ai-development/

Krugman, P.; Melitz, M.; Obstfeld, M. (2021): International Economics: Theory and Policy. Peason, London.

Lee, K.-F. (2018): AI Superpowers China, Silicon Valley and the New World Order. Houghton Mifflin Harcourt, Boston.

Liker, J. K. (2003): The Toyota Way. McGraw Hill, New York.

Luo, X.; Tong, S.; Fang, Z.; Qu, Z. (2019): Frontiers: Machine vs. Humans – The Impact of Artificial Intelligence Chatbot Disclosure on Customer Purchases. Marketing Science, 38(6), S. 937–947.

Manager Magazin (2023): Zalando steigert Umsatz und Gewinn kräftig. https://www.manager-magazin.de/unternehmen/handel/zalando-modehaendler-steigert-gewinn-deutlich-hoeher-als-erwartet-a-5b23974a-6961-4dc7-8975-cc910d357665

Marr, B. (2019a): The Amazing Ways Retail Giant Zalando Is Using Artificial Intelligence. Forbes Magazine, https://www.forbes.com/sites/bernardmarr/2019/09/20/the-amazing-ways-retail-giant-zalando-is-using-artificial-intelligence/?sh=6bba8cad4d93

Marr, B. (2019b): The 10 Best Examples Of How AI Is Already Used In Our Everyday Life. Forbes Magazine, https://www.forbes.com/sites/bernardmarr/2019/12/16/the-10-best-examples-of-how-ai-is-already-used-in-our-everyday-life/?sh=708bb1d41171

Martin, F. (2022): Start-up der Woche – Ali Ghodsi. Tagesspiegel, 13.06.2022, https://background.tagesspiegel.de/digitalisierung/ali-ghodsi

McBride, S. (2023): AI hype sends funding for the sector's startups soaring to $17.9 billion, defying a broader tech slump. https://fortune.com/2023/10/17/ai-funding-vc-venture-capital-tech-slumps/

McKinsey (2017): Jobs lost, jobs gained: What the future of work will mean for jobs, skills, and wages. McK Global Institute Report, https://www.mckinsey.com/featured-insights/future-of-work/jobs-lost-jobs-gained-what-the-future-of-work-will-mean-for-jobs-skills-and-wages

McKinsey (2018): Notes from the AI frontier: Modeling the impact of AI on the world economy. https://www.mckinsey.com/featured-insights/artificial-intelligence/notes-from-the-ai-frontier-modeling-the-impact-of-ai-on-the-world-economy

McKinsey (2019): Global AI Survey: AI proves its worth, but few scale impact. https://www.mckinsey.com/~/media/McKinsey/Featured%20Insights/Artificial%20Intelligence/Global%20AI%20Survey%20AI%20proves%20its%20worth%20but%20few%20scale%20impact/Global-AI-Survey-AI-proves-its-worth-but-few-scale-impact.pdf

McKinsey (2023a): Fachkräftemangel: GenAI kann akuten Bedarf bei hochqualifizierten Jobs lindern. https://www.mckinsey.com/de/news/presse/wie-genai-die-arbeitswelt-in-deutschland-veraendert

McKinsey (2023b): The economic potential of generative AI: The next productivity frontier. https://www.mckinsey.com/capabilities/mckinsey-digital/our-insights/the-economic-potential-of-generative-ai-the-next-productivity-frontier#introduction

Mcnish, J. (2016): Losing the Signal: The untold story behind the extraordinary rise and spectacular fall of Blackberry. Flatiron Books, New York.

Merantix (2023): Our Portfolio. https://www.merantix.com/portfolio

Miller, C. (2022): Chip War: The Fight for the World's most critical Technology. Scribner, New York.

Naidu, R.; Coulter, M.; Lange J. (2023): ChatGPT fever spreads to US workplace, sounding alarm for some. Reuters, https://www.reuters.com/technology/chatgpt-fever-spreads-us-workplace-sounding-alarm-some-2023-08-11/

Neufeld, D.; Ma, J. (2021): Long Waves: The History of Innovation Cycles. https://www.visualcapitalist.com/the-history-of-innovation-cycles/

Odoi, T. (2023): Artificial Intelligence in Retail: Drivers, Use Cases and Success Factors. Doctoral Thesis. WHU – Otto Beisheim School of Management, Vallendar, Germany.

Palantir (2023): Q3 Earnings. Webcast, https://investors.palantir.com/events

Parker, G. G.; v. Alstyne, M. W.; Choudary, S. P. (2017): Platform Revolution. Norton & Company, 2. Auflage, New York.

Postinett, A. (2023): Hollywood-Autoren wehren sich gegen KI-Konkurrenz. Handelsblatt, 05.06.2023, https://www.handelsblatt.com/politik/international/streiks-in-der-traumfabrik-hollywood-autoren-wehren-sich-gegen-ki-konkurrenz-/29184718.html

Rigby, D.; Sutherland, J.; Takeuchi, H. (2016): Embracing Agile. Harvard Business Review 94(5), S. 40–50.

Rogojan, B. (2021): What Is Snowflake And Why You Should Use It For Your Cloud Data Warehouse. Seattle Data Guy, https://medium.com/coriers/what-is-snowflake-and-why-you-should-use-it-for-your-cloud-data-warehouse-199c62b0a09e

Roush, T. (2023): Spotify Will Translate Podcasts Into Other Languages Using AI. Forbes Magazine, https://www.forbes.com/sites/tylerroush/2023/09/25/spotify-will-translate-podcasts-into-other-languages-using-ai/?sh=1eee1eba22ee

Saul, D. (2023): Top IPO Prospect Databricks Scores $43 Billion Valuation Thanks To $500 Million Funding Round Including AI Titan Nvidia. Forbes Magazine, https://www.forbes.com/sites/dereksaul/2023/09/14/top-ipo-prospect-databricks-scores-43-billion-valuation-thanks-to-500-million-funding-round-including-ai-titan-nvidia/?sh=3113117f6bce

Scheuer, S. (2023a): Apple-CEO deutet neue KI-Produkte an und spricht von wichtigen Investitionen. Handelsblatt, 04.08.2023, https://www.handelsblatt.com/technik/it-internet/tech-konzern-apple-ceo-deutet-neue-ki-produkte-an-und-spricht-von-wichtigen-investitionen/29297404.html

Scheuer, S. (2023b): KI-Spezialist Databricks steigert Bewertung auf 43 Milliarden Dollar. Handelsblatt, 18.09.2023, https://www.handelsblatt.com/technik/ki/kuenstliche-intelligenz-ki-spezialist-databricks-steigert-bewertung-auf-43-milliarden-dollar/29394718.html

Scheuer, S. (2023c): Salesforce will mit KI den Rivalen SAP abhängen. Handelsblatt, 14.09.2023, https://www.handelsblatt.com/technik/ki/kuenstliche-intelligenz-salesforce-will-mit-ki-den-rivalen-sap-abhaengen/29389906.html

Scheuer, S.; Kerkmann C. (2023): Wie sich Microsoft mit KI neu erfunden hat. Handelsblatt, 16.07.2023, https://www.handelsblatt.com/technik/it-internet/das-microsoft-prinzip-wie-sich-microsoft-mit-ki-neu-erfunden-hat/29254740.html

Schulte, A. (2022): Neue Medikamente. Pharmaindustrie nutzt Künstliche Intelligenz zur Arzneimittelforschung. Handelsblatt, 15.03.2022, https://www.handelsblatt.com/technik/medizin/neue-medikamente-pharmaindustrie-nutzt-kuenstliche-intelligenz-zur-arzneimittelforschung/28161478.html

Schumpeter, J. (2020): Kapitalismus, Sozialismus und Demokratie. UTB, 10. Auflage, Stuttgart.

Siemens Healthineers (2019): Künstliche Intelligenz in Produkten von Siemens Healthineers. https://www.siemens-healthineers.com/de/news/kuenstliche-intelligenz-in-produkten.html

Skelton, M.; Pais, M. (2019): Team Topologies, IT Revolution. Portland.

Spotify (2020): For Your Ears Only: Personalizing Spotify Home with Machine Learning. https://engineering.atspotify.com/2020/01/for-your-ears-only-personalizing-spotify-home-with-machine-learning/

Stanford University (2023): Artificial Intelligence Index Report 2023. https://aiindex.stanford.edu/wp-content/uploads/2023/04/HAI_AI-Index-Report_2023.pdf

Statista (2021): Volume of data/information created, captured, copied, and consumed worldwide from 2010 to 2025. Retrieved 01 January, 2022, from https://www.statista.com/statistics/871513/worldwide-data-created/

Statista (2023a): Business organizations' reasons for adopting artificial intelligence (AI) worldwide from 2017 to 2020, https://www.statista.com/statistics/747775/worldwide-reasons-for-adopting-ai/

Statista (2023b): Threads shoots past one million user mark at lightning speed. https://www.statista.com/chart/29174/time-to-one-million-users/

Statista (2023c): Cloud infrastructure services vendor market share worldwide from 4th quarter 2017 to 4th quarter 2022. https://www.statista.com/statistics/967365/worldwide-cloud-infrastructure-services-market-share-vendor/

Statista (2023d): The 100 largest companies in the world by market capitalization in 2023. https://www.statista.com/statistics/263264/top-companies-in-the-world-by-market-capitalization/

Stelter, D. (2021): Ein Traum von einem Land. Campus Verlag, Frankfurt a. M.

Stone, B. (2013): The Everything Store. Bantam Press, London.

Tabrizi, B. (2023): How Microsoft became innovative again. Harvard Business Review Online, https://hbr.org/2023/02/how-microsoft-became-innovative-again

Telgheder, M. (2022): Medizintechnik. Wenn der Roboter das Skalpell hält – Smarte Chirurgie-Technik boomt. Handelsblatt, 17.06.2022, https://www.handelsblatt.com/technik/

medizin/medizintechnik-wenn-der-roboter-das-skalpell-haelt-smarte-chirurgie-technik-boomt/28425054.html

Telser, F. (2023): Bis zu 300.000 Euro Gehalt. Fünf Top-KI-Jobs der Zukunft. Handelsblatt, 31.07.2023, https://www.handelsblatt.com/karriere/bis-zu-300-000-euro-gehalt-fuenf-top-ki-jobs-der-zukunft/29222122.html

Thamm, A.; Gramlich, M.; Borek, A. (2020): The Ultimate Data and AI Guide. Data AI Press, München.

The Data Incubator (2021): How Netflix Uses Big Data to Predict TV & Movie Demand. https://www.thedataincubator.com/blog/2021/08/19/how-netflix-uses-data-to-go-beyond-content-recommendations/

Thompson, N.; Greenewald, K.; Lee, K.; Manso, G. F. (2020): The Computational Limits of Deep Learning. Retrieved January 01, 2022, from https://ide.mit.edu/wp-content/uploads/2020/09/RBN.Thompson.pdf

Virk, R. (2019): The Simulation Hypothesis. Bayview Books, New York

Wall Street Journal (2023): U.S. vs. China: The Race to Develop the Most Advanced Chips. https://www.wsj.com/video/series/u.s.-vs.-china/us-vs-china-the-race-to-develop-the-most-advanced-chips/6F2E219F-28E7-43BF-88B8-CE785ACB359B

Zalando (2022): Zalando's Machine Learning Platform. https://engineering.zalando.com/posts/2022/04/zalando-machine-learning-platform.html

Zalando (2023): zDirect: Das Partnerprogramm-Portal von Zalando. https://corporate.zalando.com/de/marken-handelspartner/plattformportale-und-tools/zdirect-das-partnerprogramm-portal-von-zalando

Zöttl, I. (2022): Wie im Jahr 2000 die Dotcom-Blase platzte. Capital, https://www.capital.de/wirtschaft-politik/wie-die-dotcom-blase-im-jahr-2000-platzte-und-die-new-economy-mit-sich-riss

Stichwortverzeichnis

Der Autor

Dr. Tawia Odoi ist seit mehr als 17 Jahren in Managementpositionen führender Unternehmen tätig, vorwiegend in den Bereichen Technologie, Handel und Konsumgüter.

Von 2014 bis 2022 war er bei Amazon Retail und AWS tätig, zuletzt als Head of Enterprise Sales bei Amazon Web Services, und verantwortete mit dem »Retail-Vertical« den zweitgrößten Geschäftsbereich im B2B-Vertrieb der DACH-Region. Seit 2023 ist Tawia Odoi Prokurist und Mitglied der Geschäftsführung der Lidl Digital International GmbH in der Schwarz-Gruppe.

Er hat am Lehrstuhl für Strategie und Marketing an der WHU Vallendar zu den Erfolgsfaktoren künstlicher Intelligenz im Business promoviert. Seine Expertise aus Praxis und Wissenschaft gibt er als Gastdozent an der Universität St. Gallen und an der DHBW Heilbronn weiter. Zudem war er Speaker auf der KI-Summit 2023 des Handelsblattes.

LinkedIn-Profil des Autors:

https://www.linkedin.com/in/dr-tawia-odoi-8240a410/

Weiterführende Materialien

Scannen Sie den QR-Code für Videos, Checklisten, ausgewählte Quellen und Lesetipps des Autors, die Ihr Bucherlebnis bereichern:

www.ki-exzellenz.io

Ihre Online-Inhalte zum Buch: Exklusiv für Buchkäuferinnen und Buchkäufer!

► **https://mybookplus.de**

► Buchcode: **VIA-59193**